历届国际Zhautykov数学奥林匹克试题及解答

2005~2025

陈煜 编著

HITP 哈尔滨工业大学出版社
HARBIN INSTITUTE OF TECHNOLOGY PRESS

内容简介

国际 Zhautykov 数学奥林匹克竞赛由阿拉木图物理数学联盟与哈萨克斯坦共和国教育与科学部、阿尔法拉比哈萨克国立大学和国际信息技术大学合作举办. 这个奥林匹克竞赛的独特之处在于每个参赛者都是一个团队的一部分,因此每个人不仅要为自己的个人成绩而努力,还要为整个团队和代表的国家的荣誉而奋斗. 这种方法对于竞争者和他们的教练更加努力地为团队成绩而努力工作是巨大的激励. 本书收录了 2005 年以来历届国际 Zhautykov 数学奥林匹克试题,并给出了原创性解答,是数学工作者不可或缺的参考书.

图书在版编目(CIP)数据

历届国际 Zhautykov 数学奥林匹克试题及解答:2005~2025/陈煜编著. —哈尔滨:哈尔滨工业大学出版社,2025. 6. —ISBN 978-7-5767-2183-6

Ⅰ. O1

中国国家版本馆 CIP 数据核字第 2025Q3Q473 号

LIJIE GUOJI Zhautykov SHUXUE AOLINPIKE SHITI JI JIEDA(2005~2025)

策划编辑　刘培杰　张永芹
责任编辑　宋　淼
封面设计　孙茵艾
出版发行　哈尔滨工业大学出版社
社　　址　哈尔滨市南岗区复华四道街 10 号　邮编 150006
传　　真　0451-86414749
网　　址　http://hitpress.hit.edu.cn
印　　刷　哈尔滨博奇印刷有限公司
开　　本　787 mm×1 092 mm　1/16　印张 13.75　字数 119 千字
版　　次　2025 年 6 月第 1 版　2025 年 6 月第 1 次印刷
书　　号　ISBN 978-7-5767-2183-6
定　　价　48.00 元

目　　录

2005年国际Zhautykov数学奥林匹克

初中组

第一题 在9×9的方格表中，标记40个单元格. 若某行(列)标记的单元格比未标记的单元格多，则称该行(列)为好行(好列). 求此方格表中至多有多少个好行和好列？

解： 至多有16个好行和好列.

对于一个好行(好列)，至少有5个单元格被标记.

每一个被标记的单元格至多在一个好行和一个好列中.

设9×9的方格表中有m个好行和好列.

则至少标记了$\frac{5m}{2}$个单元格. 从而$\frac{5m}{2}\leqslant 40$，即$m\leqslant 16$.

当$m=16$时，如下图用“*”表示被标记的单元格.

*	*	*	*	*				
	*	*	*	*	*			
		*	*	*	*	*		
			*	*	*	*	*	
*				*	*	*	*	
*	*				*	*	*	
*	*	*				*	*	
*	*	*	*				*	

第二题 设整数 m, n 满足 $0\leqslant m\leqslant 2n$. 求证: $2^{2n+2}+2^{m+2}+1$ 是完全平方数当且仅当 $m=n$.

证明: 若 $2^{2n+2}+2^{m+2}+1$ 是完全平方数, 则可设 $2^{2n+2}+2^{m+2}+1=x^2$ (x 是正整数). 记 $y=2^{n+1}+1$.

当 $m=n$ 时, $2^{2n+2}+2^{m+2}+1=y^2$.

下面考虑 $m\neq n$ 的情况.

(1) 当 $m<n$ 时, $(2^{n+1})^2<x^2=2^{2n+2}+2^{m+2}+1<2^{2n+2}+2^{n+2}+1=(2^{n+1}+1)^2$, 即 $2^{n+1}<x<2^{n+1}+1$. 这是不可能的.

(2) 当 $n<m\leqslant 2n$ 时, $(x-y)(x+y)=x^2-y^2=2^{n+2}(2^{m-n}-1)$. ①

因此 $2^{n+2}\parallel(x-y)(x+y)$.

由 x, y 都为奇数知 $x-y$, $x+y$ 中必有一个数模 4 余 2.

即 $2\parallel(x-y)$ 或 $2\parallel(x+y)$. 亦即 $2^{n+1}\parallel(x+y)$ 或 $2^{n+1}\parallel(x-y)$.

若 $2^{n+1}\parallel(x-y)$, 则 $x-y\geqslant 2^{n+1}$. 又由①得 $x+y\leqslant 2^{m-n+1}-2$. 而 $x+y>y=2^{n+1}+1\geqslant 2^{m-n+1}+1>2^{m-n+1}-2$, 这与上式矛盾.

若 $2^{n+1}\parallel(x+y)$, 则可设 $x+y=k\cdot 2^{n+1}$ (k 是正奇数). 从而 $x=k\cdot 2^{n+1}-(2^{n+1}+1)=(k-1)\cdot 2^{n+1}-1$, 于是 $x-y=(k-2)\cdot 2^{n+1}-2$. 代入①得 $k\cdot 2^{n+1}[(k-2)\cdot 2^{n+1}-2]=2^{n+2}(2^{m-n}-1)$, 即 $k[(k-2)\cdot 2^{n}-1]=2^{m-n}-1$. ②

显然 $k\neq 1, 2$. 由 $k\geqslant 3$, $m\leqslant 2n$ 得 $k[(k-2)\cdot 2^{n}-1]\geqslant 3\times(2^{n}-1)>2^{n}\geqslant 2^{m-n}>2^{m-n}-1$. 这与②矛盾.

故当 $m\neq n$ 时, $2^{2n+2}+2^{m+2}+1$ 不是完全平方数.

综上所述, $2^{2n+2}+2^{m+2}+1$ 是完全平方数当且仅当 $m=n$.

第三题 平面上有$2n$个不同的点，其中任意三点不共线。设这$2n$个点构成点集T。求证：对于任意两个不同的点$A, B\in T$，存在一条直线，使得该直线的两侧分别有n个点，且点A, B处于该直线的异侧。

证明：对于任意两个不同的点$A、B\in T$，连接AB。并将平面上的$2n$个点两两连线得到$C_{2n}^{2}=n(2n-1)$条直线。由于$n(2n-1)$是一个定值(有限)，所以上述不含直线AB的$n(2n-1)-1$条直线与线段AB有有限个交点。故可以从线段AB上选取一点C，该点不同于这有限个交点，且点C不同于$A、B$两点。

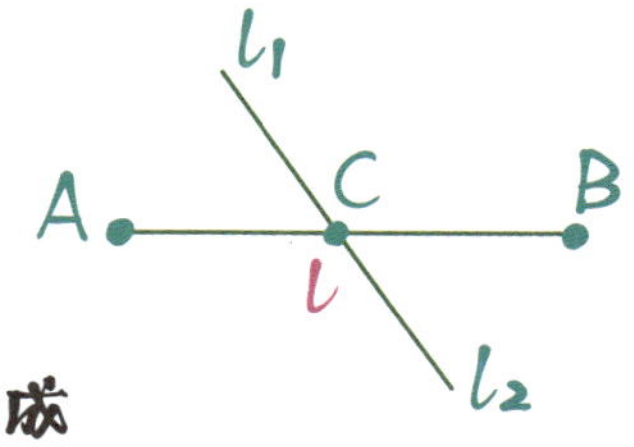

过点C任作一条不与AB重合的直线l。

若直线l两侧分别有n个点，则结论已成立。

若直线l两侧点的个数不为n，点C将直线l分成两条射线l_1, l_2，其中射线l_1在线段AB的上部，射线l_2在线段AB的下部。定义直线l的左侧为射线l_1以C为中心沿逆时针方向旋转$180°$扫过的部分。

将直线l绕点C沿逆时针方向旋转，做以下操作：每次恰好越过一个点，再考查其左侧点的个数，记为f。

设最初$f=m\ (m\neq n)$。当直线l绕点C沿逆时针方向旋转$180°$后，$f=2n-m$。f的值在变化时，每次都是改变±1。故必有某次操作后f的值恰好等于n，此时该直线的两侧分别有n个点。

第四题 求证：对于任意正实数 a,b,c，有 $\frac{c}{a+2b}+\frac{a}{b+2c}+\frac{b}{c+2a}\geqslant 1$.

证明： 由柯西不等式得

$$[c(a+2b)+a(b+2c)+b(c+2a)]\cdot\left(\frac{c}{a+2b}+\frac{a}{b+2c}+\frac{b}{c+2a}\right)\geqslant (c+a+b)^2.$$

即 $\frac{c}{a+2b}+\frac{a}{b+2c}+\frac{b}{c+2a}\geqslant\frac{(a+b+c)^2}{3(ab+bc+ca)}\geqslant 1$.

（上式最后一步是由 $(a+b+c)^2-3(ab+bc+ca)=\frac{1}{2}[(a-b)^2+(b-c)^2+(c-a)^2]\geqslant 0$，即 $(a+b+c)^2\geqslant 3(ab+bc+ca)$ 所得.）

第五题 设 $\triangle ABC$ 的内切圆圆心为 I，$\odot I$ 与 AB 切于点 D. 线段 AB，CD 的中点分别为 M，N. 求证：M，I，N 三点共线.

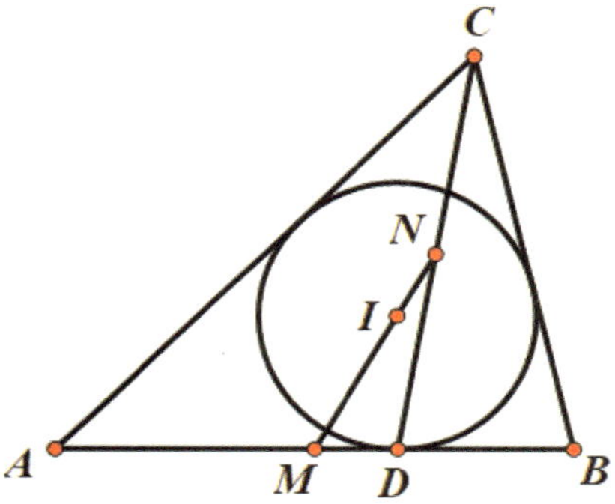

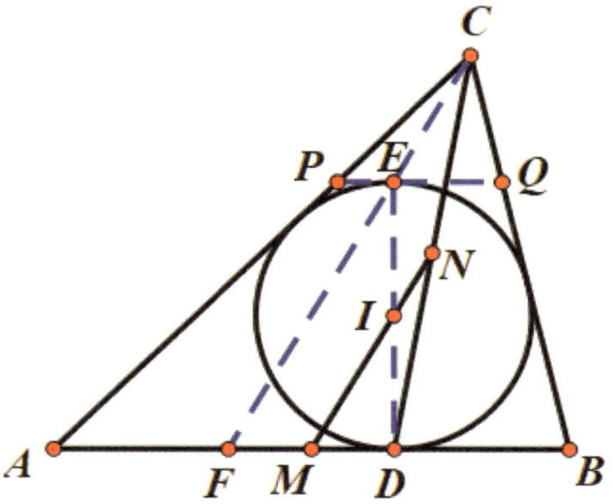

证明： 设 DE 是 $\odot I$ 的直径.

过 E 作 AB 的平行线 PQ，P 在 AC 上，Q 在 BC 上. 连接 CE 并延长交 AB 于点 F.

$\because PQ\parallel AB$，$\therefore \triangle CPQ$ 与 $\triangle CAB$ 位似且位似中心为 C.

而 E，F 是位似下的一对对应点.

故 F 是 $\triangle CAB$ 关于 $\angle C$ 的旁切圆与 AB 的切点. 即 $AF=\frac{AB+BC-AC}{2}$.

$\because BD=\frac{AB+BC-AC}{2}$，$\therefore AF=BD$. 又 $\because M$ 是 AB 的中点，$\therefore M$ 是 DF 的中点，即 M，I，N 三点共线，该线是 $\triangle DCF$ 的中位线.

第六题　求所有不超过2005的质数p,q，使得$q|(p^2+4)$，$p|(q^2+4)$.

引理：若a,b是正整数且满足$ab|(a^2+b^2+4)$，则$\frac{a^2+b^2+4}{ab}=3$或6.

证明：若正整数a,b满足$ab|(a^2+b^2+4)$，可设$\frac{a^2+b^2+4}{ab}=m$.　(*)

记(a_0,b_0)是满足$\frac{a_0^2+b_0^2+4}{a_0b_0}=m$且使得$a_0+b_0$最小的一组正整数解. 不妨设$a_0\geqslant b_0$.

考虑关于x的一元二次方程$x^2-mb_0x+(b_0^2+4)=0$. 该方程有实根a_0，设另一个根为a_1.

由韦达定理得$a_0a_1=b_0^2+4\Rightarrow a_1=\frac{b_0^2+4}{a_0}$.

因$a_0b_0|(a_0^2+b_0^2+4)$，故$a_0|(b_0^2+4)$，a_1是正整数.

于是$\left(\frac{b_0^2+4}{a_0},b_0\right)$和$\left(b_0,\frac{b_0^2+4}{a_0}\right)$也是(*)式的正整数解.

由a_0+b_0的最小性知$\frac{b_0^2+4}{a_0}+b_0\geqslant a_0+b_0$，即$(a_0+b_0)(a_0-b_0)\leqslant 4$. 从而$a_0=b_0$或$(a_0,b_0)=(2,1)$.

当$(a_0,b_0)=(2,1)$时，$m=\frac{9}{2}$不是正整数.

当$a_0=b_0$时，$m=\frac{2a_0^2+4}{a_0^2}=2+\frac{4}{a_0^2}$，由$a_0^2|4$知$a_0=1$或$2$. 从而$m=3$或$6$.

回到本题：当$p=2$或$q=2$时，$(p,q)=(2,2)$. 当$p=q$时，$(p,q)=(2,2)$.

下面考虑$p\neq q$且p,q都为奇质数的情况.

由$q|(p^2+4)$可知$q|(p^2+q^2+4)$，又由$p|(q^2+4)$可知$p|(p^2+q^2+4)$. 而p与q互质，故$pq|(p^2+q^2+4)$.

因为p,q都是奇质数，所以pq为奇数，p^2+q^2+4为偶数. 再结合引理得$\frac{p^2+q^2+4}{pq}=6$，即$p^2-6pq+q^2+4=0$，亦即$(p-3q)^2=4(2q^2-1)$.

于是 $p-3q$ 是偶数. $2q^2-1=\left(\frac{p-3q}{2}\right)^2$, 即 $2q^2-\left(\frac{p-3q}{2}\right)^2=1$. (**)

考虑方程 $2x^2-y^2=1$. 由佩尔方程理论可知该方程的所有正整数解 (x_n, y_n) 满足 $x_{n+2}=6x_{n+1}-x_n$, $y_{n+2}=6y_{n+1}-y_n$. 其中 $x_1=1$, $x_2=5$, $y_1=1$, $y_2=7$, 而 $x_1=1$, $x_2=5$, $x_3=29$, $x_4=169$, $x_5=985$. 当 $n\geqslant 6$ 时, $x_n>2005$.

再结合 (**) 式以及质数 $q\leqslant 2005$, 可知 $q=5$ 或 29.

当 $q=5$ 时, $p^2-30p+29=0$, 解得 $p=29$ 或 $p=1$ (舍去, 因为 1 不是质数).

当 $q=29$ 时, $p^2-174p+845=0$, 解得 $p=5$ 或 $p=169$ ($169=13^2$ 不是质数, 舍去).

综上所述, 满足题意的质数 $(p, q)=(2,2),(5,29),(29,5)$.

2005年国际Zhautykov数学奥林匹克

高中组

第一题 求证：方程 $x^5+31=y^2$ 无正整数解.

引理：a 是整数，若 a^2+1 有奇质因子 P，则 $P\equiv1\pmod 4$.

证明：设 a^2+1 有奇质因子 P.

若 $P\equiv3\pmod 4$，则 $\frac{P-1}{2}$ 是奇数.

于是 $a^{P-1}=(a^2)^{\frac{P-1}{2}}\equiv(-1)^{\frac{P-1}{2}}\equiv-1\pmod P$.

而由费马小定理有 $a^{P-1}\equiv1\pmod P$，矛盾.

故 $P\equiv1\pmod 4$.

回到本题：假设方程 $x^5+31=y^2$ 有整数解 (x,y).

当 $y=0,\pm1$ 时，x 不为整数.

当 $|y|\geqslant2$ 时，由 $x^5+31\equiv x^5-1\equiv0,2,3\pmod 4$，$y^2\equiv0,1\pmod 4$，可知 $x^5+31=y^2\equiv0\pmod 4$. 从而 y 是偶数，$x\equiv1\pmod 4$.

$y^2+1=x^5+32=(x+2)(x^4-2x^3+4x^2-8x+16)$. (*)

因为 y^2+1 是奇数，且 $y^2+1\geqslant5$，所以由引理可知 y^2+1 的所有质因子模4余1.

而 $x+2\equiv3\pmod 4$，故 $x+2$ 必有一个质因子 $P\equiv3\pmod 4$.

又由(*)知 $P\mid(y^2+1)$，但 $P\equiv3\pmod 4$，矛盾.

故假设不成立.

从而方程 $x^5+31=y^2$ 无整数解.

第二题 给定实数γ，使得对任意正实数数列$\{a_n\}$，不等式$a_1+a_2+\cdots+a_{m+1}\leqslant \gamma a_m$对所有正整数$m$都成立。试证：$\gamma\geqslant 4$。

证明： 由$\gamma a_m\geqslant a_1+a_2+\cdots+a_{m+1}>a_m$可知$\gamma>1$。

设$S_n=\sum\limits_{i=1}^{n}a_i$，$n=1,2,3,\cdots$。

由题意可知对任意正整数m，有$S_{m+1}\leqslant\gamma(S_m-S_{m-1})$，其中$S_0=0$。

令集合$T=\{t\in\mathbf{R}_+\mid S_{n+1}\geqslant tS_n,\ \forall n\in\mathbf{N}^*\}$。

则$1\in T$，且集合T中的元素不超过$\frac{S_2}{S_1}$。由此可知集合T不为空集，且集合T中的元素有上确界，设为u，则对任意$t\in T$，有$t\leqslant u$。

注意到，若$t\in T$，则所有小于t的正实数都属于集合T。从而所有小于u的正实数都属于集合T。

设$u-\alpha\in T$，α充分小且$\alpha>0$。

则对任意正整数n，有$(u-\alpha)S_{n+1}\leqslant S_{n+2}\leqslant\gamma(S_{n+1}-S_n)$，即$(\gamma-u+\alpha)S_{n+1}\geqslant\gamma S_n$。从而$u<\gamma+\alpha$，且$S_{n+1}\geqslant\frac{\gamma}{\gamma-u+\alpha}S_n$。故$\frac{\gamma}{\gamma-u+\alpha}\in T$。

于是$\frac{\gamma}{\gamma-u+\alpha}\leqslant u$，即$u^2-u(\gamma+\alpha)+\gamma\leqslant 0$。

由上式可得$0\leqslant\left(u-\frac{\gamma+\alpha}{2}\right)^2\leqslant\left(\frac{\gamma+\alpha}{2}\right)^2-\gamma$。

令$\alpha\to 0^+$，有$\left(\frac{\gamma}{2}\right)^2-\gamma\geqslant 0$。又由$\gamma>1$得$\gamma\geqslant 4$。

第三题 给定一个正三棱锥 $SABC$（$SA=SB=SC$，$AB=BC=CA$）．在空间中有不同于 S 的点 D，满足 $|\cos\angle ASD-2\cos\angle BSD-2\cos\angle CSD|=3$．求这种点 D 的轨迹．

解： 如右图，以 S 为原点建立空间直角坐标系．

其中 $A(-2a,0,b)$，$B(a,\sqrt{3}a,b)$，$C(a,-\sqrt{3}a,b)$．

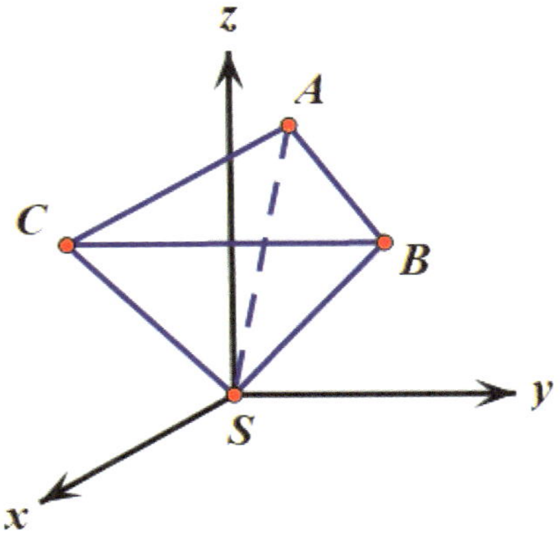

设 $D(x,y,z)$．

$\because \overrightarrow{SA}=(-2a,0,b)$，$\overrightarrow{SB}=(a,\sqrt{3}a,b)$，$\overrightarrow{SC}=(a,-\sqrt{3}a,b)$，$\overrightarrow{SD}=(x,y,z)$．

$$\therefore \cos\angle ASD=\frac{\overrightarrow{SA}\cdot\overrightarrow{SD}}{|\overrightarrow{SA}|\cdot|\overrightarrow{SD}|}=\frac{-2ax+bz}{\sqrt{4a^2+b^2}\cdot\sqrt{x^2+y^2+z^2}},$$

$$\cos\angle BSD=\frac{\overrightarrow{SB}\cdot\overrightarrow{SD}}{|\overrightarrow{SB}|\cdot|\overrightarrow{SD}|}=\frac{ax+\sqrt{3}ay+bz}{\sqrt{4a^2+b^2}\cdot\sqrt{x^2+y^2+z^2}},$$

$$\cos\angle CSD=\frac{\overrightarrow{SC}\cdot\overrightarrow{SD}}{|\overrightarrow{SC}|\cdot|\overrightarrow{SD}|}=\frac{ax-\sqrt{3}ay+bz}{\sqrt{4a^2+b^2}\cdot\sqrt{x^2+y^2+z^2}}.$$

由此可得 $\cos\angle ASD-2\cos\angle BSD-2\cos\angle CSD=\dfrac{-3(2ax+bz)}{\sqrt{4a^2+b^2}\cdot\sqrt{x^2+y^2+z^2}}$．

故 $|\cos\angle ASD-2\cos\angle BSD-2\cos\angle CSD|=3$

$$\Longleftrightarrow\left|\frac{2ax+bz}{\sqrt{4a^2+b^2}\cdot\sqrt{x^2+y^2+z^2}}\right|=1$$

$$\Longleftrightarrow(2ax+bz)^2=(4a^2+b^2)(x^2+y^2+z^2)$$

$$\Longleftrightarrow(2az-bx)^2+(4a^2+b^2)y^2=0$$

$$\Longleftrightarrow bx-2az=0 \text{ 且 } y=0.\quad (*)$$

设正 $\triangle ABC$ 的中心为 G，则 $G(0,0,b)$．

点 A 关于 G 的对称点为 $A'(2a,0,b)$．

由 $(*)$ 可知点 D 的轨迹是直线 SA'，且不含点 S．

第四题 凸四边形的一条边为YZ，若其内部有一点X到YZ的垂足在线段YZ上，则认为该四边形的边YZ能观察到点X。凸四边形内任意一点(不含边界)称为“K点”，当且仅当有K条边能观察到该点(例如：正方形内的每一个点都是“4点”)。求证：若在凸四边形内部存在“1点”，则必存在“2点”“3点”和“4点”。

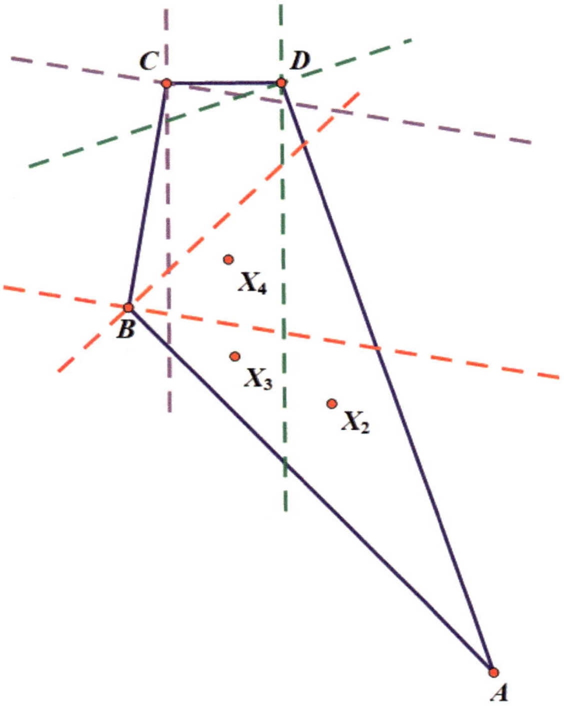

证明：注意到，若边YZ不能观察到点X，则$\angle XYZ$，$\angle XZY$中必有一个是钝角。

若边YZ能观察到点X，则$\angle XYZ$，$\angle XZY$都小于或等于90°。

如果凸四边形ABCD内部存在“1点”，设该点为X_1。那么恰有三条边不能观察到X_1。而凸四边形ABCD的四个内角均小于180°，结合前述分析可知$\angle A$、$\angle B$、$\angle C$、$\angle D$中恰有三个角是钝角，则其余一个角为锐角。不妨设$\angle A<90^\circ$。

如上图，过点B作含该点的边(BA，BC)的垂线。对C、D同样操作。

在上图中，点X_2是“2点”；点X_3是“3点”；点X_4是“4点”。

第五题 求证：对于任意正实数 a,b,c,d，有 $\frac{c}{a+2b}+\frac{d}{b+2c}+\frac{a}{c+2d}+\frac{b}{d+2a}\geqslant\frac{4}{3}$.

证明：由柯西不等式得

$$[c(a+2b)+d(b+2c)+a(c+2d)+b(d+2a)]\cdot\left(\frac{c}{a+2b}+\frac{d}{b+2c}+\frac{a}{c+2d}+\frac{b}{d+2a}\right)\geqslant(c+d+a+b)^2.$$

即 $\frac{c}{a+2b}+\frac{d}{b+2c}+\frac{a}{c+2d}+\frac{b}{d+2a}\geqslant\frac{(a+b+c+d)^2}{2(ab+ac+ad+bc+bd+cd)}$. (*)

$$\because (a+b+c+d)^2=a^2+b^2+c^2+d^2+2(ab+ac+ad+bc+bd+cd)$$
$$=\frac{1}{3}(a^2+b^2)+\frac{1}{3}(a^2+c^2)+\frac{1}{3}(a^2+d^2)+\frac{1}{3}(b^2+c^2)+\frac{1}{3}(b^2+d^2)+\frac{1}{3}(c^2+d^2)+2(ab+ac+ad+bc+bd+cd)$$
$$\geqslant\frac{2}{3}ab+\frac{2}{3}ac+\frac{2}{3}ad+\frac{2}{3}bc+\frac{2}{3}bd+\frac{2}{3}cd+2(ab+ac+ad+bc+bd+cd)$$
$$=\frac{8}{3}(ab+ac+ad+bc+bd+cd).$$

$\therefore$ 再结合(*)式可得 $\frac{c}{a+2b}+\frac{d}{b+2c}+\frac{a}{c+2d}+\frac{b}{d+2a}\geqslant\frac{4}{3}$.

第六题 求所有不超过2005的质数 p,q，使得 $q\mid(p^2+8)$，$p\mid(q^2+8)$.

引理：若 a,b 是正整数且满足 $ab\mid(a^2+b^2+8)$，则 $\frac{a^2+b^2+8}{ab}\in\{4,6,10\}$.

证明：若正整数 a,b 满足 $ab\mid(a^2+b^2+8)$，可设 $\frac{a^2+b^2+8}{ab}=m$. ①

记 (a_0,b_0) 是满足 $\frac{a_0^2+b_0^2+8}{a_0b_0}=m$ 且使得 a_0+b_0 最小的一组正整数解. 不妨设 $a_0\geqslant b_0$.

考虑关于 x 的一元二次方程 $x^2-mb_0x+(b_0^2+8)=0$. 该方程有实根 a_0，设另一个根为 a_1.

由韦达定理得 $a_0a_1=b_0^2+8 \Rightarrow a_1=\dfrac{b_0^2+8}{a_0}$.

因 $a_0b_0 \mid (a_0^2+b_0^2+8)$，故 $a_0 \mid (b_0^2+8)$，a_1 是正整数.

于是 $\left(\dfrac{b_0^2+8}{a_0}, b_0\right)$ 和 $\left(b_0, \dfrac{b_0^2+8}{a_0}\right)$ 也是 ① 式的正整数解.

由 a_0+b_0 的最小性知 $\dfrac{b_0^2+8}{a_0}+b_0 \geqslant a_0+b_0$，即 $(a_0+b_0)(a_0-b_0) \leqslant 8$.
从而 $a_0=b_0$ 或 $(a_0, b_0)=(2,1),(3,2),(4,3),(3,1)$.

当 $(a_0,b_0)=(2,1),(3,2),(4,3)$ 时，m 均不为整数.

当 $(a_0,b_0)=(3,1)$ 时，$m=6$.

当 $a_0=b_0$ 时，$m=\dfrac{2a_0^2+8}{a_0^2}=2+\dfrac{8}{a_0^2}$，由 $a_0^2 \mid 8$ 知 $a_0=1$ 或 2，从而 $m=10$ 或 4.

故 $m \in \{4,6,10\}$.

回到本题：当 $p=2$ 或 $q=2$ 时，$(p,q)=(2,2)$. 当 $p=q$ 时，$(p,q)=(2,2)$.

下面考虑 $p \neq q$ 且 p,q 都为奇质数的情况.

由 $q \mid (p^2+8)$ 可知 $q \mid (p^2+q^2+8)$，又由 $p \mid (q^2+8)$ 可知 $p \mid (p^2+q^2+8)$ 而 p 与 q 互质，故 $pq \mid (p^2+q^2+8)$.

由引理可知 $\dfrac{p^2+q^2+8}{pq} \in \{4,6,10\}$.

(1) 当 $\dfrac{p^2+q^2+8}{pq}=4$ 时，$(p-2q)^2=3q^2-8 \equiv 3q^2 \equiv 3 \pmod 4$，这与任意一个整数的平方模 4 余 0 或 1 矛盾.

(2) 当 $\dfrac{p^2+q^2+8}{pq}=6$ 时，$(p-3q)^2=8(q^2-1) \Rightarrow 8 \mid (p-3q)^2$，即 $4 \mid (p-3q)$，于是 $q^2-2\left(\dfrac{p-3q}{4}\right)^2=1$. ②

考虑方程 $x^2-2y^2=1$. 由佩尔方程理论可知该方程的所有正整数解 (x_n, y_n) 满足 $x_{n+2}=6x_{n+1}-x_n$，$y_{n+2}=6y_{n+1}-y_n$，其中 $x_1=3$，$x_2=17$，$y_1=2$，$y_2=12$，而 $x_1=3$，$x_2=17$，$x_3=99$，$x_4=577$，当 $n \geqslant 5$ 时，$x_n>2005$.

再结合②以及质数$q\leqslant 2005$可知$q=3,17,577$.

若$q=3$,则$\left|\frac{p-3q}{4}\right|=2$,解得$p=17$或1(1不是质数,舍去).

若$q=17$,则$\left|\frac{p-3q}{4}\right|=12$,解得$p=3$或99(99不是质数,舍去).

若$q=577$,则$\left|\frac{p-3q}{4}\right|=408$,解得$p=99$或3363(都是3的倍数,不是质数,舍去).

此时$(p,q)=(17,3),(3,17)$.

(3)当$\frac{p^2+q^2+8}{pq}=10$时,$(p-5q)^2=8(3q^2-1)\Rightarrow 8\mid(p-5q)^2$.
即$4\mid(p-5q)$.于是$3q^2-2\left(\frac{p-5q}{4}\right)^2=1$. ③

考虑方程$3x^2-2y^2=1$.该方程的所有正整数解(x_n,y_n)满足$x_{n+2}=10x_{n+1}-x_n$,$y_{n+2}=10y_{n+1}-y_n$,其中$x_1=1$,$x_2=9$,$y_1=1$,$y_2=11$,而$x_1=1$,$x_2=9$,$x_3=89$,$x_4=881$,当$n\geqslant 5$时,$x_n>2005$.

再结合③以及质数$q\leqslant 2005$可知$q=89,881$.

若$q=89$,则$\left|\frac{p-5q}{4}\right|=109$,解得$p=881$或9(9不是质数,舍去).

若$q=881$,则$\left|\frac{p-5q}{4}\right|=1079$,解得$p=89$或8721(大于2005,舍去).

此时$(p,q)=(89,881),(881,89)$.

综上所述,满足题意的质数$(p,q)=(2,2),(3,17),(17,3),(89,881),(881,89)$.

2006 年国际 Zhautykov 数学奥林匹克

第一题 求所有正整数n，使得$n=\varphi(n)+402$，其中$\varphi(n)$是欧拉函数（若n的所有质因子为$p_1,p_2,\cdots,p_k$，则$\varphi(n)=n\left(1-\frac{1}{p_1}\right)\cdot\left(1-\frac{1}{p_2}\right)\cdot\cdots\cdot\left(1-\frac{1}{p_k}\right)$）.

解：所求$n=546$或802.

设n有k个不同的质因子$p_1,p_2,\cdots,p_k$. $n=p_1^{\alpha_1}p_2^{\alpha_2}\cdots p_k^{\alpha_k}$.

则$n=\varphi(n)+402 \Leftrightarrow \prod\limits_{i=1}^{k}p_i^{\alpha_i-1}\left[\prod\limits_{i=1}^{k}p_i-\prod\limits_{i=1}^{k}(p_i-1)\right]=402$. ①

当$2\notin\{p_1,p_2,\cdots,p_k\}$时，$p_1,p_2,\cdots,p_k$都为奇质数. ①左边是奇数，右边是偶数. 矛盾. 故$2\in\{p_1,p_2,\cdots,p_k\}$. 不妨设$p_1=2$.

当$k=1$时，①左边$=2^{\alpha_1-1}\neq 402$. 故$k\geqslant 2$. 进而$\alpha_1=1$，否则$\alpha_1>1$，由$p_2,\cdots,p_k$为奇质数知$2\mid p_1p_2\cdots p_k-(p_1-1)(p_2-1)\cdots(p_k-1)$，于是①左边是4的倍数，而右边不是4的倍数，矛盾.

由$\varphi(n)\leqslant\frac{n}{2}$知$\frac{n}{2}\leqslant n-\varphi(n)<n$，即$402<n\leqslant 804$. ②

若存在$\alpha_i\geqslant 2$ $(i=2,\cdots,k)$，不妨设$\alpha_2\geqslant 2$，则由①知$p_2\mid 402$，而$402=2\times3\times67$，$p_2\neq 2$，故$p_2\in\{3,67\}$. 如果$p_2=67$，那么$n=p_1^{\alpha_1}p_2^{\alpha_2}\cdots p_k^{\alpha_k}\geqslant 2\times 67^2>804$，这与②矛盾. 如果$p_2=3$，由①可得$3^{\alpha_2-1}p_3^{\alpha_3-1}\cdots p_k^{\alpha_k-1}[6p_3\cdots p_k-2(p_3-1)\cdots(p_k-1)]=2\times3\times67$.
只可能有$\alpha_2=2$，$\alpha_3=\cdots=\alpha_k=1$，从而$3p_3\cdots p_k-(p_3-1)\cdots(p_k-1)=67$.
由此可知$(p_3-1)\cdots(p_k-1)\equiv 2 \pmod 3$，于是$p_3-1,\cdots,p_k-1$中必有一个数模3余2. 设$p_t-1\equiv 2\pmod 3$，则$3\mid p_t$，这与$p_t\neq 3$矛盾.
故$\alpha_1=\alpha_2=\cdots=\alpha_k=1$.

由前述分析可知$p_1=2$，$\alpha_1=\alpha_2=\cdots=\alpha_k=1$，$k\geqslant 2$.

因此 $2p_2\cdots p_k-(p_2-1)\cdots(p_k-1)=402$. ③

(1) 当 $k=2$ 时，由③得 $2p_2-(p_2-1)=402 \Rightarrow p_2=401$，此时 $n=802$ 符合题意.

(2) 当 $k=3$ 时，由 $2p_2p_3-(p_2-1)(p_3-1)=402 \Rightarrow (p_2+1)(p_3+1)=404=2^2\times101$.

(3) 当 $k=4$ 时，不妨设 $p_2<p_3<p_4$. 由③得 $402=2p_2p_3p_4-(p_2-1)\cdot(p_3-1)\cdot(p_4-1)=p_2p_3p_4+p_2p_3+p_3p_4+p_4p_2-p_2-p_3-p_4+1>(p_2+1)p_3p_4$. ④

若 $p_2\geqslant5$，则 $(p_2+1)p_3p_4\geqslant6\times7\times11=462>402$，这与④矛盾. 从而 $2<p_2<5$，即 $p_2=3$. 于是 $402=6p_3p_4-2(p_3-1)(p_4-1)=4p_3p_4+2p_3+2p_4-2=(2p_3+1)(2p_4+1)-3 \Rightarrow (2p_3+1)(2p_4+1)=405=3^4\times5$.
经检验只可能有 $p_3=7$，$p_4=13$，此时 $n=2\times3\times7\times13=546$.

(4) 当 $k\geqslant5$ 时，由③得 $402>p_2p_3p_4p_5\geqslant3\times5\times7\times11=1155$ 不成立.

综上所述，满足题意的正整数 $n=546,802$.

第二题 在 $\triangle ABC$ 的 AB，AC 边上分别取点 K，L 使得 $BK=CL$. 设 BL 与 CK 交于点 P. 点 M 在 AC 上，且 MP 与 $\angle BAC$ 的内角平分线平行. 求证：$CM=AB$.

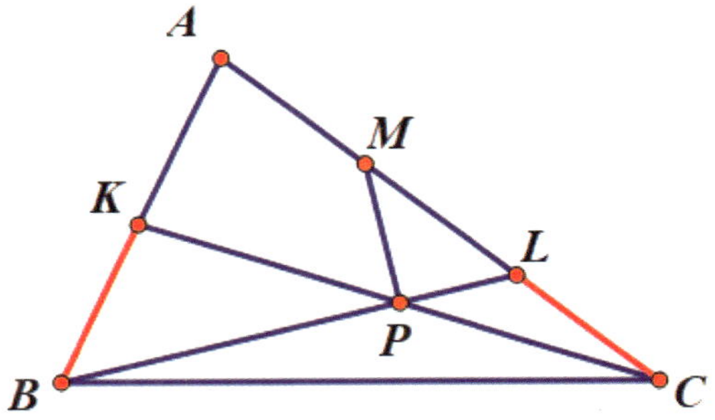

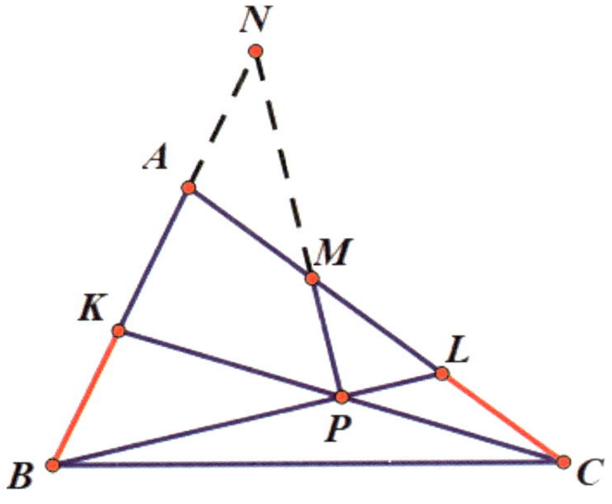

证明： 当 $AB=AC$ 时，由 $BK=CL$ 知点 P 在 BC 的中垂线上，从而 M 与 A 重合. 故 $CM=CA=AB$.

当 $AB\neq AC$ 时，设直线 PM 与 AB 交于点 N.

$\because \triangle LAB$ 被直线 CPK 所截，

$\therefore$ 根据梅涅劳斯定理可得：$\frac{BK}{KA}\cdot\frac{AC}{CL}\cdot\frac{LP}{PB}=1$.

$\because BK=CL$，$\therefore \frac{KA}{AC}=\frac{LP}{PB}$. ①

$\because \angle AMN=\angle CMP=\frac{1}{2}\angle BAC$，

$\therefore AM=AN$.

$\because \triangle LAB$ 被直线 NMP 所截，

$\therefore$ 根据梅涅劳斯定理可得：$\frac{LP}{PB}\cdot\frac{BN}{NA}\cdot\frac{AM}{ML}=1$.

$\because AM=AN$，$\therefore \frac{LP}{PB}=\frac{ML}{BN}$. ②

由①，②得 $\frac{KA}{AC}=\frac{ML}{BN} \Rightarrow \frac{AK}{AM+ML+LC}=\frac{ML}{BK+KA+AN}$

$$\Rightarrow AK(BK+KA+AN)=ML(AM+ML+LC)$$

$$\Rightarrow (AK-ML)(AK+ML+BK+AN)=0$$

$$\Rightarrow AK=ML.$$

故 $CM=CL+ML=BK+AK=AB$.

第三题 正整数 m,n 满足 $4\leqslant m\leqslant n$. 在 $m\times n$ 的矩形中，若能在每个单位正方形中填入数字0或1，且满足以下三个条件，则称该矩形为好矩形.

(1) 所有单位正方形上的数不全为1也不全为0；

(2) 所有 3×3 的正方形中的9个数之和相等；

(3) 所有 4×4 的正方形中的16个数之和相等.

求所有正整数对 (m,n)，使得 $m\times n$ 为好矩形.

解：满足题意的 $(m,n)=(4,4+k)$ 和 $(5,5+k)$，k 为任意自然数.

分以下三步来解决本题：

(1) 任意 6×6 的正方形不是好矩形.

假设存在一个 6×6 的正方形是好矩形.

考虑该好矩形中所有的3×3正方形和4×4正方形.

首先，6×6的好矩形中共有16个3×3的正方形.设每个3×3的正方形中9个数之和为a，则16个3×3的正方形中所有数之和为$16a$.其次，6×6的好矩形中共有9个4×4的正方形.设每个4×4的正方形中16个数之和为b，则9个4×4的正方形中所有数之和为$9b$.

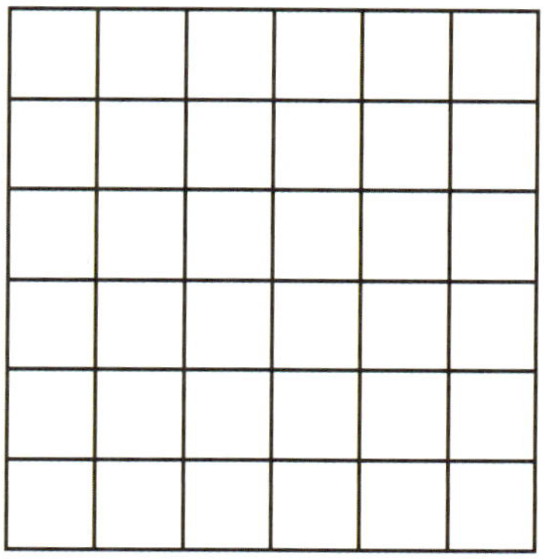

另外，在这两个过程中每一个单位正方形包含于3×3正方形的个数和包含于4×4正方形的个数相同.从而$16a=9b$，于是$9|a$，$16|b$，故$16a=9b\geq 9\times 16=144$. ①

但是在6×6的正方形中有4个单位正方形恰好被9个3×3的正方形所覆盖；8个单位正方形恰好被6个3×3的正方形所覆盖；4个单位正方形恰好被4个3×3的正方形所覆盖；8个单位正方形恰好被3个3×3的正方形所覆盖；8个单位正方形恰好被2个3×3的正方形所覆盖；4个单位正方形恰好被1个3×3的正方形所覆盖.再由条件(1)可知这16个3×3的正方形中所有数之和小于$4\times 9+8\times 6+4\times 4+8\times 3+8\times 2+4\times 1=144$.这与①矛盾.

故假设不成立.即任意6×6的正方形都不是好矩形.

(2) 任意$m\times n$ $(6\leq m\leq n)$的矩形不是好矩形.

由(1)易知(2)成立.

(3) 存在$5\times n$ $(n\geq 5)$或$4\times n$ $(n\geq 4)$的矩形是好矩形.

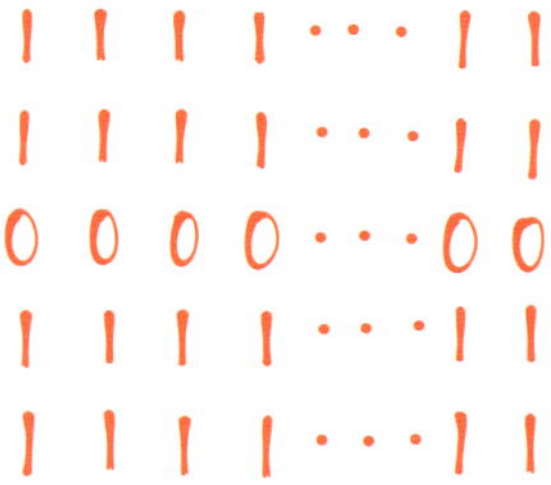

$5\times n$

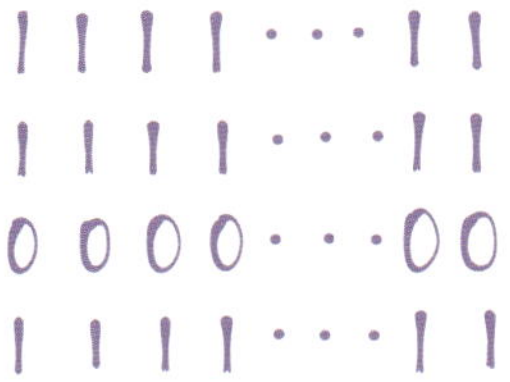

$4\times n$

第四题 有一堆100块石头，若能将此堆石头拆分成K（K是正整数）堆，使得每一堆石头的数量不同，且将其中的任意一堆分成两堆后得到$K+1$堆（任何一堆中至少有一块石头）中有两堆石头的数量相同，则称K为好堆数.

(1) 求好堆数K的最大值；

(2) 求好堆数K的最小值.

解： (1) 设K是好堆数.

当$K\geqslant 14$时，所有石头的总数大于或等于$1+2+\cdots+14=105>100$，矛盾. 故$K\leqslant 13$.

当$K=13$时，可取这13堆石头的数量分别为$1,2,\cdots,11,12,22$.

故好堆数K的最大值是13.

(2) 设K是好堆数. 则能将100块石头分成K堆，每堆分别有$a_1,a_2,\cdots,a_K$块石头，$1\leqslant a_1<a_2<\cdots<a_K$.

先证明：对任意$i\in\{1,2,\cdots,K\}$，有$a_i\leqslant 2i$.

首先，$a_1\leqslant 2$. 否则$a_1\geqslant 3$，可将a_1块石头分成数目为$1,a_1-1$的两堆，会有$K+1$堆石头的数量两两不同. 这与K是好堆数矛盾.

其次，若存在$t\in\{2,3,\cdots,K\}$使得$a_t>2t$. 考虑t组$(1,a_t-1)$，$(2,a_t-2)$，$\cdots$，(t,a_t-t). 由抽屉原理可知：这t组中必有一组中的两个数不同于$a_1,a_2,\cdots,a_{t-1}$. 设这一组为(m,a_t-m). 将a_t块石头分成数目为m,a_t-m的两堆，会有$K+1$堆石头的数量两两不同. 这与K是好堆数矛盾.

从而$a_1+a_2+\cdots+a_K\leqslant 2+4+\cdots+2K=K(K+1)$，即$100\leqslant K(K+1)$. 亦即$K\geqslant 10$.

当$K=10$时，可取这10堆石头的数量分别为$1,3,5,\cdots,17,19$.

故好堆数K的最小值是10.

第五题 已知实数 a,b,c,d 满足 $a+b+c+d=0$. 求证:

$(ab+ac+ad+bc+bd+cd)^2+12\geqslant 6(abc+abd+acd+bcd)$.

证明: 由 $a+b+c+d=0$ 可知 $d=-(a+b+c)$.

于是 $abc+abd+acd+bcd=abc+d(ab+ac+bc)$

$=abc-(a+b+c)(ab+ac+bc)$

$=-(a+b)(a+c)(b+c)$.

$ab+ac+ad+bc+bd+cd=ab+ac+bc+d(a+b+c)$

$=ab+ac+bc-(a+b+c)^2$

$=-\frac{1}{2}[(a+b)^2+(a+c)^2+(b+c)^2]$.

设 $x=a+b,\ y=a+c,\ z=b+c$.

则原不等式 $\Leftrightarrow \frac{1}{4}(x^2+y^2+z^2)^2+12\geqslant -6xyz$.

由均值不等式得 $x^2+y^2+z^2\geqslant 3\sqrt[3]{x^2y^2z^2}=3|xyz|^{\frac{2}{3}}$.

从而 $\frac{1}{4}(x^2+y^2+z^2)^2+12\geqslant \frac{9}{4}|xyz|^{\frac{4}{3}}+12$

$=\frac{3}{4}|xyz|^{\frac{4}{3}}+\frac{3}{4}|xyz|^{\frac{4}{3}}+\frac{3}{4}|xyz|^{\frac{4}{3}}+12$

$\geqslant 4\sqrt[4]{\left(\frac{3}{4}|xyz|^{\frac{4}{3}}\right)^3\times 12}$

$=6|xyz|$

$\geqslant -6xyz$. 原不等式成立.

第六题 在凸六边形 $ABCDEF$ 中, $AD=BC+EF$, $BE=AF+CD$, $CF=DE+AB$. 求证: $\frac{AB}{DE}=\frac{CD}{AF}=\frac{EF}{BC}$.

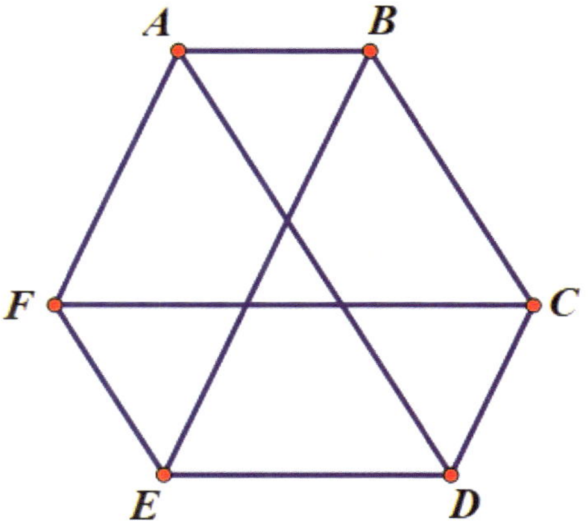

证明：作▱BCFX.

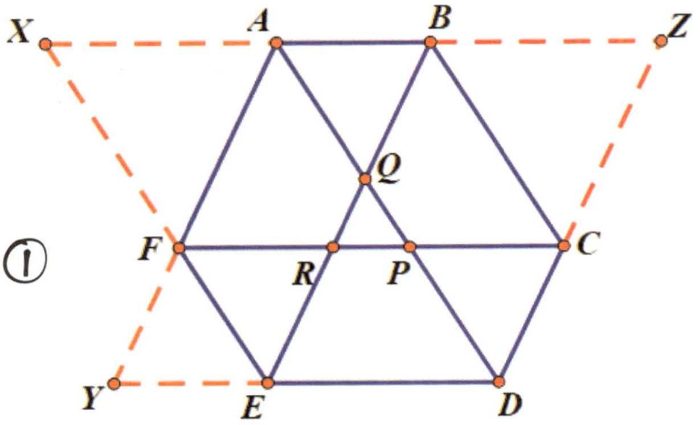

则 $|\overrightarrow{AD}|=|\overrightarrow{BC}|+|\overrightarrow{EF}|=|\overrightarrow{XF}|+|\overrightarrow{EF}|\geqslant|\overrightarrow{XF}-\overrightarrow{EF}|=|\overrightarrow{XE}|=|\overrightarrow{XB}+\overrightarrow{BE}|=|\overrightarrow{FC}+\overrightarrow{BE}|$. ①

作▱FCDY.

则 $|\overrightarrow{BE}|=|\overrightarrow{AF}|+|\overrightarrow{CD}|=|\overrightarrow{AF}|+|\overrightarrow{FY}|\geqslant|\overrightarrow{AF}+\overrightarrow{FY}|=|\overrightarrow{AY}|=|\overrightarrow{AD}+\overrightarrow{DY}|=|\overrightarrow{AD}+\overrightarrow{CF}|$. ②

作▱DEBZ，则 $|\overrightarrow{CF}|=|\overrightarrow{DE}|+|\overrightarrow{AB}|=|\overrightarrow{ZB}|+|\overrightarrow{AB}|\geqslant|\overrightarrow{ZB}-\overrightarrow{AB}|=|\overrightarrow{ZA}|=|\overrightarrow{ZD}+\overrightarrow{DA}|=|\overrightarrow{BE}+\overrightarrow{DA}|$. ③

①^2+②^2+③^{2}得 $|\overrightarrow{AD}|^2+|\overrightarrow{BE}|^2+|\overrightarrow{CF}|^2\geqslant|\overrightarrow{BE}-\overrightarrow{CF}|^2+|\overrightarrow{AD}+\overrightarrow{CF}|^2+|\overrightarrow{BE}-\overrightarrow{AD}|^2$，化简得 $|\overrightarrow{AD}-\overrightarrow{BE}+\overrightarrow{CF}|^2\leqslant 0$，即 $\overrightarrow{AD}-\overrightarrow{BE}+\overrightarrow{CF}=0$.

从而 $\overrightarrow{AD}=\overrightarrow{BE}-\overrightarrow{CF}=(\overrightarrow{BC}+\overrightarrow{CE})-(\overrightarrow{CE}+\overrightarrow{EF})=\overrightarrow{BC}+\overrightarrow{FE}$.

$\overrightarrow{BE}=\overrightarrow{AD}+\overrightarrow{CF}=(\overrightarrow{AF}+\overrightarrow{FD})+(\overrightarrow{CD}+\overrightarrow{DF})=\overrightarrow{AF}+\overrightarrow{CD}$.

$\overrightarrow{CF}=\overrightarrow{BE}-\overrightarrow{AD}=(\overrightarrow{BA}+\overrightarrow{AE})-(\overrightarrow{AE}+\overrightarrow{ED})=\overrightarrow{BA}+\overrightarrow{DE}$.

又 $\because AD=BC+FE$，$BE=AF+CD$，$CF=BA+DE$，

$\therefore AD, BC, FE$ 两两平行；BE, AF, CD 两两平行；CF, BA, DE 两两平行.

在线段 AD 上取点 P，使得 $AP=BC$，则 $DP=EF$，▱ABCP，▱DEFP.

在线段 BE 上取点 Q，使得 $BQ=CD$，则 $EQ=FA$，▱BCDQ，▱EFAQ.

在线段 CF 上取点 R，使得 $CR=DE$，则 $FR=AB$，▱CDER，▱FABR.

$\because AQ\parallel FE$，$DP\parallel EF$，$\therefore AQ\parallel DP$，即 A, Q, P, D 四点共线.

同理可得：B, Q, R, E 四点共线；C, P, R, F 四点共线.

由 $AB\parallel ED$，得 $\dfrac{AB}{DE}=\dfrac{BQ}{EQ}=\dfrac{CD}{AF}$.

由 $BC\parallel FE$，得 $\dfrac{EF}{BC}=\dfrac{FR}{CR}=\dfrac{AB}{DE}$.

故 $\dfrac{AB}{DE}=\dfrac{CD}{AF}=\dfrac{EF}{BC}$.

2007年国际Zhautykov数学奥林匹克

第一题 已知n是正整数，把$n\times n$的正方形分成n^2个单位正方形. 将111枚硬币放入这些单位正方形中，使得任意两个相邻(有一条公共边)的单位正方形中硬币数量之差的绝对值恰好为1(有些单位正方形内可能无硬币)，求n的最大值.

解：n的最大值是13.

当$n\geq 15$时，可以把$n\times n$的正方形划分成至少$\left[\frac{15^2}{2}\right]=112$个$1\times 2$或$2\times 1$的长方形. 每一个$1\times 2$或$2\times 1$的长方形中至少包含1枚硬币，于是$n\times n$的正方形中至少有112枚硬币. 这与有111枚硬币不符.

当$n=14$时，可以把14×14的正方形等分成98个1×2的长方形. 每个1×2的长方形中包含$a+(a+1)=2a+1$(奇数)枚硬币，于是98个1×2的长方形共包含偶数枚硬币，这与有111(奇数)枚硬币不符.

当$n=13$时，存在符合题意的硬币放法，如下图：

1	0	1	0	1	0	1	0	1	0	1	0	1
0	1	0	1	0	1	0	1	0	1	0	1	0
1	0	1	0	1	0	1	0	1	0	1	0	1
0	1	0	1	0	1	0	1	0	1	0	1	0
1	0	1	0	1	0	1	0	1	0	1	0	1
0	1	0	1	0	1	0	1	0	1	0	1	0
1	0	1	0	1	0	1	0	1	0	1	0	1
0	1	0	1	0	1	0	1	0	1	0	1	0
1	0	1	0	1	0	1	0	1	0	1	0	1
0	1	0	1	0	1	0	1	0	1	0	1	0
1	0	1	0	1	0	1	0	1	0	1	0	1
2	1	2	1	2	1	2	1	2	1	2	1	2
1	2	1	2	1	2	1	2	1	2	1	2	1

上图是每个单位正方形中的硬币个数.

第二题 在凸四边形$ABCD$的内部有点M，使得$\angle MBC=\angle MDC$，$\angle MBA=\angle MCD$，若$\angle BAC=\angle DAC$。求证：$\angle ADC$等于$\angle BMC$或$\angle AMB$中的一个。

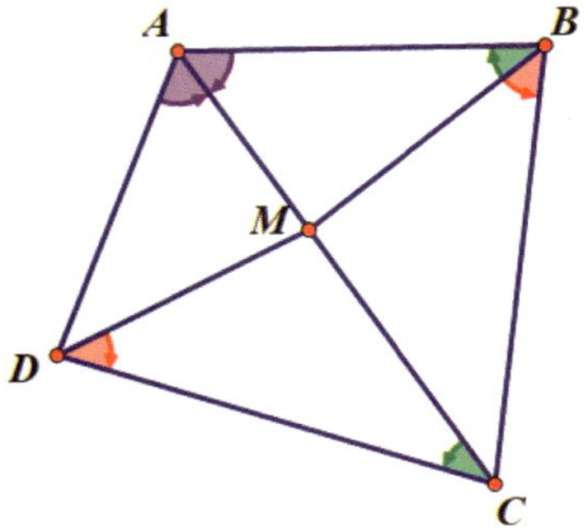

证明：(1)当A,M,C三点共线时，

$\because \angle BAC=\angle DAC$，$\angle MBA=\angle MCD$，

$\therefore \angle ADC=180^\circ-\angle DAC-\angle MCD$

$=180^\circ-\angle BAC-\angle MBA$

$=\angle AMB$。

(2)当A,M,C三点不共线时，设B,D关于直线CM的对称点分别为B',D'。

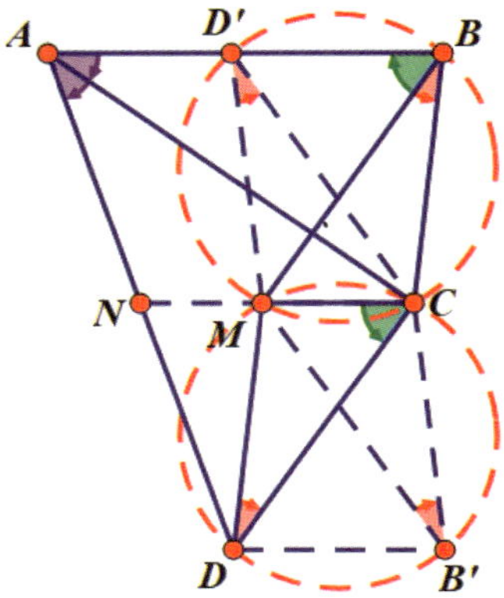

$\because \angle MBC=\angle MDC=\angle MD'C$，

$\therefore M,C,B,D'$四点共圆。

$\because \angle MDC=\angle MBC=\angle MB'C$，

$\therefore M,C,B',D$四点共圆。

由此可得$\angle MBD'=\angle MCD'=\angle MCD=\angle MBA$，即$B,A,D'$三点共线。

①若$BD'\parallel B'D$，$CM,BD',B'D$互相平行，设直线CM交AD于点N，则N是AD的中点。

$\because \angle DAC=\angle BAC=\angle NCA$，$\therefore NA=NC$。

于是$NC=NA=ND$，从而$\angle ADC=\angle NCD=\angle MBA=\angle BMC$。

②若BD'不与$B'D$平行，设直线BD'交$B'D$于点E，则E在直线CM上。

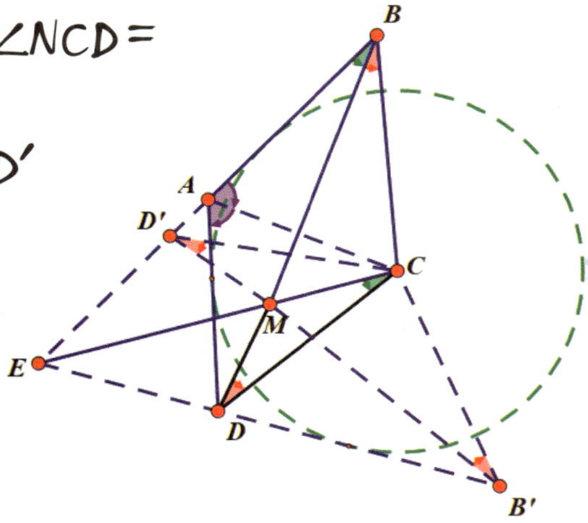

$\because \angle BEC=\angle B'EC$，$\angle BAC=\angle DAC$，

$\therefore C$是$\triangle ADE$关于$\angle AED$的旁心。

故$\angle ADC=\angle B'DC=\angle BD'C=\angle BMC$。

第三题 求证：存在无穷多个正整数n，使得$n^2|(2^n+3^n)$.

引理：若正整数n满足$n^2|(2^n+3^n)$，则$m=\frac{2^n+3^n}{n}$满足$m^2|(2^m+3^m)$.

证明：由$n^2|(2^n+3^n)$，2^n+3^n是奇数，得n是奇数，$m=\frac{2^n+3^n}{n}$是奇数.

设$2^n+3^n=n^2\cdot(2t+1)$，其中t是非负整数.

则$m=\frac{2^n+3^n}{n}=(2t+1)n$.

于是$2^m+3^m=2^{n(2t+1)}+3^{n(2t+1)}=(2^n+3^n)\cdot\sum_{i=0}^{2t}(-1)^i 2^{(2t-i)n}3^{in}$.

而$\sum_{i=0}^{2t}(-1)^i 2^{(2t-i)n}3^{in}\equiv\sum_{i=0}^{2t}(-1)^i 2^{(2t-i)n}(-2^n)^i\equiv(2t+1)\cdot 2^{2tn}\equiv$ $0\ (\bmod \frac{2^n+3^n}{n^2})$.

由此可知$\left(\frac{2^n+3^n}{n}\right)^2\Big|2^m+3^m$，即$m^2|2^m+3^m$.

回到本题：取$n_1=1$，$n_2=5$，$n_3=55$，$\cdots$，$n_{k+1}=\frac{2^{n_k}+3^{n_k}}{n_k}$ $(k=1,2,\cdots)$.
则由引理知，对任意正整数k，有$n_k^2|(2^{n_k}+3^{n_k})$.

当$n_k\geqslant 2$时，由$2^{n_k}+3^{n_k}>3^{n_k}=(1+2)^{n_k}\geqslant 1+2n_k+2^2C_{n_k}^2=2n_k^2+1>n_k^2$，可得$n_{k+1}=\frac{2^{n_k}+3^{n_k}}{n_k}>n_k\geqslant 2$. 再由$n_2>n_1$可知$n_1,n_2,n_3,\cdots$是严格递增的数列.

故有无穷多个正整数n，使得$n^2|(2^n+3^n)$.

第四题 是否存在函数$f:\mathbf{R}\to\mathbf{R}$，其中$\mathbf{R}$是全体实数构成的集合，使得对于任意的实数$x,y$，有$f(x+f(y))=f(x)+\sin y$？

解：不存在满足题意的函数f.

假设存在函数$f:\mathbf{R}\to\mathbf{R}$，使得对任意实数$x,y$，有$f(x+f(y))=f(x)+\sin y$. ①

分以下两步证明：

(1) f是满射.

先用数学归纳法证明：对任意非负整数n，及实数x,y，有$f(x+nf(y))=f(x)+n\sin y$. ②

当$n=0,1$时显然成立.

假设$f(x+kf(y))=f(x)+k\sin y\quad(k\geqslant 1)$.

在上式中用$x+f(y)$,y分别代替x,y,再利用①得:

$f(x+(k+1)f(y))=f(x+f(y))+k\sin y=f(x)+(k+1)\sin y$.

故②成立.

在①中用0,x分别代替x,y得$f(f(x))=f(0)+\sin x$.

在②中用$f(x)$,y分别代替x,y得$f(f(x)+nf(y))=f(f(x))+n\cdot\sin y=f(0)+\sin x+n\cdot\sin y$.

在上式中分别取$y=\frac{\pi}{2}$,$-\frac{\pi}{2}$得$f(f(x)+nf(\frac{\pi}{2}))=f(0)+\sin x+n$,$f(f(x)+nf(-\frac{\pi}{2}))=f(0)+\sin x-n$对任意$n\in N$,$x\in R$都成立.

再由$\sin x$可取遍区间$[-1,1]$中的所有实数可知f能取遍R中的所有实数,即f是满射.

(2) f是有界的.

由f是满射,可知存在$x_0\in R$,使得$f(x_0)=0$.对于任意实数x,由f是满射可知存在z使得$f(z)=x-x_0$.

于是$f(x)=f(x_0+f(z))=f(x_0)+\sin z=\sin z$.

从而f的值域是$[-1,1]$.

(1)与(2)显然矛盾.故假设不成立.

第五题 由全体正实数构成的集合R_+被划分成三个非空且两两交集为空集的集合A,B,C.

(1) 求证:存在$a\in A$,$b\in B$,$c\in C$,使得a,b,c是某个三角形的三边长.

(2) 是否一定存在$a\in A$,$b\in B$,$c\in C$,使得a,b,c是某个直角三角形的三边长?

解: (1) 用反证法.假设可以把集合R_+划分成三个非空且两两交集为空集的集合A,B,C,满足对任意$a\in A$,$b\in B$,$c\in C$,a,b,c不能构成某个三角形的三边长.

由于集合A,B,C是非空集，故可从集合A,B,C中分别取出一个元素a,b,c.不妨设$a<b<c$.

下面用数学归纳法证明:对任意正整数n,有$[b,b+\frac{na}{2}]\cap C=\varnothing$.

当$n=1$时,设$x\in(b,b+\frac{a}{2}]$,由于a,b,x能构成某个三角形的三边长,再根据假设可知$x\notin C$,从而$[b,b+\frac{a}{2}]\cap C=\varnothing$.

假设$[b,b+\frac{ka}{2}]\cap C=\varnothing$, $k\geqslant 1$.

设$t\in[b,b+\frac{ka}{2}]$,则$t\in A$或$t\in B$.

若$t\in A$,由$t,b,t+\frac{a}{2}$能构成某个三角形的三边长知$t+\frac{a}{2}\notin C$.

若$t\in B$,由$a,t,t+\frac{a}{2}$能构成某个三角形的三边长知$t+\frac{a}{2}\notin C$.

再由t的任意性知$[b+\frac{a}{2},b+\frac{(k+1)a}{2}]\cap C=\varnothing$.

从而$[b,b+\frac{(k+1)a}{2}]\cap C=\varnothing$.

故对任意的正整数n,有$[b,b+\frac{na}{2}]\cap C=\varnothing$.

由$c>b>a>0$,知存在正整数m,使得$c<b+m\cdot\frac{a}{2}$.再由前述的证明可知:$[b,b+\frac{ma}{2}]\cap C=\varnothing$.于是$c\notin C$,这与$c\in C$矛盾.

故假设不成立.

即必存在$a\in A,b\in B,c\in C$使得a,b,c是某个三角形的三边长.

(2) 不一定,例如取$A=\{1\}$,$B=\{\sqrt{n}\mid n$是大于或等于2的整数$\}$,$C=R_+-(A\cup B)$.

容易验证对任意$a\in A,b\in B,c\in C$,有a,b,c不是某个直角三角形的三边长.

第六题 在凸六边形ABCDEF中，对角线AD、BE、CF交于同一点M，$\triangle ABM$、$\triangle BCM$、$\triangle CDM$、$\triangle DEM$、$\triangle EFM$和$\triangle FAM$都是锐角三角形，且这些三角形的外心在同一个圆上. 求证：四边形ABDE、四边形BCEF和四边形CDFA的面积相同.

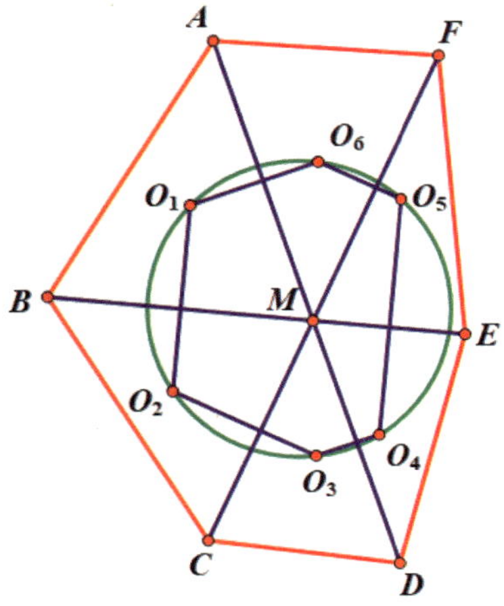

证明： 设$\triangle ABM$、$\triangle BCM$、$\triangle CDM$、$\triangle DEM$、$\triangle EFM$、$\triangle FAM$的外心分别为O_1、O_2、O_3、O_4、O_5、O_6. 则O_1O_2垂直平分线段BM；O_2O_3垂直平分线段CM；O_3O_4垂直平分线段DM；O_4O_5垂直平分线段EM；O_5O_6垂直平分线段FM；O_6O_1垂直平分线段AM.

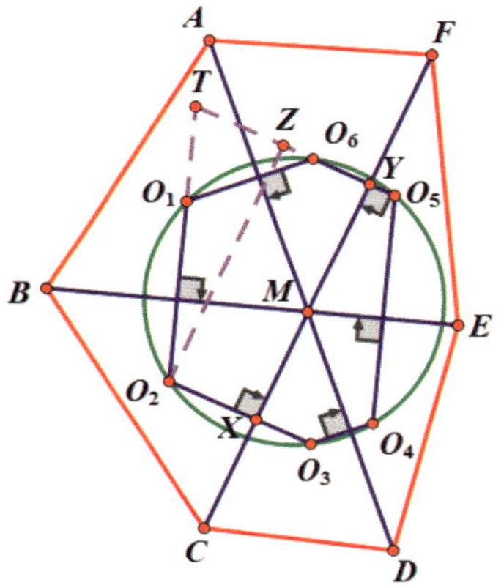

设直线O_1O_2与O_5O_6交于点T，CF分别与O_2O_3、O_5O_6交于点X、Y.

过O_2作O_5O_6的垂线，垂足为Z.

则$O_2Z=XY=\frac{1}{2}CF$. ①

$\because O_2O_3 /\!/ O_5O_6$，

$\therefore \angle O_1TO_6=180^\circ-\angle O_1O_2O_3=\angle BMC$.

在$\mathrm{Rt}\triangle O_2TZ$中，$O_2Z=TO_2\cdot\sin\angle O_1TO_6=TO_2\cdot\sin\angle BMC$. ②

由①和②得$\frac{TO_2}{CF}=\frac{1}{2\sin\angle BMC}$. 同理可证：$\frac{TO_5}{BE}=\frac{1}{2\sin\angle EMF}$.

从而$\frac{TO_2}{CF}=\frac{TO_5}{BE}$，即$\frac{TO_2}{TO_5}=\frac{CF}{BE}$.

又$\because \frac{TO_2}{TO_5}=\frac{TO_6}{TO_1}=\frac{\sin\angle TO_1O_6}{\sin\angle TO_6O_1}=\frac{\sin\angle AMB}{\sin\angle AMF}$，

$\therefore \frac{CF}{BE}=\frac{\sin\angle AMB}{\sin\angle AMF}$，即$BE\cdot\sin\angle AMB=CF\cdot\sin\angle AMF$.

故$S_{四边形ABDE}=\frac{1}{2}AD\cdot BE\cdot\sin\angle AMB=\frac{1}{2}AD\cdot CF\cdot\sin\angle AMF=S_{四边形CDFA}$. 类似可证：$S_{四边形BCEF}=S_{四边形CDFA}$.

因此$S_{四边形ABDE}=S_{四边形BCEF}=S_{四边形CDFA}$.

2008年国际Zhautykov数学奥林匹克

第一题 在凸四边形ABCD中，边AB、BC、CD、DA的中点分别为K、L、M、N. 设直线KM分别与对角线AC、BD交于点P、Q，直线LN分别与对角线AC、BD交于点R、S.

求证：若$AP\cdot PC=BQ\cdot QD$，则$AR\cdot RC=BS\cdot SD$.

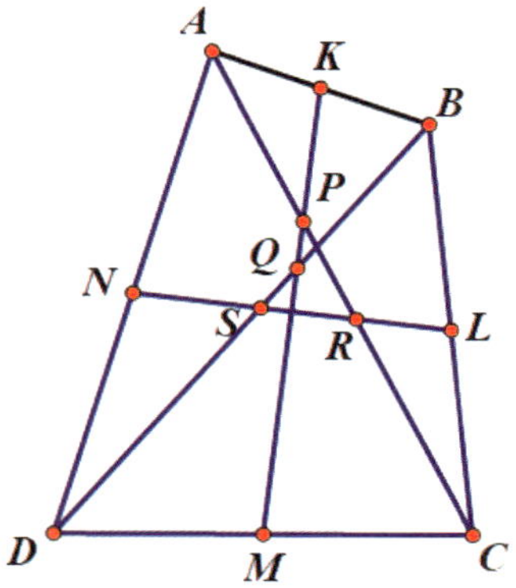

证明： 对于任意一点X和直线YZ，用$d(X, YZ)$表示点X到直线YZ的距离.

$\because$ K是AB的中点，M是CD的中点，

$\therefore d(A, KM)=d(B, KM)$，$d(C, KM)=d(D, KM)$.

于是 $\dfrac{AP}{PC}=\dfrac{d(A, KM)}{d(C, KM)}=\dfrac{d(B, KM)}{d(D, KM)}=\dfrac{BQ}{QD}$. ①

同理可得 $\dfrac{AR}{RC}=\dfrac{DS}{SB}$. ②

由$AP\cdot PC=BQ\cdot QD$及①可得$AP=BQ$，$PC=QD$. 从而$AC=AP+PC=BQ+QD=BD$.

由②得 $\dfrac{AR}{AR+RC}=\dfrac{DS}{DS+SB}$，即$\dfrac{AR}{AC}=\dfrac{DS}{BD}$.

又由$AC=BD$，得$AR=DS$. 从而$RC=SB$.

故$AR\cdot RC=BS\cdot SD$.

第二题 若整系数多项式 $P(x)$ 能表示成若干个（可以是1个）整系数多项式的立方和，则称 $P(x)$ 是好多项式．例如：多项式 x^3-1，$9x^3-3x^2+3x+7=(x-1)^3+(2x)^3+2^3$ 都是好多项式．

(1) 多项式 $P(x)=3x+3x^7$ 是好多项式吗？

(2) 多项式 $P(x)=3x+3x^7+3x^{2008}$ 是好多项式吗？

解：(1) 多项式 $P(x)=3x+3x^7$ 是好多项式．

$3x+3x^7=(-x^3)^3+(x+x^3)^3+(-x-x^2)^3+(x^2+1)^3+(x-1)^3+(-x)^3$．

(2) 考虑任意一个整系数多项式的立方展开式：

$$\left(\sum_{i=0}^{n}a_ix^i\right)^3=\sum_{i=0}^{n}a_i^3x^{3i}+3\sum_{0\leqslant i<j\leqslant n}(a_i^2a_jx^{2i+j}+a_ia_j^2x^{i+2j})+6\sum_{0\leqslant i<j<k\leqslant n}a_ia_ja_kx^{i+j+k}.\quad (*)$$

再考虑 $(*)$ 式右边所有 x^t（$3\nmid t$，$0\leqslant t\leqslant n$）项的系数之和，记为 S．

注意到，对于任意 $0\leqslant i<j\leqslant n$，由 $(2i+j)+(i+2j)=3(i+j)$ 知 $3\nmid(2i+j)$ 当且仅当 $3\nmid(i+2j)$，并且 $a_i^2a_j+a_ia_j^2=a_ia_j(a_i+a_j)$ 是偶数．

于是 $S=3\sum\limits_{\substack{0\leqslant i<j\leqslant n\\3\nmid(2i+j)}}(a_i^2a_j+a_ia_j^2)+6\sum\limits_{\substack{0\leqslant i<j<k\leqslant n\\3\nmid(i+j+k)}}a_ia_ja_k$ 是6的倍数，即 $6\mid S$．

从而，对任意一个好多项式，其所有 x^t（$3\nmid t$）项的系数之和都是6的倍数．

而多项式 $P(x)=3x+3x^7+3x^{2008}$ 中所有 x^t（$3\nmid t$）项的系数之和是 $3+3+3=9$，不是6的倍数．

故 $P(x)=3x+3x^7+3x^{2008}$ 不是好多项式．

第三题 令集合$A=\{(a_1,a_2,\cdots,a_8)\mid a_i\in\mathbf{N}_+,1\leqslant a_i\leqslant i+1,i=1,2,\cdots,8\}$. 设$X\subseteq A$,对于$X$中任意两个不同的元素$(a_1,a_2,\cdots,a_8),(b_1,b_2,\cdots,b_8)\in X$. 若至少存在三个不同的$i$使得$a_i\neq b_i$,则称集合$X$为好集. 求集合$A$的子集中好集所含元素个数的最大值.

解: 设集合X是好集. 下面先证明:$|X|\leqslant 7!=5040$.

设$(a_1,a_2,\cdots,a_8)\in X$,把$(a_1,a_2,\cdots,a_6)$称为$(a_1,a_2,\cdots,a_8)$的特征元素.

考虑好集X的所有特征元素,它们必两两不同(否则,好集X中将有两个不同的元素$(a_1',a_2',\cdots,a_6',a_7',a_8')$,$(a_1',a_2',\cdots,a_6',a_7'',a_8'')$这两个元素各位置下对应的数中至多有两对数不同,与好集的定义矛盾).

故好集X中元素的个数,也就是所有特征元素的个数.

而对于任意一个特征元素$(a_1,a_2,\cdots,a_6)$,由$a_i\in\{1,2,\cdots,i+1\}$,$i=1,2,\cdots,6$,可知最多有$2\times3\times4\times5\times6\times7=5040$个特征元素. 从而$|X|\leqslant 5040$.

再来证明:存在好集$X\subseteq A$,使得$|X|=5040$.

令集合$A'=\{(a_1,a_2,\cdots,a_6)\mid a_i\in\mathbf{N}_+,1\leqslant a_i\leqslant i+1,i=1,2,\cdots,6\}$,则$|A'|=7!=5040$.

对于每个$a'=(a_1,a_2,\cdots,a_6)\in A'$,我们构造$a=(a_1,a_2,\cdots,a_6,a_7,a_8)\in X$,其中$a_7\equiv a_1+a_2+\cdots+a_6 \pmod 7)$,$1\leqslant a_7\leqslant 7$,$a_8\equiv\sum\limits_{i=1}^{6}ia_i \pmod 7$,$1\leqslant a_8\leqslant 7$. 则$|X|=|A'|=5040$,$X\subseteq A$.

对集合X中的任意两个不同的元素$a=(a_1,a_2,\cdots,a_8)$,$b=(b_1,b_2,\cdots,b_8)$,记$a'=(a_1,a_2,\cdots,a_6)$,$b'=(b_1,b_2,\cdots,b_6)$.

(1)若a',b'在各位置下对应的数中至少有三对数不等,则至少有三个不同的$i(1\leqslant i\leqslant 8)$使得$a_i\neq b_i$.

(2)若a'，b'在各位置下对应的数中恰有两对数不等，可设为$a_i\neq b_i$，$a_j\neq b_j$（$1\leqslant i<j\leqslant 6$），如果$a_7=b_7$且$a_8=b_8$，则$a_i+a_j\equiv b_i+b_j \pmod 7$，$ia_i+ja_j\equiv ib_i+jb_j \pmod 7$，从而$(j-i)a_j=(ia_i+ja_j)-i(a_i+a_j)\equiv(ib_i+jb_j)-i(b_i+b_j)\equiv(j-i)b_j \pmod 7$.

即$7\mid(j-i)(a_j-b_j)$，而$1\leqslant i<j\leqslant 6$，$1\leqslant a_j,b_j\leqslant j+1\leqslant 7$，只能有$a_j=b_j$，这与$a_j\neq b_j$矛盾。故$a_7\neq b_7$，$a_8\neq b_8$至少有一个成立.

此时，至少有三个不同的i（$1\leqslant i\leqslant 8$）使得$a_i\neq b_i$.

(3)若a'，b'在各位置下对应的数中恰有一对数不等，可设$a_i\neq b_i$（$1\leqslant i\leqslant 6$）.

则$a_7-b_7\equiv a_i-b_i\not\equiv 0 \pmod 7$，$a_8-b_8\equiv i(a_i-b_i)\not\equiv 0 \pmod 7$.

即$a_7\neq b_7$，$a_8\neq b_8$.

此时，有三个j（$1\leqslant j\leqslant 8$）使得$a_j\neq b_j$.

综合(1)(2)(3)知，集合X是好集.

故集合A的子集中好集所含元素个数的最大值是5040.

第四题 对于每个正整数n，用$S(n)$表示n的所有数码之和（例如：$S(17)=1+7=8$），求所有正整数n，使得$n=2(S(n))^3+8$.

解：设正整数n满足$n=2(S(n))^3+8$.

由$S(n)\equiv n \pmod 9$知$n=2(S(n))^3+8\equiv 2n^3-1 \pmod 9$，即$9\mid(2n^3-n-1)$，亦即$9\mid(n-1)(2n^2+2n+1)$.

因$2n^2+2n+1=n^2+(n+1)^2\equiv 1,2 \pmod 3$，故$3\nmid(2n^2+2n+1)$.

从而$9\mid(n-1)$，即$n\equiv 1 \pmod 9$，亦即$S(n)\equiv 1 \pmod 9$.

设正整数n是m位数，则$n\geqslant 10^{m-1}$，$S(n)\leqslant 9m$.

于是$10^{m-1}\leqslant n=2(S(n))^3+8\leqslant 2\times(9m)^3+8=1458m^3+8$. ①

先用数学归纳法证明：当$m\geqslant 7$时，有$10^{m-4}>2m^3$. ②

当$m=7$时，$10^{7-4}=1000>686=2\times 7^3$.

假设 $10^{k-4}>2\cdot k^3\ (k\geqslant 7)$.

则 $10^{k-3}>20\cdot k^3>2(k^3+3k^2+3k+1)=2(k+1)^3$，对 $m=k+1$ 时

②成立.

故对任意正整数 $m\geqslant 7$，有 $10^{m-4}>2m^3$.

从而，当 $m\geqslant 7$ 时，$10^{m-1}>2000m^3>1458m^3+8$.

再结合①可知 $m\leqslant 6$，即 $S(n)\leqslant 9m\leqslant 54$.

又由 $S(n)\equiv 1 \pmod 9$，得 $S(n)=1,10,19,28,37,46$.

当 $S(n)=1$ 时，$n=2(S(n))^3+8=10$.

当 $S(n)=10$ 时，$n=2(S(n))^3+8=2008$.

当 $S(n)=19$ 时，$n=2(S(n))^3+8=2\times 19^3+8=13726$.

当 $S(n)=28$ 时，$n=2(S(n))^3+8=43912$. 而 $S(43912)=19$，矛盾.

当 $S(n)=37$ 时，$n=2(S(n))^3+8=101314$. 而 $S(101314)=10$，矛盾.

当 $S(n)=46$ 时，$n=2(S(n))^3+8=194680$. 而 $S(194680)=28$，矛盾.

综上所述，所求 $n=10,2008,13726$.

第五题 两个相离的圆 ω_1，ω_2 的圆心分别为 O_1，O_2. A_1A_2 是两圆的一条公切线且点 A_1 在圆 ω_1 上，点 A_2 在圆 ω_2 上. 设线段 A_1A_2 的中点为 K，过 K 分别作圆 ω_1，ω_2 的切线 KB_1，KB_2（$B_1\neq A_1$，$B_2\neq A_2$），且点 B_1 在圆 ω_1 上，点 B_2 在圆 ω_2 上. 直线 A_1B_1 与 A_2B_2 交于点 L，直线 KL 与 O_1O_2 交于点 P. 求证：B_1，P，B_2，L 四点共圆.

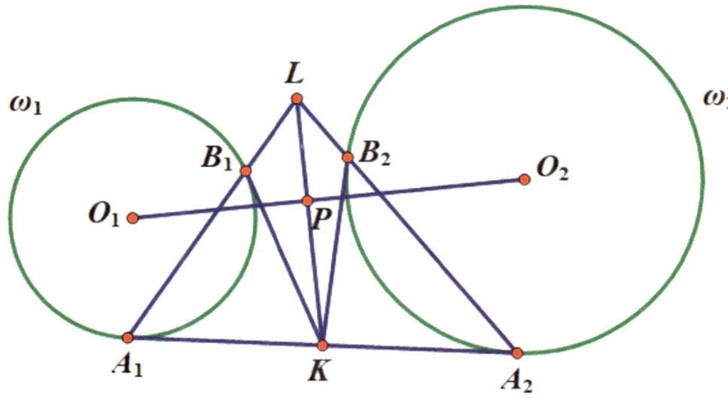

证明：$\because KB_1=KA_1=KA_2=KB_2$，

$\therefore A_1,A_2,B_2,B_1$四点共圆且圆心为$K$.

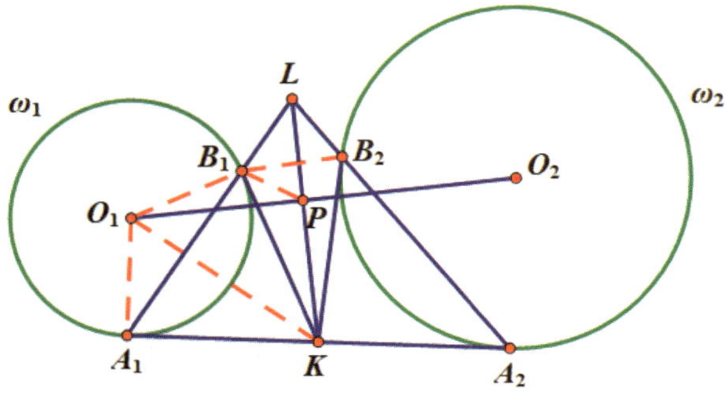

于是$LA_1\cdot LB_1=LA_2\cdot LB_2$. 点$L$到圆$\omega_1$的幂等于点$L$到圆$\omega_2$的幂，从而点$L$在圆$\omega_1$与圆$\omega_2$的根轴上.

$\because KA_1=KA_2$，$\therefore$点K在圆ω_1与圆ω_2的根轴上，即KL是圆ω_1与圆ω_2的根轴. 从而$KL\perp O_1O_2$.

$\because \angle O_1B_1K=\angle O_1PK=\angle O_1A_1K=90°$，

$\therefore$点B_1,P,A_1在以O_1K为直径的圆上.

于是$\angle LPB_1=\angle B_1A_1K=\angle LB_2B_1$.

即B_1,P,B_2,L四点共圆.

第六题　设正实数a,b,c满足$abc=1$，求证：$\sum\limits_{cyc}\frac{1}{(a+b)b}\geqslant\frac{3}{2}$.

证明：由$abc=1$，知存在正实数x,y,z使得$a=\frac{x}{y}$，$b=\frac{y}{z}$，$c=\frac{z}{x}$（例如$x=a$，$y=1$，$z=\frac{1}{b}$）.

则$$\sum_{cyc}\frac{1}{(a+b)b}=\sum_{cyc}\frac{z^2}{xz+y^2}\geqslant\frac{(z^2+x^2+y^2)^2}{\sum\limits_{cyc}z^2(xz+y^2)}=\frac{(x^2+y^2+z^2)^2}{\sum\limits_{cyc}x^3y+\sum\limits_{cyc}x^2y^2}.$$

上述不等式放缩利用了柯西不等式.

只需证明：$\frac{(x^2+y^2+z^2)^2}{\sum\limits_{cyc}x^3y+\sum\limits_{cyc}x^2y^2}\geqslant\frac{3}{2}$. ①

①式$\Longleftrightarrow 2\sum\limits_{cyc}x^4+\sum\limits_{cyc}x^2y^2\geqslant 3\sum\limits_{cyc}x^3y$. ②

由排序不等式得$\sum\limits_{cyc}x^4\geqslant\sum\limits_{cyc}x^3y$. ③

由均值不等式得$\sum\limits_{cyc}(x^4+x^2y^2)\geqslant\sum\limits_{cyc}2x^3y$. ④

③+④得②成立.

故原不等式成立.

2009 年国际 Zhautykov 数学奥林匹克

第一题 求所有整数 x, y 使得 $x^2-2009y+2y^2=0$.

解: 由 $2009=7^2\times41$, 得 $7\mid(x^2+2y^2)$. ①

当 $7\nmid x$ 或 $7\nmid y$ 时, 由①知 x, y 都与 7 互质. 根据费马小定理可得 $x^6\equiv1\pmod 7$, 而 $x^6=(x^2)^3\equiv(-2y^2)^3\equiv-8y^6\equiv-y^6\equiv-1\pmod 7$. 这与上式矛盾.

故 $7\mid x$, $7\mid y$. 可设 $x=7x'$, $y=7y'$ (x', y' 是整数).

则 $(7x')^2-2009\times7y'+2\times(7y')^2=0$, 即 $x'^2-7\times41y'+2y'^2=0$. ②

于是 $7\mid(x'^2+2y'^2)$. 同前述证明可知 $7\mid x'$, $7\mid y'$. 可设 $x'=7a$, $y'=7b$ (a, b 是整数).

代入②得 $a^2-41b+2b^2=0$, 从而 $a^2=b(41-2b)\geqslant0$, 即 $0\leqslant b\leqslant20$.

若 $b=0$, 则 $a=0$. 此时 $(x, y)=(0, 0)$.

若 $b\neq0$, 则 $1\leqslant b\leqslant20$. 因 $\gcd(b, 41-2b)=\gcd(b, 41)=1$ 或 41, 且 $\gcd(b, 41-2b)\leqslant b\leqslant20$, 故 $\gcd(b, 41-2b)=1$. 再由 $a^2=b(41-2b)$, 可设 $b=p^2$, $41-2b=q^2$, 其中 p, q 是正整数, 且 p 与 q 互质, $|a|=pq$.

则 $q^2+2p^2=41\Rightarrow0<2p^2<41\Rightarrow p=1, 2, 3, 4$.

将 $p=1, 2, 3, 4$ 分别代入 $q^2+2p^2=41$ 中可知只有 $p=4$, $q=3$ 是该方程的正整数解. 从而 $b=16$, $a=12$ 或 -12.

又由 $x=49a$, $y=49b$, 知此时 $(x, y)=(\pm588, 784)$.

综上所述, 所求 $(x, y)=(0, 0), (588, 784), (-588, 784)$.

第二题 求所有实数 a，使得存在函数 $f: \mathbf{R} \to \mathbf{R}$，对任意实数 x, y，有 $x + af(y) \leqslant y + f(f(x))$. ①

解：所求 $a=1$ 或 $a<0$.

(1) 当 $a>0$ 时，在①中取 $x=0$，得 $af(y) \leqslant y + f(f(0))$. ②

在①中取 $y=0$ 得 $x + af(0) \leqslant f(f(x))$. ③

在②中用 $f(y)$ 代替 y 得 $af(f(y)) \leqslant f(y) + f(f(0))$.

再结合③及 $a>0$ 得 $ay + a^2 f(0) \leqslant af(f(y)) \leqslant f(y) + f(f(0))$.

再利用②得 $a^2 y + a^3 f(0) \leqslant af(y) + af(f(0)) \leqslant y + (a+1)f(f(0))$. ④

若 $a>1$，由④得 $(a^2-1)y \leqslant (a+1)f(f(0)) - a^3 f(0)$. 当 $y \to +\infty$ 时，$(a^2-1)y \to +\infty$. 故上式不成立.

若 $0<a<1$，由④得 $(1-a^2)y \geqslant a^3 f(0) - (a+1)f(f(0))$. 当 $y \to -\infty$ 时，$(1-a^2)y \to -\infty$. 故上式不成立.

若 $a=1$，取 $f(x)=x$. ①显然成立.

(2) 当 $a=0$ 时，在①中取 $x=0$ 得 $y + f(f(0)) \geqslant 0$ 对任意实数 y 都成立. 取 $y=-1-f(f(0))$ 可知此式不成立.

(3) 当 $a<0$ 时，若 $-1<a<0$，注意到，对任意实数 x, y，有 $x - |y| \leqslant y + \left|\frac{x}{a^2}\right|$. 可取 $f(x) = \left|\frac{x}{a}\right|$.

若 $a \leqslant -1$，注意到，对任意实数 x, y，有 $x + a|y| \leqslant y + |x|$. 可取 $f(x)=|x|$.

故所求 $a=1$ 或 $a<0$. 当 $a=1$ 时，可取 $f(x)=x$. 当 $-1<a<0$ 时，可取 $f(x) = \left|\frac{x}{a}\right|$. 当 $a \leqslant -1$ 时，可取 $f(x)=|x|$.

第三题 设凸六边形ABCDEF的面积为S. 求证：

$$AC\cdot(BD+BF-DF)+CE\cdot(BD+DF-BF)+AE\cdot(BF+DF-BD)\geqslant 2\sqrt{3}S.$$

引理一：在平面上给定两点M、N，设点P在同一平面上且满足 $\frac{PM}{PN}=k\in(0,1)$. 则点P的轨迹是个圆. 该圆的直径的两端是按照定比k内分MN和外分MN所得的两个分点.（阿波罗尼斯圆）

证明：以N为原点，NM所在直线为x轴建立平面直角坐标系.

设 $M(m,0)$，动点 $P(x,y)$ 满足 $\frac{PM}{PN}=k$.

将 $PM^2=(x-m)^2+y^2$，$PN^2=x^2+y^2$ 代入 $\frac{PM^2}{PN^2}=k^2$ 可得 $(1-k^2)(x^2+y^2)-2mx+m^2=0$. 于是点P的轨迹是个圆. 记该圆为圆ω.

特别地，对圆ω内（不含圆周）任意一点Q，有 $\frac{QM}{QN}<k$；对圆ω外（不含圆周）任意一点Q，有 $\frac{QM}{QN}>k$.

引理二：若△BDF的内切圆与DF、FB、BD分别切于点X、Y、Z，则在△BDF的内部存在点O使得 $\frac{OB}{BY}=\frac{OD}{DZ}=\frac{OF}{FX}$.

证明：设 $BY=BZ=b$，$DZ=DX=d$，$FX=FY=f$.

若 b,d,f 两两相等，则△BDF是正三角形. 取O为△BDF的重心即可.

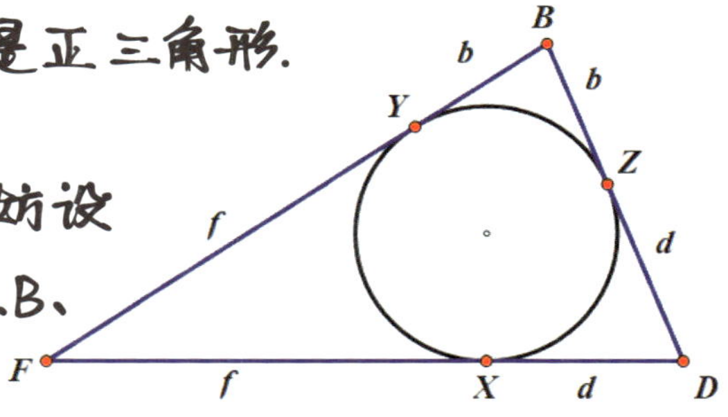

若 b,d,f 中恰有两个相等，不妨设 $f=d$，则 $BF=BD$. 当 $b<f$ 时，考虑以B、F为定点，$\frac{b}{f}$ 为定比的阿波罗尼斯圆. 记该圆为圆ω. 由 $\frac{XB}{XF}>\frac{BY}{XF}=\frac{b}{f}$，可知点X在圆ω外. 过X作DF的垂线必与圆ω有一交点O，它在△BFD内，从而 $\frac{OB}{OF}=\frac{b}{f}$. 又由 $f=d$，可知 $\frac{OD}{OF}=\frac{d}{f}$. 从而 $\frac{OB}{b}=\frac{OF}{f}=\frac{OD}{d}$.

同理当 $b>f$ 时，也存在点O使得 $\frac{OB}{b}=\frac{OF}{f}=\frac{OD}{d}$.

若b, d, f两两不等，不妨设$b<d<f$.

考虑以B、F为定点，$\frac{b}{f}$为定比的阿波罗尼斯圆.记该圆为圆ω_1.再考虑以B、D为定点，$\frac{b}{d}$为定比的阿波罗尼斯圆，记该圆为圆ω_2.

$\because \frac{YB}{YD}<\frac{YB}{DZ}=\frac{b}{d}$，$\therefore$点$Y$在圆$\omega_1$上，且在圆$\omega_2$内.

$\because \frac{ZB}{ZF}<\frac{ZB}{FY}=\frac{b}{f}$，$\therefore$点$Z$在圆$\omega_2$上，且在圆$\omega_1$内.

并且圆ω_1的圆心在射线FB上，圆ω_2的圆心在射线DB上.

于是圆ω_1与圆ω_2有一交点O，它在$\triangle BFD$内，且$\frac{OB}{b}=\frac{OD}{d}=\frac{OF}{f}$.

引理二的推论：对于引理二中的O点，也满足$OB\leqslant\frac{2}{\sqrt{3}}BY$，$OD\leqslant\frac{2}{\sqrt{3}}DZ$，$OF\leqslant\frac{2}{\sqrt{3}}FX$.

证明：设$\frac{OB}{b}=\frac{OD}{d}=\frac{OF}{f}=x$，只需证明：$x\leqslant\frac{2}{\sqrt{3}}$.

假设$x>\frac{2}{\sqrt{3}}$.

$\because \angle BOD+\angle DOF+\angle FOB=360^\circ$.

$\therefore \angle BOD, \angle DOF, \angle FOB$中必有一个角大于或等于$120^\circ$，不妨设$\angle FOD\geqslant 120^\circ$.

则$-\frac{1}{2}=\cos 120^\circ\geqslant\cos\angle FOD=\frac{OF^2+OD^2-DF^2}{2OF\cdot OD}=\frac{(xf)^2+(xd)^2-(d+f)^2}{2x^2df}$

上式$\Leftrightarrow x^2(d^2+f^2)-(d+f)^2+x^2df\leqslant 0$

$\Leftrightarrow (d+f)^2\geqslant x^2(d^2+f^2+df)$.

由$x>\frac{2}{\sqrt{3}}$得$(d+f)^2>\frac{4}{3}(d^2+f^2+df)\Rightarrow (d-f)^2<0$不成立.

故假设不成立，即$x\leqslant\frac{2}{\sqrt{3}}$.

回到本题：设$\triangle BDF$的内切圆与DF、FB、BD分别切于点X、Y、Z.

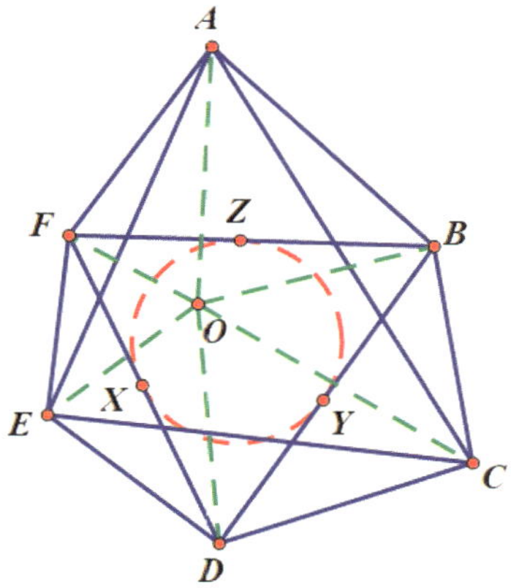

由引理二及引理二的推论知：在$\triangle BDF$的内部存在点O使得$OB\leqslant\frac{2}{\sqrt{3}}BY$，$OD\leqslant\frac{2}{\sqrt{3}}DZ$，$OF\leqslant\frac{2}{\sqrt{3}}FX$.

则$AC\cdot(BD+BF-DF)=2AC\cdot BY\geqslant\sqrt{3}AC\cdot OB\geqslant2\sqrt{3}S_{\text{四边形}ABCO}$. ①

同理可得：$CE\cdot(BD+DF-BF)\geqslant2\sqrt{3}S_{\text{四边形}CDEO}$. ②

$$AE\cdot(BF+DF-BD)\geqslant2\sqrt{3}S_{\text{四边形}EFAO}.\ ③$$

①+②+③得$AC\cdot(BD+BF-DF)+CE\cdot(BD+DF-BF)+AE\cdot(BF+DF-BD)\geqslant2\sqrt{3}S$.

第四题 在直角坐标系中，四个两两不重合的点A_1,A_2,A_3,A_4位于抛物线$y=x^2$上，且满足A_1,A_2,A_3,A_4四点共圆. 此外还有四个两两不重合的点B_1,B_2,B_3,B_4位于抛物线$y=2009x^2$上，并且对任意$i=1,2,3,4$，点A_i和B_i的横坐标相同. 求证：B_1,B_2,B_3,B_4四点共圆.

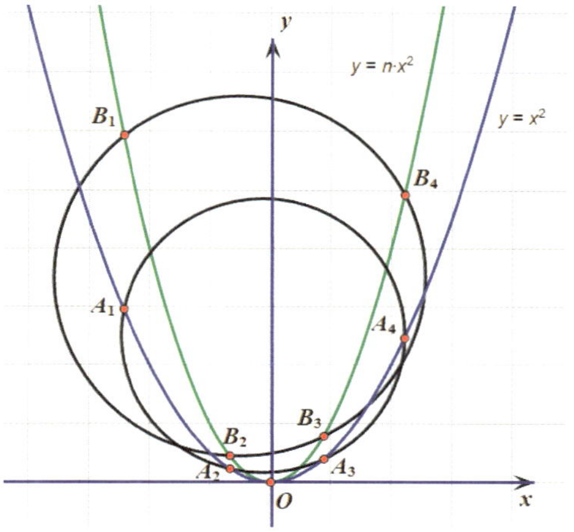

证明：设A_1,A_2,A_3,A_4的坐标分别为$(a,a^2),(b,b^2),(c,c^2),(d,d^2)$。不妨设$a<b<c<d$.

由于A_1,A_2,A_3,A_4位于同一圆周上，可设该圆圆心的坐标为(s,t)，半径为R.

于是函数$f(x)=(x-s)^2+(x^2-t)^2-R^2=x^4-(2t-1)x^2-2sx+s^2+t^2-R^2$有四个不同的零点$a,b,c,d$.

根据韦达定理可得$a+b+c+d=0$.

记$n=2009$，则B_1,B_2,B_3,B_4的坐标分别为$(a,na^2),(b,nb^2),(c,nc^2),(d,nd^2)$.

$\because \overrightarrow{B_1B_4}=(d-a,n(d^2-a^2)),\overrightarrow{B_1B_2}=(b-a,n(b^2-a^2))$,

$\overrightarrow{B_3B_4}=(d-c,n(d^2-c^2)),\overrightarrow{B_3B_2}=(b-c,n(b^2-c^2))$,

$$\therefore \cos\langle\overrightarrow{B_1B_4},\overrightarrow{B_1B_2}\rangle=\frac{\overrightarrow{B_1B_4}\cdot\overrightarrow{B_1B_2}}{|\overrightarrow{B_1B_4}|\cdot|\overrightarrow{B_1B_2}|}=\frac{1+n^2(d+a)(b+a)}{\sqrt{1+n^2(d+a)^2}\cdot\sqrt{1+n^2(b+a)^2}},$$

$$\cos\langle\overrightarrow{B_3B_4},\overrightarrow{B_3B_2}\rangle=\frac{\overrightarrow{B_3B_4}\cdot\overrightarrow{B_3B_2}}{|\overrightarrow{B_3B_4}|\cdot|\overrightarrow{B_3B_2}|}=-\frac{1+n^2(d+c)(b+c)}{\sqrt{1+n^2(d+c)^2}\cdot\sqrt{1+n^2(b+c)^2}}.$$

$\because a+b+c+d=0$，$\therefore \cos\langle\overrightarrow{B_1B_4},\overrightarrow{B_1B_2}\rangle=-\cos\langle\overrightarrow{B_3B_4},\overrightarrow{B_3B_2}\rangle$.

从而$\angle B_2B_1B_4+\angle B_2B_3B_4=180^\circ$.

故B_1,B_2,B_3,B_4四点共圆.

第五题 给定四边形ABCD，其中$\angle B=\angle D=90^\circ$。在线段AB上取点M使得$AD=AM$。直线DM与CB交于点N，作$DH\perp AC$于点H，$CK\perp AN$于点K。

求证：$\angle MHN=\angle MCK$。

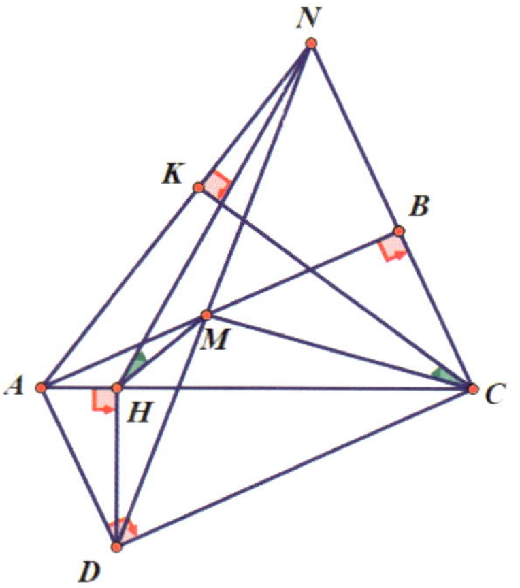

证明：$\because \angle MNB=90^\circ-\angle NMB=90^\circ-\angle AMD=90^\circ-\angle ADM=\angle MDC$，

$\therefore CD=CN$。

$\because AM^2=AD^2=AH\cdot AC$，

$\therefore \triangle AMH\backsim\triangle ACM$。

$\therefore \angle MHC=180^\circ-\angle AHM=180^\circ-\angle AMC=\angle BMC$。①

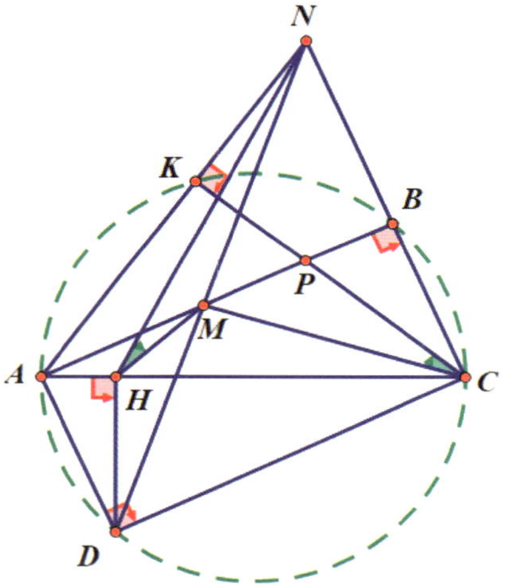

$\because CN^2=CD^2=CH\cdot CA$，

$\therefore \triangle CNH\backsim\triangle CAN$。

$\therefore \angle NHC=\angle ANC$。②

设AB与CK交于点P。

$\because \angle PKN=\angle PBN=90^\circ$，$\therefore$ K，B在以PN为直径的圆上。

$\therefore \angle ANC=\angle BPC$。③

由①②③得$\angle MHN=\angle NHC-\angle MHC=\angle ANC-\angle BMC=\angle BPC-\angle BMC=\angle MCK$。

第六题 在17×17的方格表中，把n个小方格（1×1的正方形）涂上黑色，此后每一次作以下三种操作之一：

(1)若某行中至少有6个小方格涂上黑色，则可将该行的所有小方格涂上黑色；

(2)若某列中至少有6个小方格涂上黑色，则可将该列的所有小方格涂上黑色；

(3)若某条对角线（有两条对角线）上至少有6个小方格涂上黑色，则可将该对角线上的所有小方格涂上黑色.

求n的最小值，使得进行若干次操作后，17×17的方格表中所有的小方格都涂上黑色.

解：n的最小值是27.

假设$n\leqslant26$，可以进行若干次操作把所有小方格涂黑.

则在每一次操作中，最多会将$17-6=11$个小方格涂上黑色，最开始时，至少有$17^2-26=263$个小方格没有涂色，至少需要进行$\left[\frac{263-1}{11}\right]+1=24$次操作.

设最初所有黑色小方格构成的集合为B，在第i次操作中所选的行或列或对角线的17个小方格构成的集合为A_i.

令集合B_i是$A_i\cap B$去掉$(A_i\cap B)\cap(\bigcup\limits_{k=1}^{i-1}A_k)$的所有元素构成的集合.设$b_i=|B_i|$.

由集合A_i中至少有6个黑格，得$|A_i\cap B|\geqslant6$.

而$|A_i\cap(\bigcup\limits_{k=1}^{i-1}A_k)|=\sum\limits_{j=1}^{i-1}|A_i\cap A_j|$.

故$b_i\geqslant|A_i\cap B|-|(A_i\cap B)\cap(\bigcup\limits_{k=1}^{i-1}A_k)|\geqslant|A_i\cap B|-|A_i\cap(\bigcup\limits_{k=1}^{i-1}A_k)|\geqslant$ $6-\sum\limits_{j=1}^{i-1}|A_i\cap A_j|$. ①

对于 $i\neq j$，当且仅当 A_i 与 A_j 都是行或列时，$|A_i\cap A_j|=0$，其他都有 $|A_i\cap A_j|=1$.

再由①式可知，当 A_i 是某一行时，$b_i\geqslant 6-|\{j\mid j<i, A_j\text{是某一列或对角线}\}|$. 当 A_i 是某一行时，$b_i\geqslant 6-|\{j\mid j<i, A_j\text{是某一列或对角线}\}|$. 当 A_i 是某一对角线上的所有小方格时，$b_i\geqslant 6-(i-1)$.

由于至少能进行24次操作，所以集合 $A_1, A_2, \cdots, A_{24}$ 非空. 于是至少有6个集合，它们为行和对角线或列和对角线. 设 i 是使 $A_1, A_2, \cdots, A_i$ 中至少有6个集合为行和对角线或列和对角线的最小正整数. 不妨设 $A_1, A_2, \cdots, A_i$ 中至少有6个集合为行和对角线. 并设集合 $A_1, A_2, \cdots, A_i$ 中有 r 个由行构成的集合，c 个由列构成的集合，d 个由对角线构成的集合. 则 $r+d=6$，$d\leqslant 2$.

从而 $|B|\geqslant\sum\limits_{k=1}^{i}d_k\geqslant\sum\limits_{\substack{A_k\text{是行}\\k\leqslant i}}(6-|\{j\mid j<k, A_j\text{是列或对角线}\}|)+\sum\limits_{\substack{A_k\text{是列}\\k\leqslant i}}(6-|\{j\mid j<k, A_j\text{是行或对角线}\}|)+\sum\limits_{\substack{A_k\text{是对角线}\\k\leqslant i}}(6-(k-1))=6i-\left[\sum\limits_{\substack{A_k\text{是行}\\k\leqslant i}}|\{j\mid j<k, A_j\text{是列或对角线}\}|+\sum\limits_{\substack{A_k\text{是列}\\k\leqslant i}}|\{j\mid j<k, A_j\text{是行或对角线}\}|+\sum\limits_{\substack{A_k\text{是对角线}\\k\leqslant i}}(k-1)\right]$. ②

记 $S_1=\sum\limits_{\substack{A_k\text{是行}\\k\leqslant i}}|\{j\mid j<k, A_j\text{是列或对角线}\}|$,

$$S_2=\sum_{\substack{A_k\text{是列}\\k\leqslant i}}|\{j\mid j<k, A_j\text{是行或对角线}\}|,\ S_3=\sum_{\substack{A_k\text{是对角线}\\k\leqslant i}}(k-1).$$

则 S_1 是满足以下条件的 (j,k) 的个数：$1\leqslant j<k\leqslant i$，(a) A_j 是列，A_k 是行；(b) A_j 是对角线，A_k 是行.

S_2 是满足以下条件的 (j,k) 的个数：$1\leqslant j<k\leqslant i$，(c) A_j 是行，A_k 是列；(d) A_j 是对角线，A_k 是列.

S_3 是满足以下条件的 (j,k) 的个数：$1\leqslant j<k\leqslant i$，(e) A_k 是对角线.

因为满足(a)、(c)的(j,k)有rc个，而对于(b)、(d)、(e)又可以分成两类：(i) A_j是对角线，A_k是行或列；(ii) A_j，A_k都是对角线. 于是满足(b)，(d)，(e)的(j,k)有$d(r+c)+C_d^2$个. 所以$S_1+S_2+S_3=rc+d(r+c)+C_d^2$.

又由$c=i-r-d$，$r+d=6$以及②得$|B|\geqslant 6i-[rc+d(r+c)+C_d^2]=6i-[r(i-r-d)+d(i-d)+C_d^2]=(6-r-d)i+r^2+rd+d^2-C_d^2=r^2+rd+d^2-\frac{d(d-1)}{2}=r^2+rd+\frac{d(d+1)}{2}$.

(r,d)只能为$(4,2)$，$(5,1)$，$(6,0)$，将它们代入$r^2+rd+\frac{d(d+1)}{2}$中可知当$(r,d)=(4,2)$时，$r^2+rd+\frac{d(d+1)}{2}$最小，其最小值是27. 故$|B|\geqslant 27$. 这与假设矛盾.

下面再构造$n=27$的例子.

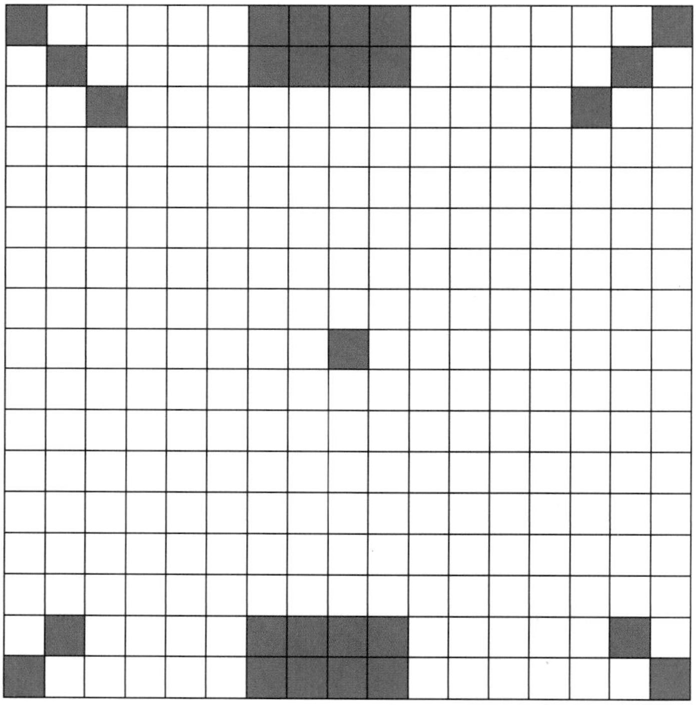

如上图的27个小方格染黑，容易验证，在若干次操作后，17×17的方格表中所有小方格都会染黑.

2010年国际Zhautykov数学奥林匹克

第一题 求所有质数 p, q 使得 $p^3-q^7=p-q$.

解：由 $p^3-q^7=p-q$ 得 $p(p^2-1)=q(q^6-1)$. ①

(1) 当 $p\leqslant q$ 时, $p^2-1\leqslant q^2-1<q^6-1$, 于是 $p(p^2-1)<q(q^6-1)$, 这与①矛盾.

(2) 当 $p>q$ 时, $p^3=q^7+p-q>q^7>q^6$, 即 $p>q^2$. ②

由①得 $p\mid q(q-1)(q+1)(q^2-q+1)(q^2+q+1)$, 而质数 $p>q^2>q^2-1\geqslant q^2-q+1$, 故 p 与 q, q^2-1, q^2-q+1 互质.

从而 $p\mid(q^2+q+1)$. ③

若 $p<q^2+q+1$, 则由 q^2+q+1 是奇数, 且 $p\mid q^2+q+1$ 可知 $p\leqslant\frac{q^2+q+1}{3}$. 从而 $3p\leqslant q^2+q+1<3q^2$, 即 $p<q^2$, 这与②矛盾.

若 $p\geqslant q^2+q+1$, 则由③可知 $p=q^2+q+1$. 从而 $p(p^2-1)=q(q+1)(q^2+q+1)(q^2+q+2)$, 代入①可得 $q^2+q+2=(q-1)\cdot(q^2-q+1)\Longrightarrow q^3-3q^2+q-3=0\Longrightarrow(q-3)(q^2+1)=0$, 解得 $q=3$, 进而 $p=13$.

综上所述, 满足题意的 $(p,q)=(13,3)$.

第二题 圆内接四边形$ABCD$的外接圆为圆Ω，且$AB=AD$。在线段BC、CD上分别取点M、N，使得$MN=BM+DN$。直线AM交圆Ω于点P（不同于A），直线AN交圆Ω于点Q（不同于A）。求证：$\triangle APQ$的垂心在MN上。

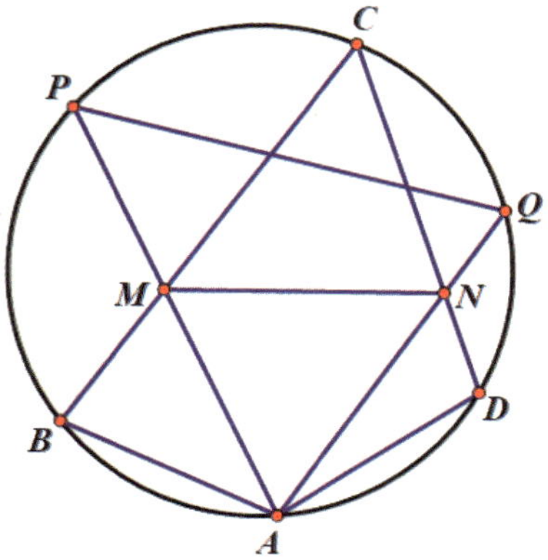

证明： 在线段MN上取点H，使得$MH=MB$，则$NH=ND$。

设$\triangle BCD$的内心为I。

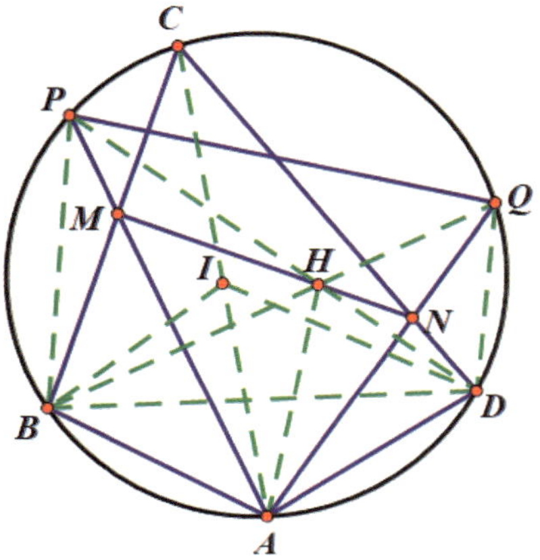

$\because AB=AD$，$\therefore \overset{\frown}{AB}=\overset{\frown}{AD}\Rightarrow\angle ACB=\angle ACD$，即$A$，$I$，$C$三点共线。

$\because \angle BHD=180^\circ-\angle BHM-\angle DHN=180^\circ-\frac{1}{2}\angle CMH-\frac{1}{2}\angle CNH=180^\circ-\frac{1}{2}(180^\circ-\angle MCN)=90^\circ+\frac{1}{2}\angle MCN$，

$\angle BID=90^\circ+\frac{1}{2}\angle BCD$。

$\therefore \angle BHD=\angle BID$，即$B$，$I$，$H$，$D$四点共圆。

又由鸡爪定理知$\triangle BID$的外心为A，故$AH=AI=AB=AD$。

$\because MH=MB$，$AH=AB$，$\therefore H$，B关于AM对称$\Rightarrow\angle AHP=\angle ABP=180^\circ-\angle AQP$。①

同理可得$\angle AHQ=180^\circ-\angle APQ$。②

设$\triangle APQ$的垂心为H'。则$\angle AH'P=180^\circ-\angle AQP$，$\angle AH'Q=180^\circ-\angle APQ$。又由①②得$\angle AHP=\angle AH'P$ ③，$\angle AHQ=\angle AH'Q$ ④。

假设H与H'不重合，则由③④知A，P，H，H'四点共圆；A，Q，H，H'四点共圆，即A，P，Q，H，H'五点共圆。这是不可能的。

故假设不成立，即H与H'重合，亦即$\triangle APQ$的垂心在MN上。

第三题 设m,n是正整数，将$m\times n$的矩形等分成mn个单位正方形.用以下三种图形覆盖（任意两个图形除边它们的边界外无公共点）整个$m\times n$的矩形：

(1)底边为2，高为1的等腰三角形；

(2)单位正方形；

(3)各边长为$1,\sqrt{2},1,\sqrt{2}$，且有一角为45°的平行四边形.

求证：第三种图形有偶数个.

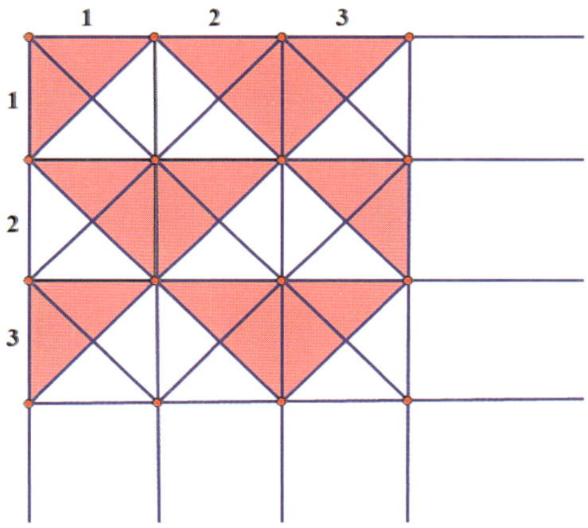

解： 如左图，可以将$m\times n$的矩形等分成$4mn$个边长为$\frac{\sqrt{2}}{2},\frac{\sqrt{2}}{2},1$的直角三角形.

对第i行、第j列的单位正方形按如下方式进行红、白二染色.

当i,j同奇偶时，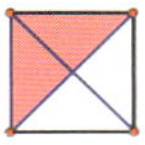.

当i,j不同奇偶时，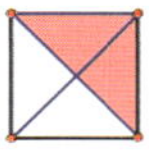.

将边长为$\frac{\sqrt{2}}{2},\frac{\sqrt{2}}{2},1$的直角三角形称为A形.

则一个图形(1)可覆盖0或2或4个染红色的A形；一个图形(2)可覆盖2个染红色的A形；一个图形(3)可覆盖1或3个染红色的A形.

即图形(1),(2)能覆盖偶数个染红色的A形.

而$m\times n$的矩形中共有$2mn$（偶数）个染红色的A形，故图形(3)有偶数个.

第四题 设n是大于2的正整数，在黑板上写出从1到n的所有正整数．进行以下操作：每次擦掉黑板上的任意两个数，并将这两个数之和的最小质因子写在黑板上，直到黑板上只剩下一个数．若最后只剩下97，求n的最小可能值．

解：n的最小值是18．

用S_i表示第i次操作后，黑板上所有数的总和$(i=1,2,\cdots)$，$S_0=\sum\limits_{k=1}^{n}k=\frac{1}{2}n(n+1)$．

对于第i次擦掉的两个数有以下三种情况：

①擦掉两个偶数得到2，此时$S_i\equiv S_{i-1}\pmod 2$，$S_i\leqslant S_{i-1}-2$；

②擦掉两个奇数得到2，此时$S_i\equiv S_{i-1}\pmod 2$，$S_i\leqslant S_{i-1}-2$；

③擦掉一个奇数和一个偶数得到奇质数，此时S_i与S_{i-1}同奇偶，$S_i\leqslant S_{i-1}$．

由此可知$S_i\ (i=0,1,2,\cdots,n-1)$除以2的余数不变，从而$S_0\equiv 97\pmod 2$，即$\frac{1}{2}n(n+1)$是奇数，亦即$n\equiv 1,2\pmod 4$．

又由$97=S_{n-1}\leqslant S_{n-2}\leqslant\cdots\leqslant S_1\leqslant S_0=\frac{1}{2}n(n+1)$，知$n\geqslant 14$．

当$n=14$时，$1,2,\cdots,14$中有7个奇数，把7个奇数变为一个奇数，要经过三次②的操作．从而$S_{n-1}\leqslant S_0-[(1+3+5+7+9+11)-2\times 3]=105-30=75<97$，矛盾．

当$n=17$时，$1,2,\cdots,17$中有9个奇数，把9个奇数变为一个奇数，要经过四次②的操作．从而$S_{n-1}\leqslant S_0-[(1+3+5+\cdots+15)-2\times 4]=153-56=97$，此式必须要取到等号．因此不能出现①的操作，于是经过四次②的操作后，黑板上有5个2，并且以后每次都是对一个奇数和一个偶数进行操作，同时这两个数之和是奇质数．考虑这样的五次操作：一个奇数和2进行操作．

在这五次操作中都是一个奇质数与2之和仍为奇质数.只可能是$17+2=19$；$29+2=31$；$41+2=43$；$59+2=61$；$71+2=73$.而$29-19=41-31=71-61=10$,故29,41,59,71不可能都会在黑板上出现过.因此$n\neq17$.

当$n=18$时,先分别对$\{1,3\}$,$\{5,7\}$,$\{9,11\}$,$\{13,15\}$进行操作,黑板上将会有5个2,4,6,8,10,12,14,16,17,18.再对2,2,2,2,2,4,6进行操作,使它们变为一个2.现在黑板上的数为2,8,10,12,14,16,17,18.再按以下操作:

$17+2=19$, $19+10=29$, $29+14=43$, $43+16=59$, $59+12=71$, $71+18=89$, $89+8=97$.

故n的最小值是18.

第五题 给定正整数$n\geq3$,在正n边形的n个顶点处各放一枚棋子,进行以下操作:每次交换两个相邻的棋子.若在某一次操作后每枚棋子都处在其初始位置顺时针移动$\left[\frac{n}{2}\right]$步的位置上,则不再进行操作.求操作次数的最小值.

解: 所求的最小值是$\left[\frac{n}{2}\right]\left(n-\left[\frac{n}{2}\right]\right)$.

设$k=\left[\frac{n}{2}\right]$,对正$n$边形的$n$个顶点按顺时针方向编号:$1,2,\cdots,n$.则最初在$i$号位置上的棋子最终在$i+k \pmod n$号位置上.

记最初位置为i的棋子在操作的过程中按顺时针方向移动了a_i次,按逆时针方向移动了b_i次$(i=1,2,\cdots,n)$.

则$a_i-b_i\equiv k \pmod n$.

可设$a_i-b_i=c_in+k$,c_i是整数$(i=1,2,\cdots,n)$.

注意到，对任意两个相邻的棋子x，y（按顺时针方向是$x\to y$），交换它们的位置，那么x按顺时针方向移动了一次，y按逆时针方向移动了一次.

从而$\sum_{i=1}^{n}a_i=\sum_{i=1}^{n}b_i$，于是$\sum_{i=1}^{n}(c_in+k)=0$，故$\sum_{i=1}^{n}c_i=-k$. (*)

不妨设$c_1\geqslant c_2\geqslant\cdots\geqslant c_n$.

若$c_1+c_2+\cdots+c_{n-k}<0$，则$c_{n-k}\leqslant\frac{1}{n-k}(c_1+c_2+\cdots+c_{n-k})<0$，又由$c_{n-k}$是整数，得$c_{n-k}\leqslant-1$. 从而$c_{n-k+1}+c_{n-k+2}+\cdots+c_n\leqslant kc_{n-k}\leqslant-k$. 故$\sum_{i=1}^{n}c_i<-k$. 这与(*)矛盾.

因此$c_1+c_2+\cdots+c_{n-k}\geqslant0$.

于是，操作的总次数是$\frac{1}{2}\left(\sum_{i=1}^{n}a_i+\sum_{i=1}^{n}b_i\right)=\sum_{i=1}^{n}a_i\geqslant\sum_{i=1}^{n-k}a_i=\sum_{i=1}^{n-k}(b_i+c_in+k)\geqslant\sum_{i=1}^{n-k}(c_in+k)=k(n-k)+n\sum_{i=1}^{n-k}c_i\geqslant k(n-k)$.

另一方面，将1号位置的棋子按顺时针方向移动k个位置，再将$2,3,\cdots,k+1$号位置上的棋子分别按逆时针方向移动$n-k-1$个位置，共操作$k+k(n-k-1)=k(n-k)$次，最初在i号位置上的棋子最终在$i+k\ (\mathrm{mod}\ n)$号位置上.

故操作次数的最小值是$\left[\frac{n}{2}\right]\left(n-\left[\frac{n}{2}\right]\right)$.

第六题 已知锐角$\triangle ABC$的各边两两不等，设$\triangle ABC$的外心、内心、垂心分别为O、I、H.

求证：(1) $\angle OIH>90^\circ$；

(2) $\angle OIH>135^\circ$.

事实上只需证明：$\angle OIH>135^\circ$.

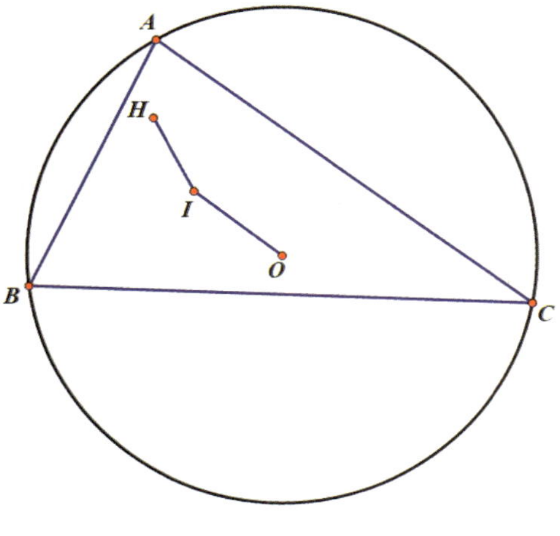

证明： 用$\angle A$，$\angle B$，$\angle C$分别表示$\angle BAC$，$\angle ABC$，$\angle BCA$。则$\angle A$，$\angle B$，$\angle C$两两不等。不妨设$\angle A>\angle B>\angle C$。

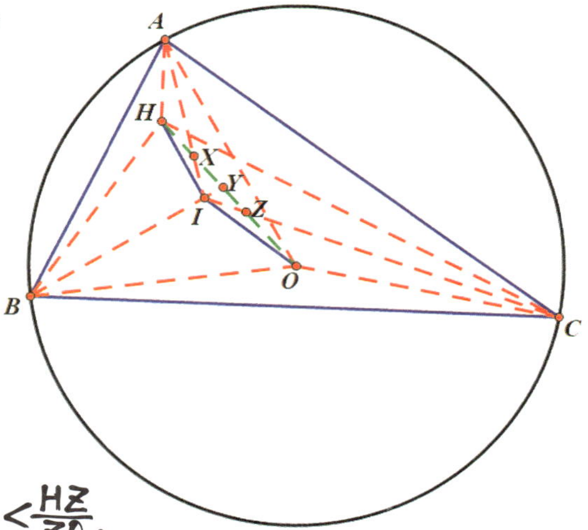

$\because \angle BAH=90°-\angle B=\angle CAO$，

$\therefore AI$平分$\angle HAO$。

同理可得：BI平分$\angle HBO$，CI平分$\angle HCO$。

设AI、BI、CI分别与OH交于点X、Y、Z。

则$\frac{HX}{XO}=\frac{AH}{AO}<\frac{BH}{BO}=\frac{HY}{YO}$，

$\frac{HY}{YO}=\frac{BH}{BO}<\frac{CH}{CO}=\frac{HZ}{ZO}$，即$\frac{HX}{XO}<\frac{HY}{YO}<\frac{HZ}{ZO}$。

$\because X$，Y，Z都在线段OH上，$\therefore HX<HY<HZ$。

于是I在$\triangle BHO$内（否则将与$HX<HY<HZ$不符）。

对$\angle B$分以下两种情况来讨论：

(1) 当$\angle B\geqslant 60°$时，$\because \angle AIC=90°+\frac{\angle B}{2}\geqslant 180°-\angle B=\angle AHC$，$\therefore$点$I$在$\triangle AHC$外接圆的内部（包括圆周）。从而$\angle AIH>\angle ACH=90°-\angle A$。①

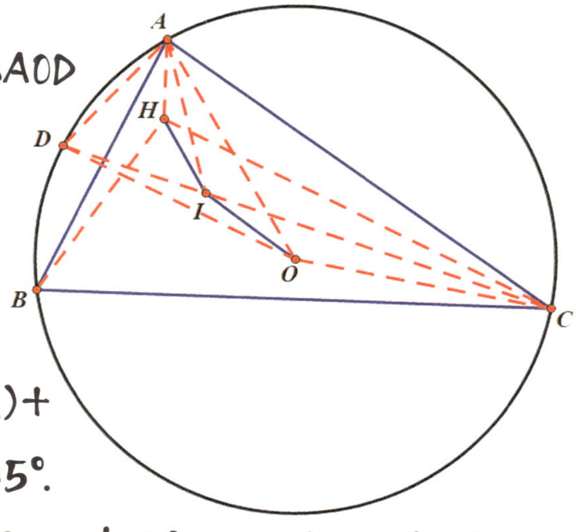

延长CI交$\odot O$于点D，则I在$\triangle AOD$的内部，D是劣弧$\overset{\frown}{AB}$的中点。

于是$\angle AIO=\angle DAI+\angle ADO+\angle DOI>\angle DAI+\angle ADO=\left(90°-\frac{\angle B}{2}\right)+\left(90°-\frac{\angle C}{2}\right)=90°+\frac{\angle A}{2}$。再由①得

$\angle OIH=\angle AIH+\angle AIO>(90°-\angle A)+\left(90°+\frac{\angle A}{2}\right)=180°-\frac{\angle A}{2}>180°-45°=135°$。

(2) 当$\angle B<60°$时，$\because \angle AIC=90°+\frac{1}{2}\angle B>2\angle B=\angle AOC$，$\therefore I$在$\triangle AOC$外接圆的内部。从而$\angle IOA<\angle ICA=\frac{\angle C}{2}$，于是$\angle OIH>\angle OIA=180°-\angle IAO-\angle IOA=180°-\frac{1}{2}(\angle B-\angle C)-\angle IOA>180°-\frac{1}{2}(\angle B-\angle C)-\frac{\angle C}{2}=180°-\frac{\angle B}{2}>180°-30°=150°>135°$。

2011年国际Zhautykov数学奥林匹克

第一题 在梯形ABCD中，$AD\parallel BC$. 点M、N分别是线段AD、BC的中点.

(1) 分别作AB、CD的中垂线，它们的交点在线段MN上，求证：梯形ABCD是等腰梯形.

(2) 分别作AB、CD的中垂线，如果它们的交点在直线MN上，试问：梯形ABCD一定是等腰梯形吗？

证明： (1) 设直线AB与CD交于点E. 则E, M, N三点共线.

设线段AB、CD的中点分别为X、Y，XY交MN于点Z. 则Z是XY的中点，也是MN的中点.

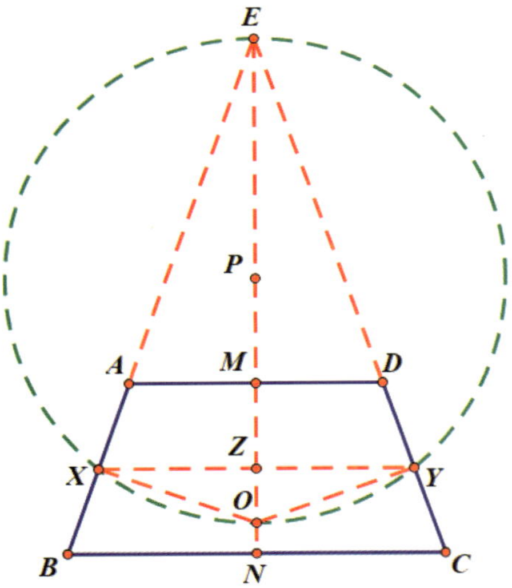

设AB的中垂线交CD的中垂线于点O.

则点O在线段MN上.

$\because OX\perp EX,\ OY\perp EY.$

$\therefore X, E, Y, O$四点共圆，且OE是直径.

设OE的中点为P.

$\because PO=\frac{1}{2}EO>\frac{1}{2}MO=\frac{1}{2}MZ+\frac{1}{2}ZO>ZO$，$\therefore P\neq Z$，从而$PZ\perp XY$.

因此$\triangle EXY$是等腰三角形.

于是$\angle ABC=\angle EXY=\angle EYX=\angle DCB$.

故四边形ABCD是等腰梯形.

解：(2) 不一定.

如右图，先作一个非等腰直角三角形 FBC，$\angle BFC=90^\circ$.

在线段 FB、FC 上分别取点 A、D，使得 $AD/\!/BC$.

XO 是线段 AB 的中垂线；YO 是线段 CD 的中垂线.

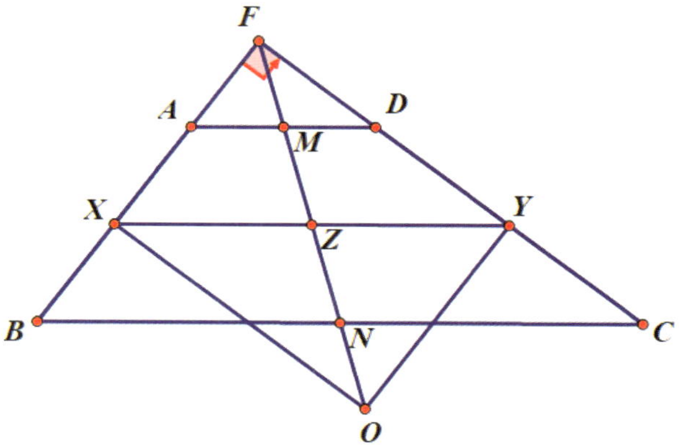

$\because$ 四边形 $FXOY$ 是矩形，$\therefore FO$ 过 XY 的中点.

又 $\because AD$，XY，BC 相互平行，$\therefore FO$ 也过 AD 的中点 M 及 BC 的中点 N，且梯形 $ABCD$ 不是等腰梯形.

第二题 求所有函数 $f:\mathbf{R}\to\mathbf{R}$，使得对于任何 $x,y\in\mathbf{R}$，有 $f(x+f(y))=f(x-f(y))+4xf(y)$. ①

解：若对于任意 $x\in\mathbf{R}$，都有 $f(x)=0$，此时①成立.

下面考虑 $f(x)$ 不恒等于 0 的情况.

此时，存在 $a\in\mathbf{R}$，使得 $f(a)\neq 0$.

在①中分别用 $\dfrac{x}{8f(a)}$，a 代替 x，y 得 $f\left(\dfrac{x}{8f(a)}+f(a)\right)=f\left(\dfrac{x}{8f(a)}-f(a)\right)+\dfrac{x}{2}$，即 $x=2f\left(\dfrac{x}{8f(a)}+f(a)\right)-2f\left(\dfrac{x}{8f(a)}-f(a)\right)$.

于是对任意 $x\in\mathbf{R}$，存在 $y,z\in\mathbf{R}$，使得 $x=2f(y)-2f(z)$. ②

在①中分别用 $-f(z)$，z 代替 x，y 得 $f(0)=f(-2f(z))-4(f(z))^2$，即 $f(-2f(z))=4(f(z))^2+f(0)$. ③

在①中分别用 $f(y)-2f(z)$，y 代替 x，y 得 $f(2f(y)-2f(z))=f(-2f(z))+4(f(y)-2f(z))\cdot f(y)$. ④

将②,③代入④得 $f(x)=(2f(y)-2f(z))^2+f(0)=x^2+f(0)$.

设 $C=f(0)$. 则对任意 $x\in R$, 有 $f(x)=x^2+C$, 代入①中可检验这是成立的.

综上所述, 所求 $f(x)=0$; $f(x)=x^2+C$ (C 为常数).

第三题 用 N^* 表示所有正整数构成的集合. 若正整数数对 (a,b) 满足对任意 $n\in N^*$, 存在 $k\in N^*$ 使得 $2^n\mid a^k+b$, 则称数对 (a,b) 是有趣的. 求所有的有趣的数对 (a,b).

解: 所求的有趣的数对 (a,b) 满足 $a\neq 1$, a, b 同为奇数, 且 $b\equiv -1$ 或 $-a \pmod{2^{v(a^2-1)}}$, 其中 $v(a^2-1)$ 表示正整数 a^2-1 质因数分解中2的幂指数.

引理: 用 $v(r)$ 表示正整数 r 质因数分解中2的幂指数.

对任意正整数 m, 奇数 a 有 $v(a^{2^m}-1)=m-1+v(a^2-1)$.

证明: 因 $a^{2^m}-1=(a-1)\cdot\prod\limits_{i=0}^{m-1}(a^{2^i}+1)$, 当 $i\geq 1$ 时, $a^{2^i}+1=(a^2)^{2^{i-1}}+1\equiv 1+1\equiv 2 \pmod 4$.

$$\text{故 } v(a^{2^m}-1)=v(a-1)+\sum_{i=0}^{m-1}v(a^{2^i}+1)=v(a^2-1)+m-1.$$

回到本题: 设数对 (a,b) 是有趣的.

对任意 $n\in N^*$, 存在 $k\in N^*$ 使得 $2^n\mid(a^k+b)$, 由此可得 a 与 b 同奇偶.

若 $a=1$, 可取 $n>v(1+b)$, 则 $2^n\nmid(1+b)$, 故 $a\neq 1$.

下面考虑 $a>1$ 的情况:

(1) 当 a, b 同为偶数时, 可设 $a=2^u x$, $b=2^v y$ (u, v 是正整数, x, y 都为奇数).

对于任意$k\in\mathbf{N}^*$，$a^k+b=2^{uk}x^k+2^v y$.

若$uk\neq v$，则$v(a^k+b)=v(2^{uk}x^k+2^v y)=\min\{uk,v\}\leqslant v$.

若$uk=v$，则$k=\frac{v}{u}$，对于正整数$n>v(a^{\frac{v}{u}}+b)$，有$2^n\nmid(a^k+b)$.

因此，当正整数$n>\max\{v,a^{\frac{v}{u}}+b\}$时，不存在$k\in\mathbf{N}^*$使得$2^n\mid(a^k+b)$.

(2)当a，b同为奇数时，设$S=v(a^2-1)$，则S是正整数.

先证明：对于任意的正整数$n\geqslant v(a^2-1)$，若存在$k\in\mathbf{N}^*$使得$2^n\mid(a^k+b)$，则必存在$t\in\mathbf{N}^*$使得$2^{n+1}\mid(a^t+b)$.

事实上，如果有$2^n\mid(a^k+b)$，设$q=\frac{a^k+b}{2^n}$，则$q\in\mathbf{N}^*$.

由引理得$v(a^{2^{n+1-S}}-1)=S+(n-S)=n$，$v(a^{2^{n+2-S}}-1)=n+1$.

当q是奇数时，令$t=k+2^{n+1-S}$，则$a^t+b=(a^k+b)+a^k(a^{2^{n+1-S}}-1)$.
此时由$v(a^k+b)=n$，$v(a^{2^{n+1-S}}-1)=n$，可知$v(a^t+b)\geqslant n+1$.

当q是偶数时，令$t=k+2^{n+2-S}$，则$a^t+b=(a^k+b)+a^k(a^{2^{n+2-S}}-1)$.
此时由$v(a^k+b)\geqslant n+1$，$v(a^{2^{n+2-S}}-1)=n+1$，可知$v(a^t+b)\geqslant n+1$.

从而$2^{n+1}\mid(a^t+b)$.

故只需考虑正整数$n\leqslant S$时存在$k\in\mathbf{N}^*$使得$2^n\mid(a^k+b)$的正整数对(a,b).

由$n\leqslant S$知$2^n\mid 2^S$，需考虑存在$k\in\mathbf{N}^*$使得$2^S\mid(a^k+b)$的正整数对(a,b). 因$2^S\mid(a^2-1)$，故$a^2\equiv1\pmod{2^S}$.

于是$a^k+b\equiv a+b$或$1+b\pmod{2^S}$，即$2^S\mid(a+b)$或$2^S\mid(1+b)$，亦即$b\equiv-a$或$-1\pmod{2^{v(a^2-1)}}$.

综合(1)，(2)可知有趣的数对(a,b)满足$a>1$，a，b同为奇数，且$b\equiv-1\pmod{2^{v(a^2-1)}}$或$b\equiv-a\pmod{2^{v(a^2-1)}}$.

第四题 求同时满足以下条件的集合个数的最大值：

(1)每个集合由4个元素组成；

(2)任何两个不同的集合恰好有两个共同的元素；

(3)没有两个元素同时属于所有的集合.

解：设集合$X_1, X_2, \cdots, X_n$满足题中的三个条件.

若存在三个集合，它们都有两个共同的元素.可设这三个集合为$X_1=\{a,b,c_1,d_1\}$，$X_2=\{a,b,c_2,d_2\}$，$X_3=\{a,b,c_3,d_3\}$，其中c_1,d_1,c_2,d_2,c_3,d_3两两不等.

由条件(3)可知存在集合$X_i(4\leqslant i\leqslant n)$使得$\{a,b\}\not\subseteq X_i$.

由$|X_1\cap X_i|=2$，可知$\{c_1,d_1\}\subseteq X_i$或$\{x,y\}\subseteq X_i$，其中$x\in\{a,b\}$，$y\in\{c_1,d_1\}$.在这两种情况下有$|X_2\cap X_i|=0,1$或$|X_3\cap X_i|=0$.这与条件(2)矛盾.

设$X_1=\{a,b,c,d\}$，由前述证明可知：对于包含于X_1的任意一个二元集，集合$X_2,X_3,\cdots,X_n$中至多有一个集合包含这个二元集.从而$n\leqslant 1+C_4^2=7$.

当$n=7$时，设a,b,c,d,x,y,z两两不等.

取$X_1=\{a,b,c,d\}$，$X_2=\{a,b,x,y\}$，$X_3=\{c,d,x,y\}$，$X_4=\{a,c,x,z\}$，$X_5=\{b,d,x,z\}$，$X_6=\{a,d,y,z\}$，$X_7=\{b,c,y,z\}$，这7个集合满足题中的条件.

故所求的最大值是7.

第五题 设n是大于1的正整数，集合$N=\{1,2,\cdots,n^2-1\}$，$a\in N$. 若存在N中的元素b使得$n^2\mid(ab-b)$，则称元素a为良好的. 此外，如果$n^2\mid(a^2-a)$，则称元素a为优秀的. 设集合N中所有良好的数构成集合G，优秀的数构成集合M，集合G、M中分别有g、m个元素. 求证：$m^2+m\leqslant g\leqslant n^2-n$.

先证明：对n进行质因数分解可表示为$p_1^{\alpha_1}p_2^{\alpha_2}\cdots p_k^{\alpha_k}$，其中质数$p_1<p_2<\cdots<p_k$，$\alpha_1,\alpha_2,\cdots,\alpha_k$是正整数. 则$g=n^2-\varphi(n^2)$，$m=2^k-1$. 注：这里的$\varphi$是欧拉函数，$\varphi(n)$表示小于或等于$n$的正整数中与$n$互质的数的个数.

由$1\leqslant a,b\leqslant n^2-1$，得$n^2\mid b(a-1)\Longleftrightarrow a=1$或$a\geqslant2$且$a-1$与$n^2$不互质.

当$2\leqslant a\leqslant n^2-1$时，$1\leqslant a-1\leqslant n^2-2$，$n^2-1$与$n^2$互质. 满足$a-1$与$n^2$互质的$a$有$\varphi(n^2)-1$个. 从而当$2\leqslant a\leqslant n^2-1$时，满足$a-1$与$n^2$不互质的$a$有$(n^2-2)-(\varphi(n^2)-1)=n^2-1-\varphi(n^2)$个.

故$g=1+(n^2-1-\varphi(n^2))=n^2-\varphi(n^2)$.

由$n^2=\prod\limits_{i=1}^{k}p_i^{2\alpha_i}$，得$n^2\mid a(a-1)\Longleftrightarrow a(a-1)\equiv0\pmod{p_i^{2\alpha_i}}$，$i=1,2,\cdots,k$.

考虑方程组$x(x-1)\equiv0\pmod{p_i^{2\alpha_i}}$，$i=1,2,\cdots,k$. 在模$n^2$的意义下有$2^k$个解（中国剩余定理），其中有一个解为$x=n^2$.

故$m=2^k-1$.

再证明：(1) $n^2-\varphi(n^2)\leqslant n^2-n$；(2) $2^k(2^k-1)\leqslant n^2-\varphi(n^2)$.

对于(1)，只需证明$\varphi(n^2)\geqslant n$.

实际上，$\varphi(n^2)=\prod\limits_{i=1}^{k}p_i^{2\alpha_i-1}(p_i-1)\geqslant\prod\limits_{i=1}^{k}p_i^{2\alpha_i-1}\geqslant\prod\limits_{i=1}^{k}p_i^{\alpha_i}=n$.

对于(2)，当 $k=1$ 时，$n=p_1^{\alpha_1}$，$n^2-\varphi(n^2)=p_1^{2\alpha_1}-p_1^{2\alpha_1-1}(p_1-1)=p_1^{2\alpha_1-1}\geqslant 2=2^k(2^k-1)$.

当 $k\geqslant 2$ 时，易用数学归纳法证明：对任意正整数 $t\geqslant 2$，有 $3^{t-1}\geqslant 2^t-1$.

此时，$n^2-\varphi(n^2)=\prod\limits_{i=1}^{k}p_i^{2\alpha_i}-\prod\limits_{i=1}^{k}p_i^{2\alpha_i-1}(p_i-1)=\left(\prod\limits_{i=1}^{k}p_i^{2\alpha_i-1}\right)\left(\prod\limits_{i=1}^{k}p_i-\prod\limits_{i=1}^{k}(p_i-1)\right)\geqslant\left(\prod\limits_{i=1}^{k}2\right)\cdot\left(\prod\limits_{i=1}^{k}p_i-\prod\limits_{i=1}^{k}(p_i-1)\right)\geqslant 2^k\left(\prod\limits_{i=1}^{k}p_i-(p_1-1)\prod\limits_{i=2}^{k}p_i\right)=2^k\cdot\prod\limits_{i=2}^{k}p_i\geqslant 2^k\cdot\prod\limits_{i=2}^{k}3=2^k\times 3^{k-1}\geqslant 2^k(2^k-1)$.

故 $2^k(2^k-1)\leqslant n^2-\varphi(n^2)\leqslant n^2-n$.

即 $m(m+1)\leqslant g\leqslant n^2-n$.

第六题 圆内接四边形 $ABCD$ 的对角线交于点 K，点 M、N 分别是对角线 AC、BD 的中点，$\triangle ADM$ 的外接圆与 $\triangle BCM$ 的外接圆不同于 M 的交点为 L. 求证：K，L，M，N 四点共圆.

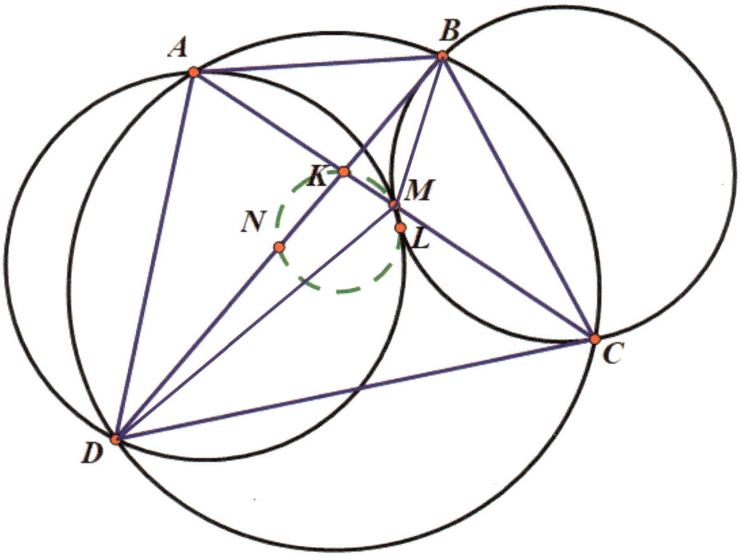

证明：设直线AD与BC交于点E，△ADK的外接圆与△BCK的外接圆交于点K、F.

对不共线的三点X，Y，Z，用⊙XYZ表示△XYZ的外接圆.

对⊙ADM、⊙BCM、⊙ABCD，利用根心定理得AD、ML、BC三线共点，即E，M，L三点共线.

对⊙ADK、⊙BCK、⊙ABCD，利用根心定理得AD、KF、BC三线共点，即E，K，F三点共线.

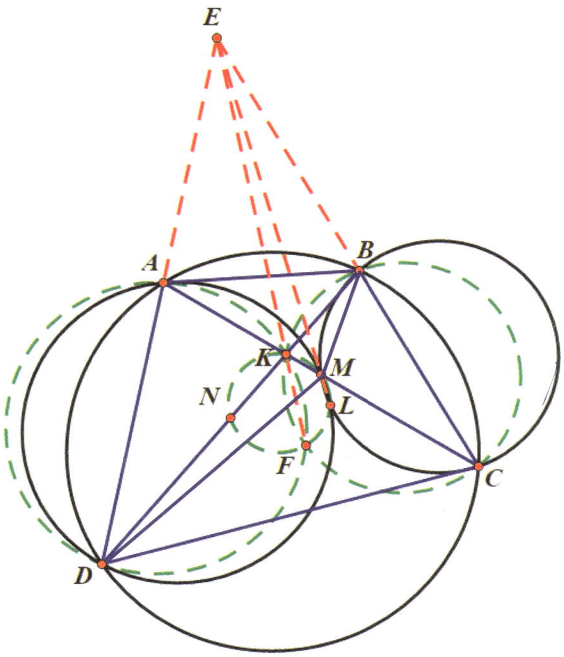

于是 $EM\cdot EL=EB\cdot EC=EK\cdot EF$，即M，L，F，K四点共圆. ①

$\because \angle FAK=\angle FDK$，$\angle FCK=\angle FBK$，

$\therefore \triangle FAC\backsim\triangle FDB$.

又$\because$ M是AC的中点，N是BD的中点，

$\therefore \triangle FAM\backsim\triangle FDN$.

从而$\angle FMA=\angle FND$.

即K，N，F，M四点共圆. ②

由①、②可知M，K，N，F，L五点共圆.当然有K，L，M，N四点共圆.

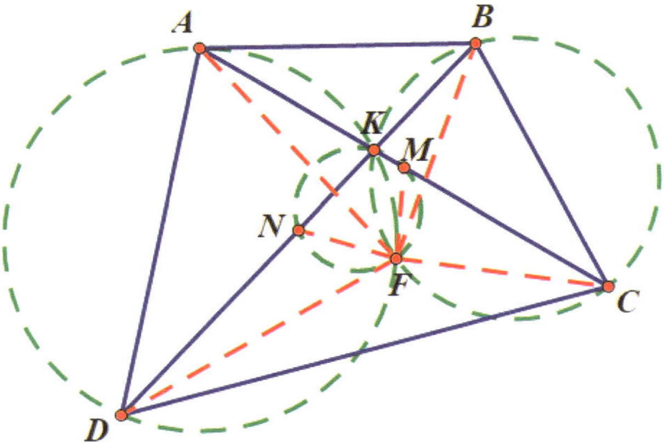

2012年国际Zhautykov数学奥林匹克

第一题 在锐角$\triangle ABC$的边AB上任选一点D(不同于A,B),过D分别作BC、AC的垂线,垂足为M、N.设$\triangle MNC$、$\triangle MND$的垂心分别为H_1、H_2.求证:四边形AH_1BH_2的面积与边AB上点D的选取无关.

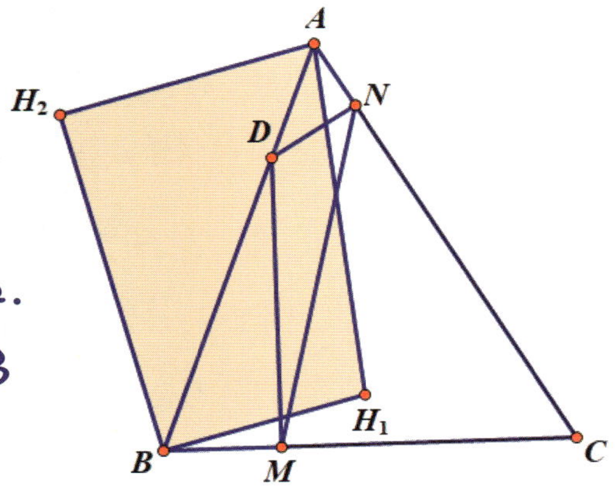

证明:$\because NH_2\perp DM$, $DM\perp CM$,

$\therefore NH_2 /\!/ CM$. ①

$\because MH_2\perp DN$, $DN\perp CN$,

$\therefore MH_2 /\!/ CN$. ②

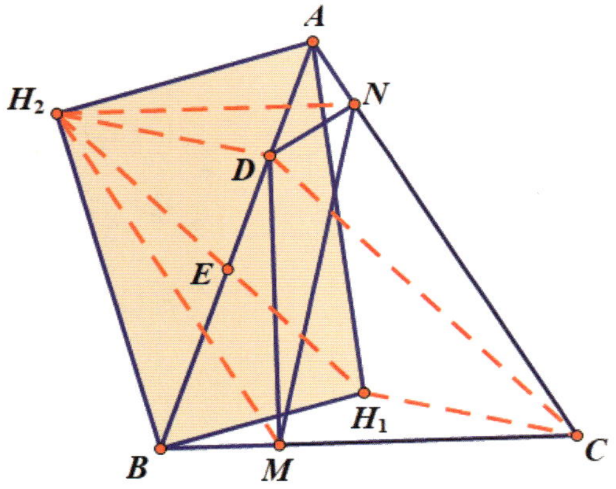

由①,②知四边形CMH_2N是平行四边形.从而$\triangle CMN\cong\triangle H_2NM$.

又$\because H_1$、D分别是$\triangle CMN$、$\triangle H_2NM$的垂心,

$\therefore CH_1=H_2D$.

$\because CH_1\perp MN$, $DH_2\perp MN$, $\therefore CH_1 /\!/ DH_2$.

即$CH_1 \mathrel{\underline{\mathrel{/\!/}}} H_2D$,亦即四边形$CDH_2H_1$是平行四边形.

设H_1H_2交AB于点E.

$\because CD \mathrel{\underline{\mathrel{/\!/}}} H_1H_2$, $\therefore S_{四边形AH_1BH_2}=\frac{1}{2}AB\cdot H_1H_2\cdot\sin\angle AEH_1=\frac{1}{2}AB\cdot CD\cdot\sin\angle ADC=S_{\triangle ABC}$.

第二题 已知正整数 $n \geq 5$，在 $n \times n$ 的方格表中任选出若干个单位正方形，满足以下条件：方格表中每行、每列都至少有两个单位正方形被选出，并将所有被选出的单位正方形构成的集合称为好集。若某个好集有 m 个单位正方形，去掉其中任意一个单位正方形将不再构成好集。求 m 的最大值。

解： m 的最大值是 $4(n-2)$。

对于一个好集 S，若去掉 S 中的任意一个单位正方形将不再构成好集，则称这种好集为 M 集。

考虑任意一个 M 集，设它包含 m 个单位正方形，第 i 行（从下向上数）的 n 个单位正方形中有 x_i 个单位正方形属于 M 集。第 j 列（从左向右数）的 n 个单位正方形中有 y_j 个单位正方形属于 M 集（$i=1,2,\cdots,n$；$j=1,2,\cdots,n$）。则 $x_i \geq 2$，$y_j \geq 2$。

设 $x_1, x_2, \cdots, x_n$ 中恰有 a 个数等于 2；$y_1, y_2, \cdots, y_n$ 中恰有 b 个数等于 2。

当 $a=0$ 时，$y_1 = y_2 = \cdots = y_n = 2$（否则，设 $y_k \neq 2$，则 $y_k \geq 3$，设方格 u 属于 M 集，且 u 在第 k 列。考虑方格 u 所在的行，这一行中至少有 3 个方格属于 M 集，去掉方格 u 后仍为好集，这与 M 集的定义矛盾）。此时，$m=2n$。

同理当 $b=0$ 时，$m=2n$。

当 $a=n$ 或 $b=n$ 时，有 $m=\sum_{k=1}^{n} x_k = 2n$ 或 $m=\sum_{k=1}^{n} y_k = 2n$。

下面考虑 $1 \leq a, b \leq n-1$ 的情况。

对于第 p 行第 q 列（$a+1 \leq p \leq n$，$b+1 \leq q \leq n$）的方格，由 $x_p > 2$，$y_q > 2$ 知该方格不属于 M 集（否则，去掉该方格后仍为好集）。

设第$1,2,\cdots,a$行与第$1,2,\cdots,b$列交叉的ab个方格中有t个属于M集，并设这t个方格构成的集合为T.

若T为空集，则$a\leqslant n-2$，$b\leqslant n-2$. 此时，$m\leqslant\sum_{i=1}^{a}x_i+\sum_{j=1}^{b}y_j=2(a+b)\leqslant4(n-2)$.

若T不为空集，在前a行(包括第a行)中有$\sum_{i=1}^{a}x_i=2a$个方格属于M集，在第$a+1$行到第n行中至多有$\sum_{i=1}^{b}y_i-t=2b-t$个方格属于M集. 因此$m\leqslant2(a+b)-t$.

当$a\leqslant n-2$时，$m\leqslant2(a+b)-t<4a\leqslant4(n-2)$.

综上所述，$m\leqslant4(n-2)$.

下面构造一个M集，它包含$4(n-2)$个单位正方形.

事实上，可选出第$n-1$，n行的前(从左向右数)$n-2$个单位正方形及第$n-1$，n列的前(从下向上数)$n-2$个单位正方形，这$4(n-2)$个单位正方形构成好集且任意去掉其中的一个单位正方形将不再构成好集.

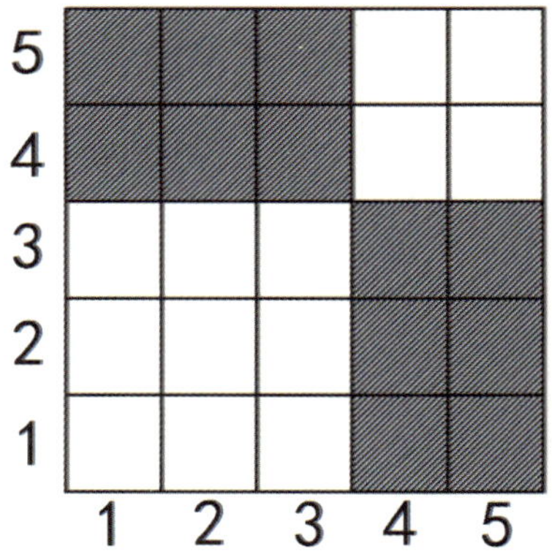

$n=5$的例子

第三题 设实系数多项式$P(x)$，$Q(x)$，$R(x)$使得$P(Q(x))+P(R(x))$恒为常数．求证：多项式$P(x)$与$Q(x)+R(x)$中至少有一个恒为常数．

证明： 设$\deg P(x)=p$，$\deg Q(x)=q$，$\deg R(x)=r$，不妨设$q\geqslant r$．

(1) 当$p=0$时，$P(x)$恒为常数．结论已成立．

(2) 当$p\neq0$，$q=0$时，$Q(x)$恒为常数，则$P(d)+P(R(x))$恒为常数．若$r\neq0$，则多项式$P(R(x))+P(d)$中x^{rp}的系数不为0．这与它恒为常数矛盾．此时$r=0$．故$Q(x)+R(x)$恒为常数．

(3) 当$p\neq0$，$q\neq0$时，对于任意的实系数多项式$f(x)$，用$C_k(f(x))$表示$f(x)$中x^k的系数．设$a=C_p(P(x))$，$b=C_q(Q(x))$，$c=C_r(R(x))$，$a,b\neq0$．

若$q\neq r$，则$q>r$，$C_{pq}(P(Q(x))+P(R(x)))=ab^p\neq0$，这与$P(Q(x))+P(R(x))$恒为常数矛盾．

若$q=r$，记$q=r=m$，则$C_{pm}(P(Q(x))+P(R(x)))=a(b^p+c^p)$，只可能有$b^p+c^p=0$，从而$p$为奇数，$c=-b$．

考虑多项式$T(x)=P(Q(x))+P(R(x))-a(Q(x)^p+R(x)^p)$，将其展开可知$\deg T(x)\leqslant(p-1)m$．①

设$g(x)=Q(x)^{p-1}-Q(x)^{p-2}R(x)+\cdots-Q(x)R(x)^{p-2}+R(x)^{p-1}$．则$g(x)\cdot(Q(x)+R(x))=Q(x)^p+R(x)^p$．

因为$C_{(p-1)m}(g(x))=b^{p-1}-b^{p-2}(-b)+\cdots-b(-b)^{p-2}+(-b)^{p-1}=pb^{p-1}\neq0$，所以$\deg g(x)\geqslant(p-1)m$．②

假设$Q(x)+R(x)$不是常数．

则$\deg(Q(x)+R(x))\geqslant1$．

又由②得 $\deg(Q(x)^p+R(x)^p)=\deg((Q(x)+R(x))g(x))\geqslant 1+(p-1)m$.

利用①及上式得 $\deg(P(Q(x))+P(R(x)))$

$$=\deg(a(Q(x)^p+R(x)^p)+T(x))$$
$$\geqslant 1+(p-1)m$$
$$>0.$$

这与 $P(Q(x))+P(R(x))$ 为常数矛盾. 故此时 $Q(x)+R(x)$ 是常数.

第四题 是否存在正整数 m,n 和函数 $f:R\to R$ 同时满足以下两个条件?

(i) 对于任意 $x\in R$, 有 $f(f(x))=2f(x)-x-2$.

(ii) $m\leqslant n$ 且 $f(m)=n$.

解: 假设存在整数 m,n 和函数 $f:R\to R$ 满足条件(i),(ii).

先用数学归纳法证明: 对任意正整数 t, 有

$$f(tn-(t-1)m-t(t-1))=(t+1)n-tm-t(t+1).\quad (*)$$

在(i)中取 $x=m$, 再结合(ii)可得 $f(n)=2n-m-2$, 所以当 $t=1$ 时, $(*)$ 成立.

假设 $f(tn-(t-1)m-t(t-1))=(t+1)n-tm-t(t+1)$.

在(i)中取 $x=tn-(t-1)m-t(t-1)$ 可得:

$f((t+1)n-tm-t(t+1))=2[(t+1)n-tm-t(t+1)]-[tn-(t-1)m-t(t-1)]-2=(t+2)n-(t+1)m-(t+1)(t+2)$.

从而, 对任意的正整数 t, $(*)$ 式成立.

设 $n-m=k-1$, 其中 k 是正整数.

在(*)式中取 $t=k$ 可得 $f(kn-(k-1)m-k(k-1))=(k+1)n-km-k(k+1)$.

而 $kn-(k-1)m-k(k-1)=k(n-m)-k(k-1)+m=m$.

所以 $f(m)=(k+1)n-km-k(k+1)$. (**)

又 $(k+1)n-km-k(k+1)=k(n-m)-k(k+1)+n=n-2k<n$.

再根据(**)式可得 $f(m)<n$，这与(ii)矛盾.

故不存在整数 m,n 和函数 $f:\mathbf{R}\to\mathbf{R}$ 同时满足条件(i),(ii).

第五题 以凸四边形(非平行四边形)$ABCD$ 的对角线 AC、BD 为边，分别作等边 $\triangle ACB'$、等边 $\triangle BDC'$，其中点 B 和点 B' 位于 AC 的同侧，点 C 和点 C' 位于 BD 的同侧. 若 $B'C'=AB+CD$，求 $\angle BAD+\angle CDA$ 的值.

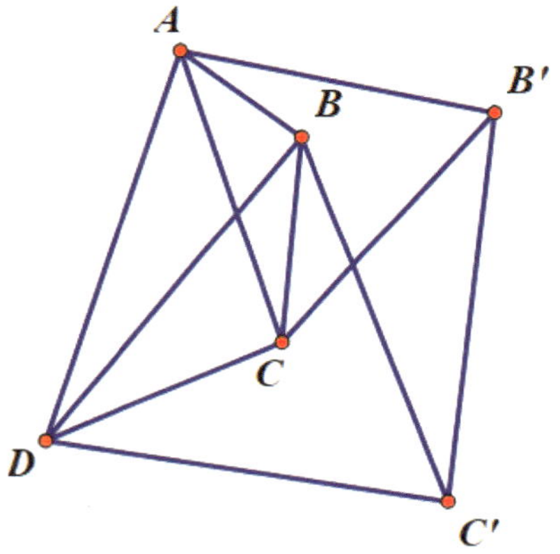

解：作等边 $\triangle ADP$，且点 P 和点 C 位于 AD 的同侧.

$\because \angle PAB'=\angle CAB'-\angle CAP=\angle DAP-\angle CAP=\angle DAC$,

$AC=AB'$, $AD=AP$, $\therefore \triangle ADC\cong\triangle APB'$.

同理可证：$\triangle DBA\cong\triangle DC'P$.

于是 $B'C'=AB+CD=C'P+B'P$，

即 P 在线段 $B'C'$ 上.

从而 $\angle BAD+\angle CDA=\angle C'PD+\angle B'PA=180^\circ-\angle APD=180^\circ-60^\circ=120^\circ$.

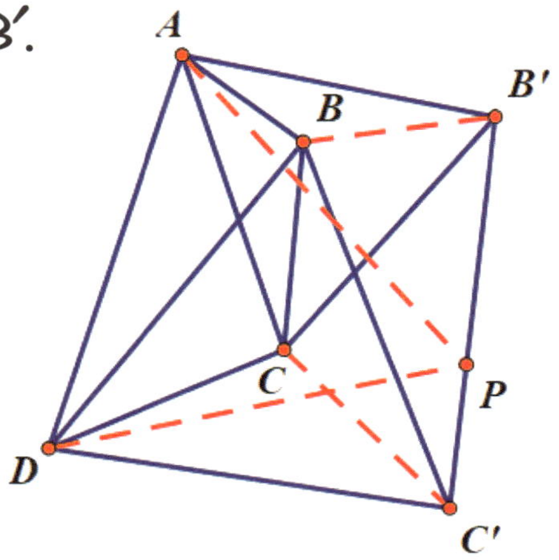

第六题 求方程 $2x^2-y^{14}=1$ 的所有整数解.

解：$2x^2=y^{14}+1=(y^2)^7+1=(y^2+1)(y^{12}-y^{10}+y^8-y^6+y^4-y^2+1)$.

设 $a=y^2\geqslant 0$，则 $2x^2=(a+1)(a^6-a^5+a^4-a^3+a^2-a+1)$. ①

当 $a=0$ 时，x 无整数解.

当 $a=1$ 时，$x=\pm 1$.

当 $a\geqslant 2$ 时，因为 $a^6-a^5+a^4-a^3+a^2-a+1\equiv(-1)^6-(-1)^5+(-1)^4-(-1)^3+(-1)^2-(-1)+1\equiv 7\pmod{a+1}$，且 $7\nmid(y^2+1)$，所以 $(a^6-a^5+a^4-a^3+a^2-a+1,a+1)=(7,a+1)=1$. ②

由 $a^7=2x^2-1$ 为奇数，可知 a 为奇数.

于是 $a+1$ 是偶数，$a^6-a^5+a^4-a^3+a^2-a+1$ 是奇数.

再结合①，②可设 $\begin{cases}a+1=2u^2\\ a^6-a^5+a^4-a^3+a^2-a+1=v^2\end{cases}$，其中 u 与 v 是互质的正整数.

由 $a=y^2\geqslant 2$，知 $a\geqslant 4$，从而 $20a^4-4a^3+a^2=(20a-4)a^3+a^2\geqslant 76a^3+a^2\geqslant 76\times 4^2a+4a=1220a>256(a+1)$.

于是 $256a^8+256a^7-12a^4-20a^3+5a^2-2a+1<256(a^8+a^7+a+1)<256a^8+256a^7+20a^4-4a^3+a^2$.

即 $(16a^4+8a^3-2a^2+a-1)^2<16^2(a+1)^2v^2<(16a^4+8a^3-2a^2+a)^2$.

亦即 $16a^4+8a^3-2a^2+a-1<16(a+1)v<16a^4+8a^3-2a^2+a$. 这是不可能的.

综上所述，所求 $(x,y)=(1,1),(1,-1),(-1,1),(-1,-1)$.

2013年国际Zhautykov数学奥林匹克

第一题 四边形ABCD满足AD∥BC，∠ABC>90°，M是线段AB上不同于A，B的一点，设△MAD、△MBC的外心分别为O_1、O_2．△MO_1D的外接圆与△MO_2C的外接圆不同于M的交点为N．

求证：点N在直线O_1O_2上．

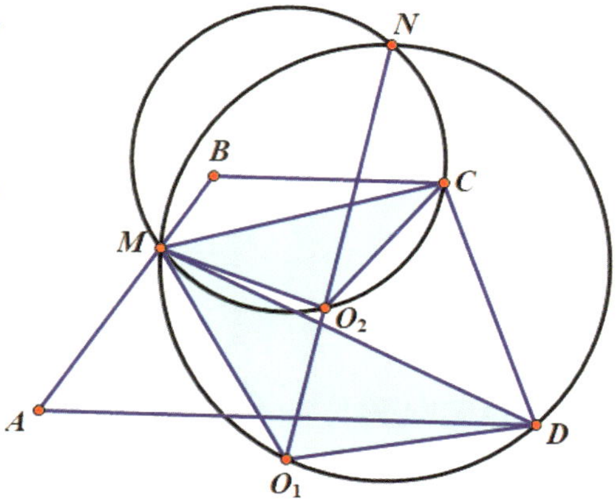

证明： 设CD与△AMD的外接圆不同于D的交点为E．

则∠MAD=∠MEC．①

∵AD∥BC，

∴∠MAD=180°−∠MBC．②

由①，②得∠MEC=180°−∠MBC，

即M，B，C，E四点共圆，亦即E也在△MBC的外接圆上．

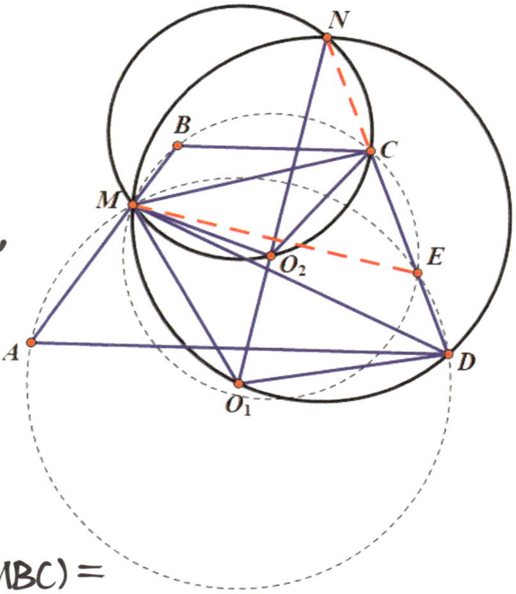

设直线CD与△MO_2C的外接圆不同于C的交点为F．

∵$\angle MO_1D=2\angle MAD=2(180°-\angle MBC)=2\angle MEC=\angle MO_2C$，$O_1M=O_1D$，$O_2M=O_2C$，

∴$\triangle MO_1D\backsim\triangle MO_2C\Rightarrow\dfrac{MO_1}{MO_2}=\dfrac{MD}{MC}$，$\angle O_1MD=\angle O_2MC$．

从而$\triangle O_1MO_2\backsim\triangle DMC$．

于是$\angle MO_2O_1+\angle MO_2F=\angle MCD+\angle MCF=180°$，即F在直线$O_1O_2$上．

$\because \angle O_1MD=\angle O_2MC=\angle O_2FC=\angle O_1FD$,

$\therefore D, O_1, M, F$ 四点共圆，即 F 在 $\triangle MO_1D$ 的外接圆上.

又 $\because F$ 在 $\triangle MO_2C$ 的外接圆上，且 $F\neq M$,

$\therefore F$ 与 N 重合，即 N 在直线 O_1O_2 上.

第二题 求所有正奇数 $n>1$，使得存在 $1,2,\cdots,n$ 的一个排列 $a_1,a_2,\cdots,a_n$，对于所有正整数 k $(1\leqslant k\leqslant n)$，$a_k^2-a_{k+1}-1$ 与 $a_k^2-a_{k+1}+1$ 中有一个数能被 n 整除（这里 $a_{n+1}=a_1$）.

解： 符合题意的 $n=3$.

设 $n\mid(a_k^2-a_{k+1}+b_k)$，其中 $b_k\in\{-1,1\}$，$k=1,2,\cdots,n$.

再设 $a_m=n$，可将 $a_1,a_2,\cdots,a_n$ 除 $a_m=n$ 以外的 $n-1$ 个数两两配对，每一对的两个数之和为 n. 设这 $\frac{n-1}{2}$ 对为 $\{a_{i_1},a_{j_1}\},\{a_{i_2},a_{j_2}\},\cdots,\{a_{i_{\frac{n-1}{2}}},a_{j_{\frac{n-1}{2}}}\}$.

对于其中的任意一对 $\{a_{i_t},a_{j_t}\}$，由 $n\mid(a_{i_t}^2-a_{i_t+1}+b_{i_t})$，$n\mid(a_{j_t}^2-a_{j_t+1}+b_{j_t})$，$a_{i_t}+a_{j_t}=n$，可得 $n\mid(a_{i_t}^2-a_{j_t}^2)$，因此，$n\mid(a_{j_t+1}-a_{i_t+1}+b_{i_t}-b_{j_t})$.

因为 $j_t+1\neq i_t+1$，所以 $n\nmid(a_{j_t+1}-a_{i_t+1})$，从而 $n\nmid(b_{i_t}-b_{j_t})$. 故 b_{i_t} 与 b_{j_t} 一个为 1，另一个为 -1，即 $b_{i_t}+b_{j_t}=0$.

于是 $\sum\limits_{k=1}^{n}b_k=b_m+\sum\limits_{k=1}^{\frac{n-1}{2}}(b_{i_t}+b_{j_t})=b_m$.

从而 $\sum\limits_{k=1}^{n}(a_k^2-a_{k+1}+b_k)=\sum\limits_{k=1}^{n}a_k^2-\sum\limits_{k=1}^{n}a_{k+1}+\sum\limits_{k=1}^{n}b_k=\sum\limits_{k=1}^{n}k^2-\sum\limits_{k=1}^{n}k+b_m=\frac{1}{6}n(n+1)(2n+1)-\frac{1}{2}n(n+1)+b_m=\frac{1}{3}n(n-1)(n+1)+b_m$.

由$n\mid(a_k^2-a_{k+1}+b_k)$，得$n\mid\sum_{k=1}^{n}(a_k^2-a_{k+1}+b_k)$。再结合上式得$n\mid n(n-1)(n+1)+3b_m$，即$n\mid 3b_m$。

又由$b_m\in\{1,-1\}$，可知$n\mid 3$，而$n>1$，故$n=3$。

当$n=3$时，可取$a_1=1$，$a_2=2$，$a_3=3$，则$a_1^2-a_2+1=0$，$a_2^2-a_3-1=0$，$a_3^2-a_1+1=9$都是3的倍数。

第三题 设$a,b,c,d>0$且$abcd=1$。求证：$\frac{(a-1)(c+1)}{1+bc+c}+\frac{(b-1)(d+1)}{1+cd+d}+\frac{(c-1)(a+1)}{1+da+a}+\frac{(d-1)(b+1)}{1+ab+b}\geqslant 0$。

证明：记原不等式的左边为S。

$$
\begin{aligned}
\text{则 } S+4&=\sum_{cyc}\left(\frac{(a-1)(c+1)}{1+bc+c}+1\right)=\sum_{cyc}\left(\frac{a+bc+ac}{1+bc+c}\right)\\
&=\sum_{cyc}\frac{(a+bc+ac)\left(\frac{1}{a}+bc+\frac{c}{a}\right)}{(1+bc+c)\left(\frac{1}{a}+bc+\frac{c}{a}\right)}\\
&\geqslant\sum_{cyc}\frac{(1+bc+c)^2}{(1+bc+c)\left(\frac{1}{a}+bc+\frac{c}{a}\right)}\\
&=\sum_{cyc}\frac{a(1+bc+c)}{1+abc+c}=\sum_{cyc}\frac{ad(1+bc+c)}{1+cd+d}\\
&\geqslant 4\sqrt[4]{\prod_{cyc}\frac{ad(1+bc+c)}{1+cd+d}}\\
&=4\sqrt{abcd}\\
&=4,
\end{aligned}
$$

即$S\geqslant 0$。

第四题 给定一个实系数一元二次多项式$P(x)$，求证：存在正整数n，使得方程$P(x)=\frac{1}{n}$无有理根。

用反证法证明：假设对于每一个正整数n，方程$P(x)=\frac{1}{n}$有有理根。

设$P(x)=ax^2+bx+c$，其中$a\neq 0$。对$n=1,2,3,\cdots$，用x_n表示方程$P(x)=\frac{1}{n}$的一个有理根。

对于任意两个不同的正整数k,l，由$ax_k^2+bx_k+c=\frac{1}{k}$，$ax_l^2+bx_l+c=\frac{1}{l}$，可得$a(x_k^2-x_l^2)+b(x_k-x_l)=\frac{1}{k}-\frac{1}{l}$。从而$x_k\neq x_l$，$a(x_k+x_l)+b=\dfrac{\frac{1}{k}-\frac{1}{l}}{x_k-x_l}$是有理数。

于是$a(x_1+x_2)+b$、$a(x_1+x_3)+b$都是有理数，相减得$a(x_2-x_3)$是有理数。又由$ax_2^2+bx_2+c=\frac{1}{2}$，$ax_3^2+bx_3+c=\frac{1}{3}$知$x_2\neq x_3$。故$a$是有理数，从而$b$是有理数。也可推出$c=\frac{1}{k}-ax_k^2-bx_k$是有理数。

可设$a=\frac{a_1}{a_2}$，$b=\frac{b_1}{b_2}$，$c=\frac{c_1}{c_2}$，这里a_1,a_2,b_1,b_2,c_1,c_2是整数。若$b=0$，则$b_1=0$，$b_2=1$；若$c=0$，则$c_1=0$，$c_2=1$。其他情况a_1与a_2互质，b_1与b_2互质，c_1与c_2互质。

任选一个质数$p>\max\{|a_1|,|a_2|,|b_1|,|b_2|,|c_1|,|c_2|\}$，则$x_p\neq 0$（否则由$x_p=0$，得$c=\frac{1}{p}\Rightarrow p=\frac{1}{c}=\frac{c_2}{c_1}\leqslant|c_2|$，这与$p>|c_2|$矛盾）。设$x_p=\frac{u}{v}$（$u$与$v$是整数，且$u$与$v$互质）。

则$\frac{a_1}{a_2}\cdot\frac{u^2}{v^2}+\frac{b_1}{b_2}\cdot\frac{u}{v}+\frac{c_1}{c_2}=\frac{1}{p}\Rightarrow a_1b_2c_2u^2+a_2b_1c_2uv+a_2b_2c_1v^2=\frac{a_2b_2c_2v^2}{p}$。 (*)

由(*)式知$p\mid a_2b_2c_2v^2$，而p与$|a_2|,|b_2|,|c_2|$互质，故$p\mid v^2$，即$p\mid v$。

从而 $p\left|\frac{a_2b_2c_2v^2}{p}\right.$，又由(*)得 $p\mid(a_1b_2c_2u^2+a_2b_1c_2uv+a_2b_2c_1v^2)$

$\Rightarrow p\mid a_1b_2c_2u^2\Rightarrow p\mid u$.

因此 $p\mid(u,v)$，这与 u 与 v 互质矛盾.

故假设不成立.

必存在正整数 n，使得方程 $P(x)=\frac{1}{n}$ 无有理根.

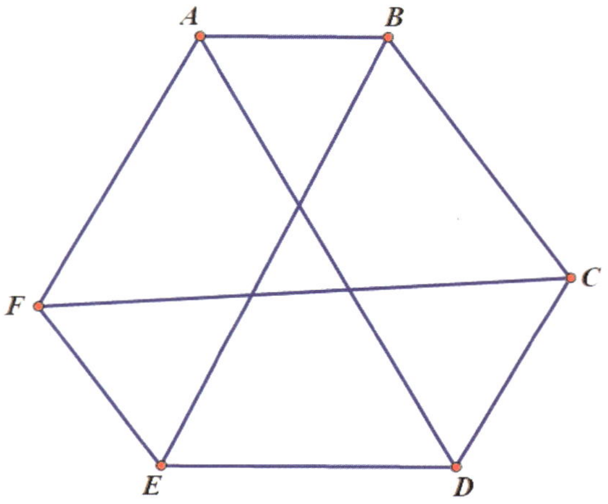

第五题 已知凸六边形ABCDEF，满足AB∥DE，BC∥EF，CD∥FA. AB和DE之间的距离等于BC和EF之间的距离也等于CD和FA之间的距离. 求证：AD+BE+CF的值不超过凸六边形ABCDEF的周长.

证明：设AD与BE交于点X，BE与CF交于点Y，CF与AD交于点Z，AB与DE之间的距离为 h.

用 $d(P,MN)$ 表示点P到直线MN的距离.

∵AB与DE之间的距离、CD与FA之间的距离都为 h，

∴ $d(D,AB)=h$，$d(D,AF)=h$.

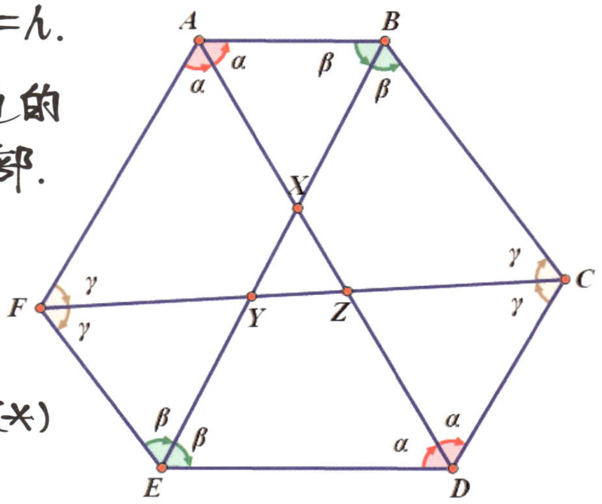

这表明，点D到∠BAF两边的距离相等，而点D在∠BAF的内部. 故AD平分∠BAF.

同理可证：DA平分∠CDE，BE平分∠ABC，EB平分∠DEF，CF平分∠BCD，FC平分∠AFE. (*)

$\because AB /\!/ DE, BC /\!/ EF, CD /\!/ FA,$

$\therefore \angle BAF=\angle CDE, \angle ABC=\angle DEF, \angle BCD=\angle AFE.$

又由(*)得$\angle DAB=\angle DAF=\angle ADC=\angle ADE$(记为$\alpha$)；$\angle EBA=\angle EBC=\angle BED=\angle BEF$(记为$\beta$)；$\angle FCB=\angle FCD=\angle CFA=\angle CFE$(记为$\gamma$)，$\alpha+\beta+\gamma=180°$.

设凸六边形ABCDEF的周长为p，$AD=x, BE=y, CF=z$.

则$S_{四边形ABDE}+S_{四边形BCEF}+S_{四边形CDFA}$

$=\frac{1}{2}(AB+DE)h+\frac{1}{2}(BC+EF)h+\frac{1}{2}(CD+FA)h$

$=\frac{1}{2}p\cdot h.$ (**)

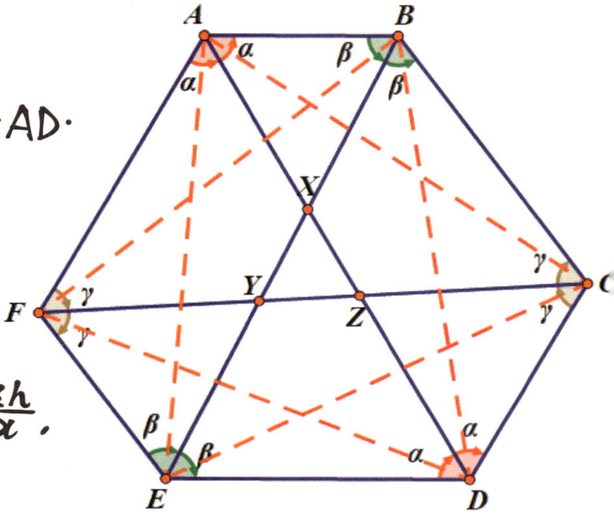

另一方面，$S_{四边形ABDE}=\frac{1}{2}AD\cdot BE\cdot\sin\angle AXB=\frac{1}{2}xy\sin\gamma.$

又$\because \sin\gamma=\frac{h}{z}$,

$\therefore S_{四边形ABDE}=\frac{xyh}{2z}.$

同理可得$S_{四边形BCEF}=\frac{yzh}{2x}$, $S_{四边形CDFA}=\frac{zxh}{2y}.$

以上三式相加，并利用(**)得：$\frac{xy}{z}+\frac{yz}{x}+\frac{zx}{y}=p.$

于是，$x+y+z\leqslant p \Longleftrightarrow x+y+z\leqslant\frac{xy}{z}+\frac{yz}{x}+\frac{zx}{y}$

$\Longleftrightarrow xyz(x+y+z)\leqslant(xy)^2+(yz)^2+(zx)^2$

$\Longleftrightarrow \frac{1}{2}[(xy-yz)^2+(yz-zx)^2+(zx-xy)^2]\geqslant 0.$

上式显然成立.

故$x+y+z\leqslant p$.

第六题 一个10×10的方格表是由100个单位正方形组成的，将2×2的正方形（由4个单位正方形组成）称为“田形”。由n个“田形”构成的集合为C，可覆盖该方格表（即方格表中的每一个单位正方形被C中的某个“田形”覆盖），但C中的任意$n-1$个“田形”不能覆盖整个10×10的方格表。求n的最大值。

解：n的最大值是39.

对于集合C中的任意一个“田形”，它覆盖的4个单位正方形中至少有一个单位正方形恰包含于一个“田形”（否则，一个“田形”的4个单位正方形都能被多个（大于1）“田形”所覆盖，去掉这个“田形”后，其余$n-1$个“田形”仍能覆盖整个10×10的方格表）。对于集合C中的任意一个“田形”，从这4个单位正方形中选出恰包含于该“田形”的一个单位正方形，并称其为“好方格”。

于是要求n的值也就是求“好方格”的个数。注意到，任意一个3×1或1×3的三个单位正方形都不全是“好方格”。

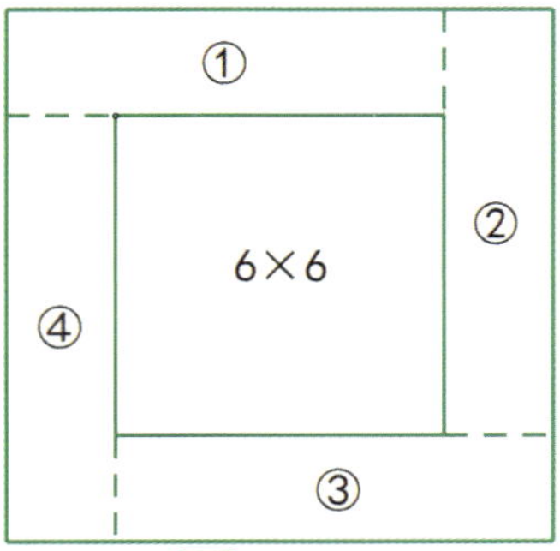

图(1)

我们把10×10的方格表分成两个部分：6×6的中心正方形和围绕它的“框架”（如图(1)），易知区域①中至多有5个“好方格”。

对于区域②,③,④同样,所以"框架"中至多有20个"好方格".

下面证明:图(1)中的6×6正方形中至多有19个"好方格".

用反证法,假设该6×6正方形中至少有20个"好方格".

将6×6的正方形等分成4个3×3正方形(如图(2)).对于其中任意一个3×3的正方形,它能覆盖住C中的某个"田形",该"田形"中恰有一个"好方格".而余下的$3\times3-2\times2=5$个单位正方形中至多有4个"好方格".从而一个3×3的正方形中至多有5个"好方格".再由假设可知:每一个3×3的正方形中恰有5个"好方格".

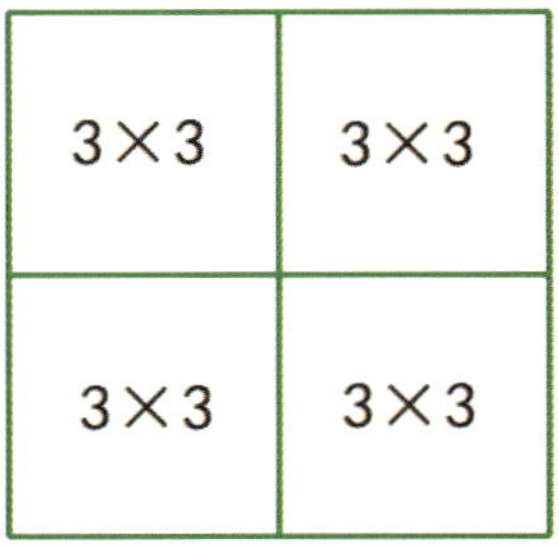

图(2)

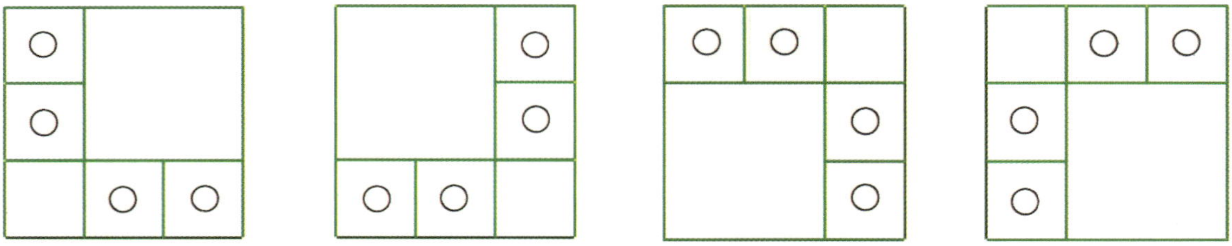
图(3)

图(3)表示一个3×3的正方形中恰有5个"好方格"的所有可能.其中"○"所处的方格为"好方格".

用以下两种情况推出矛盾.

(i)存在某个3×3的正方形,它所包含的5个"好方格"中有一个位于2×2的中心正方形(它的中心点与6×6

的正方形中心点重合，如下图).

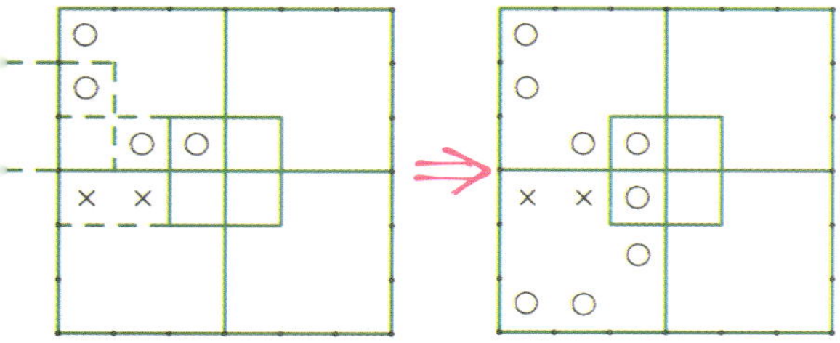

图(4)

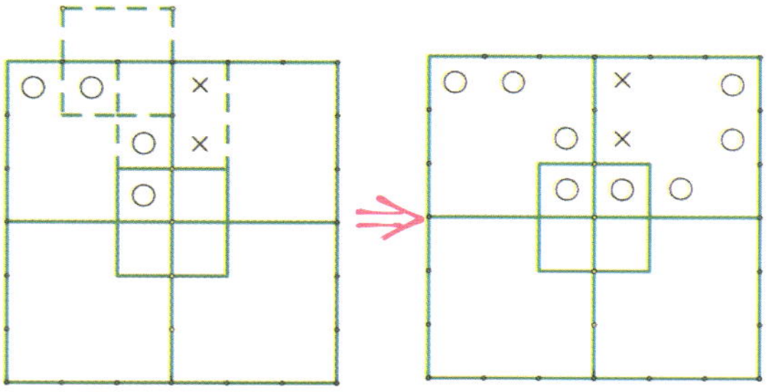

图(5)

不妨设该3×3的正方形位于左上角.则会有图(4)、图(5)两种情况，图中"×"所处的方格不可能是"好方格"，均会与任意一个3×1或1×3的三个单位正方形都不全是"好方格"，

(ii)不存在3×3的正方形，它包含5个"好方格"且有一个位于2×2的中心正方形(它的中心点与6×6的正方形中心点重合).即该2×2的中心正方形中的4个方格都不是"好方格".会有图(6)、图(7)两种情况.

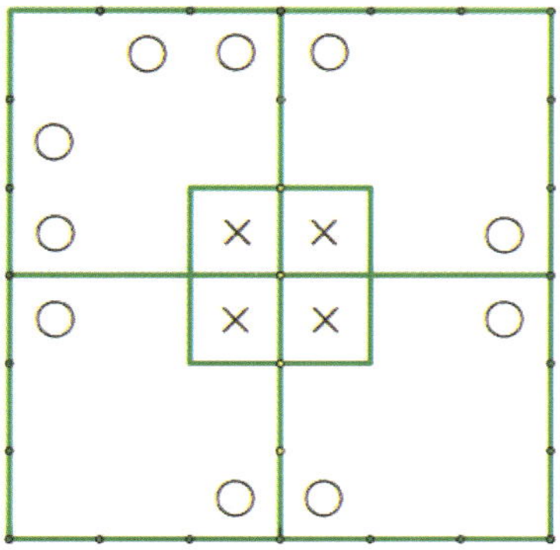

图(6)

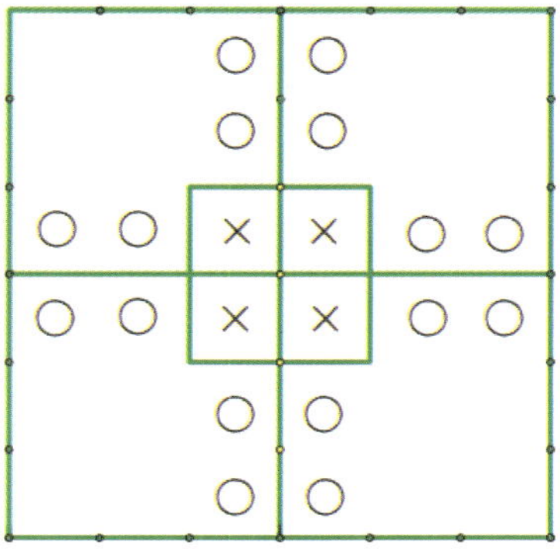

图(7)

图(6)与任意一个3×1或1×3的三个单位正方形都不全是"好方格"矛盾.

图(7)中会出现一个"田形"属于C且该"田形"中至少有两个"好方格"，这与C中任意一个"田形"均恰有

1个"好方格"矛盾.

假设不成立,即图(1)中的6×6正方形中至多有19个"好方格".

故$n\leqslant20+19=39$.

下面构造$n=39$的例子.

为方便起见,右图中的黑色方格表示"田形"的左下角所在的单位正方形.

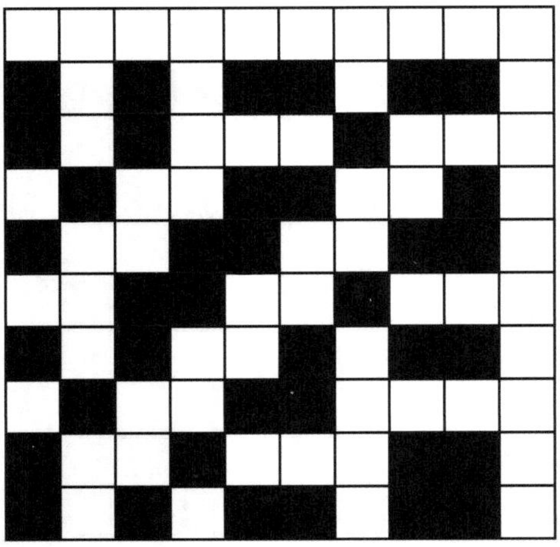

可检验这39个"田形"可覆盖整个10×10的方格表.而去掉其中任意一个"田形"都不能覆盖整个10×10的方格表.

2014年国际Zhautykov数学奥林匹克

第一题 在$\triangle ABC$中，点M、N、K分别在边BC、CA、AB上且不与顶点重合，若$\angle BAC=\angle KMN$，且$\angle ABC=\angle KNM$，则称$\triangle MNK$为完美三角形。求证：如果在$\triangle ABC$中有两个具有共同顶点且不重合的完美三角形，那么$\triangle ABC$是直角三角形。

证明：若$\triangle MNK$为完美三角形，则$\triangle ABC\backsim\triangle MNK$。

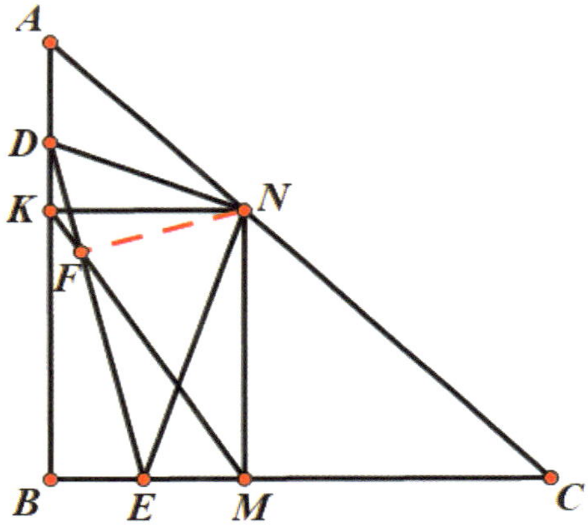

设在$\triangle ABC$中的两个具有共同顶点且不重合的完美三角形为$\triangle MNK$、$\triangle END$，其中M、E在BC上，K、D在AB上，N在AC上。记KM与DE的交点为F。

由完美三角形的定义知：

$\triangle MNK\backsim\triangle ABC$，$\triangle END\backsim\triangle ABC$。

即$\triangle MNK\backsim\triangle END$。

于是$\angle NMK=\angle NED$，$\angle NKM=\angle NDE$。

故N,M,E,F四点共圆；N,D,K,F四点共圆。

因此$\angle EMN=\angle DFN=\angle DKN$，即$B,M,N,K$四点共圆。

又$\because\angle ABC=\angle MNK$，

$\therefore\angle ABC=\frac{1}{2}(\angle ABC+\angle MNK)=\frac{1}{2}\times 180^\circ=90^\circ$。

$\therefore\triangle ABC$是直角三角形。

第二题 是否存在函数 $f: \mathbb{R} \to \mathbb{R}$ 满足以下条件：

(1) 对每个实数 y，存在实数 x 使得 $f(x)=y$.

(2) 对任意实数 x，有 $f(f(x))=(x-1)f(x)+2$.

解：不存在函数 $f: \mathbb{R} \to \mathbb{R}$ 满足条件(1)(2).

用反证法，假设存在函数 $f: \mathbb{R} \to \mathbb{R}$ 满足条件(1)(2).

由(1)可知存在实数 a，使得 $f(a)=0$. 再结合(2)可知 $f(0)=f(f(a))=(a-1)f(a)+2=2$.

从而 $f(2)=f(f(0))=(0-1)f(0)+2=0$. ①

在(2)中取 $x=1$ 可得 $f(f(1))=2 \Rightarrow f(2)=f(f(f(1)))$. ②

在(2)中取 $x=f(1)$ 可得 $f(f(f(1)))=(f(1)-1)f(f(1))+2=2(f(1)-1)+2=2f(1)$. ③

由②③得 $f(2)=2f(1)$，再结合①知 $f(1)=0$. ④

在(1)中取 $y=1$，知存在实数 b，使得 $f(b)=1$.

又由④及(2)得 $0=f(1)=f(f(b))=(b-1)f(b)+2=b+1 \Rightarrow b=-1$，即 $f(-1)=1$.

在(1)中取 $y=-1$，知存在实数 c，使得 $f(c)=-1$.

于是 $1=f(-1)=f(f(c))=(c-1)f(c)+2=3-c \Rightarrow c=2$.

即 $f(2)=-1$. ⑤

①与⑤矛盾，故假设不成立.

第三题 给出100个不同的正整数，若它们中有两个数之比是2或3，则称这一对数是好数对. 求这100个正整数中好数对数目的最大值.

引理：若 $r_1, r_2, \cdots, r_k\ (k\geqslant 2)$ 是 k 个实数，则 $\frac{r_1+r_k}{2}+\sum_{i=1}^{k-1}\left|\frac{r_i-r_{i+1}}{2}\right|\geqslant \max\{r_1, r_2, \cdots, r_k\}$.

证明：当 $k=2$ 时，$\frac{r_1+r_2}{2}+\left|\frac{r_1-r_2}{2}\right|=\max\{r_1, r_2\}$.

当 $k\geqslant 3$ 时，若 $\max\{r_1, r_2, \cdots, r_k\}=r_1$ 或 r_k，则 $\frac{r_1+r_k}{2}+\sum_{i=1}^{k-1}\left|\frac{r_i-r_{i+1}}{2}\right|\geqslant$
$\frac{r_1+r_k}{2}+\left|\sum_{i=1}^{k-1}\frac{r_i-r_{i+1}}{2}\right|=\frac{r_1+r_k}{2}+\left|\frac{r_1-r_k}{2}\right|=\max\{r_1, r_k\}=\max\{r_1, r_2, \cdots, r_k\}$.

反之，设 $\max\{r_1, r_2, \cdots, r_k\}=r_t\ (2\leqslant t\leqslant k-1)$.

则
$$\begin{aligned}\frac{r_1+r_k}{2}+\sum_{i=1}^{k-1}\left|\frac{r_i-r_{i+1}}{2}\right|&=\frac{r_1+r_k}{2}+\sum_{i=1}^{t-1}\left|\frac{r_i-r_{i+1}}{2}\right|+\sum_{j=t}^{k-1}\left|\frac{r_j-r_{j+1}}{2}\right|\\&\geqslant\frac{r_1+r_k}{2}+\left|\sum_{i=1}^{t-1}\frac{r_i-r_{i+1}}{2}\right|+\left|\sum_{j=t}^{k-1}\frac{r_j-r_{j+1}}{2}\right|\\&=\frac{r_1+r_k}{2}+\left|\frac{r_1-r_t}{2}\right|+\left|\frac{r_t-r_k}{2}\right|\\&=\frac{r_1+r_k}{2}+\frac{r_t-r_1}{2}+\frac{r_t-r_k}{2}\\&=r_t.\end{aligned}$$

回到本题：对于每一个正整数可唯一地表示成 $2^a\cdot 3^b\cdot c$（a, b 是非负整数，c 是正整数，且 c 与2，3互质）的形式. 可设这100个不同的正整数为 $n_i=2^{a_i}\cdot 3^{b_i}\cdot c_i$（$a_i, b_i$ 是非负整数，c_i 是正整数，且 c_i 与2，3互质），$i=1, 2, \cdots, 100$.

对于任意两个数 $n_i, n_j\ (1\leqslant i, j\leqslant 100,\ i\neq j)$，$n_i>n_j$，当且仅当 $a_i=a_j+1,\ b_i=b_j,\ c_i=c_j$ 时，$\frac{n_i}{n_j}=2$，当且仅当 $a_i=a_j,\ b_i=b_j+1,\ c_i=c_j$ 时，$\frac{n_i}{n_j}=3$. (*)

不妨设 $c_1=c_2=\cdots=c_{100}=1$（这样只可能会使好数对的数目不变或增多）.

下面来求100个不同的正整数 $n_i=2^{a_i}\cdot 3^{b_i}$（a_i,b_i 是非负整数 $i=1,2,\cdots,100$）中好数对数目的最大值. 记两数之比等于2的所有好数对有 $T(2)$ 个，两数之比等于3的所有好数对有 $T(3)$ 个.

考虑 $a_1,a_2,\cdots,a_{100}$，这100个数中可能有些数相同. 设它们中共有 k 个不同的数 $a_1'<a_2'<\cdots<a_k'$，并记 $a_1,a_2,\cdots,a_{100}$ 中等于 a_j' 的数有 $r_j(j=1,2,\cdots,k)$ 个. 则 $r_j\geqslant 1$ 且 $r_1+r_2+\cdots+r_k=100$.

注意到，若有 $a_{i_1}=a_{i_2}=\cdots=a_{i_t}(1\leqslant i_1<\cdots<i_t\leqslant 100, t\geqslant 2)$，则 $n_{i_1},n_{i_2},\cdots,n_{i_t}$ 中好数对数目不大于 $t-1$. 理由如下：

首先，$n_{i_1},n_{i_2},\cdots,n_{i_t}$ 中没有两数之比等于2的好数对. 然后，考虑 $b_{i_1},b_{i_2},\cdots,b_{i_t}$. 不妨设 $b_{i_1}\leqslant b_{i_2}\leqslant\cdots\leqslant b_{i_t}$. 由(*)可知：$n_{i_1},n_{i_2},\cdots,n_{i_t}$ 中两数之比为3的好数对只能在 $\{n_{i_1},n_{i_2}\}$，$\{n_{i_2},n_{i_3}\},\cdots,\{n_{i_{t-1}},n_{i_t}\}$ 中. 因此这种好数对的数目不大于 $t-1$.

当 $k\geqslant 2$ 时，由前述结论可知 $T(3)\leqslant(r_1-1)+\cdots+(r_k-1)=100-k$. 再由(*)可知 $T(2)\leqslant\min\{r_1,r_2\}+\min\{r_2,r_3\}+\cdots+\min\{r_{k-1},r_k\}$

$$
\begin{aligned}
&=\sum_{i=1}^{k-1}\left(\frac{r_i+r_{i+1}}{2}-\left|\frac{r_i-r_{i+1}}{2}\right|\right)\\
&=100-\frac{r_1+r_k}{2}-\sum_{i=1}^{k-1}\left|\frac{r_i-r_{i+1}}{2}\right|\\
&\leqslant 100-\max\{r_1,r_2,\cdots,r_k\}\\
&\leqslant 100-\frac{1}{k}\sum_{i=1}^{k}r_i\\
&=100-\frac{100}{k}.
\end{aligned}
$$

故好数对的数目是 $T(2)+T(3)\leqslant 200-k-\frac{100}{k}\leqslant 200-20=180$.

当 $k=1$ 时，$a_1=a_2=\cdots=a_{100}$，此时 $T(2)=0$，$T(3)\leqslant 100-1=99$. 好数对的数目是 $T(2)+T(3)\leqslant 99$.

最后，构造出100个不同的正整数，可取到180个好数对.

取100个数$2^i\cdot 3^j$，其中$i,j\in\{0,1,2,\cdots,9\}$，则$T(2)=9\times 10=90$，$T(3)=9\times 10=90$，此种情况下共有180个不同的好数对.

第四题 是否存在整系数多项式$P(x)$，使得$P(1+\sqrt{3})=2+\sqrt{3}$且$P(3+\sqrt{5})=3+\sqrt{5}$？

解： 假设存在整系数多项式$P(x)=a_0+a_1x+\cdots+a_nx^n$，使得$P(1+\sqrt{3})=2+\sqrt{3}$且$P(3+\sqrt{5})=3+\sqrt{5}$.

$$\because P(1+\sqrt{3})=\sum_{i=0}^{n}a_i(1+\sqrt{3})^i$$
$$=a_0+\sum_{k=1}^{n}\left(a_k\cdot\sum_{t=0}^{\left[\frac{k}{2}\right]}C_n^{2t}3^t\right)+\sqrt{3}\cdot\sum_{k=1}^{n}\left(a_k\cdot\sum_{t=0}^{\left[\frac{k-1}{2}\right]}C_n^{2t+1}\cdot 3^t\right),$$

$a_0,a_1,a_2,\cdots,a_n$是整数，$P(1+\sqrt{3})=2+\sqrt{3}$，

$$\therefore a_0+\sum_{k=1}^{n}\left(a_k\cdot\sum_{t=0}^{\left[\frac{k}{2}\right]}C_n^{2t}3^t\right)=2.\quad ①$$

$$\because P(3+\sqrt{5})=\sum_{i=0}^{n}a_i(3+\sqrt{5})^i$$
$$=a_0+\sum_{k=1}^{n}\left(a_k\cdot\sum_{t=0}^{\left[\frac{k}{2}\right]}C_n^{2t}5^t3^{k-2t}\right)+\sqrt{5}\sum_{k=1}^{n}\left(a_k\cdot\sum_{t=0}^{\left[\frac{k-1}{2}\right]}C_n^{2t+1}5^t3^{k-2t-1}\right),$$

$a_0,a_1,a_2,\cdots,a_n$是整数，$P(3+\sqrt{5})=3+\sqrt{5}$，

$$\therefore a_0+\sum_{k=1}^{n}\left(a_k\cdot\sum_{t=0}^{\left[\frac{k}{2}\right]}C_n^{2t}5^t3^{k-2t}\right)=3.\quad ②$$

②－①得$\sum_{k=1}^{n}\left(a_k\cdot\sum_{t=0}^{\left[\frac{k}{2}\right]}C_n^{2t}(5^t3^{k-2t}-3^t)\right)=1.\quad ③$

由$5^t3^{k-2t}-3^t$是偶数，可知③左边是偶数，而③右边是奇数，矛盾.

故假设不成立，不存在符合题意的整系数多项式.

第五题 设集合$U=\{1,2,\cdots,2014\}$，对于正整数a,b,c，用$f(a,b,c)$表示满足以下条件的有序集合组$(X_1,X_2,X_3,Y_1,Y_2,Y_3$的数量：

(1) $Y_1\subseteq X_1\subseteq U$且$|X_1|=a$；

(2) $Y_2\subseteq X_2\subseteq U\setminus Y_1$且$|X_2|=b$；

(3) $Y_3\subseteq X_3\subseteq U\setminus(Y_1\cup Y_2)$且$|X_3|=c$.

求证：$f(a,b,c)$的值在a,b,c的任意排列下不会变化.

注：这里$|A|$表示集合A的元素个数.

证明：设A,B,C是U的任意三个子集，且$|A|=a,|B|=b,|C|=c$
Y,Z是$A\cup B\cup C$的任意两个子集，满足$Y\cap Z=\varnothing$，$\varnothing\subseteq Z\subseteq A\cap B\cap C$，
$(A\cap B\cap C)\setminus Z\subseteq Y$.

可以将集合U拆分成如下15个两两不交的子集：

$T_{abc}=A\cap B\cap C\cap Y$，$T_{ab}=(A\cap B\cap Y)\setminus T_{abc}$，类似定义$T_{bc},T_{ca}$

$T_a=(A\cap Y)\setminus(T_{ab}\cup T_{ac}\cup T_{abc})$，类似定义$T_b,T_c$；

$S_{abc}=(A\cap B\cap C)\setminus Y$，$S_{ab}=(A\cap B)\setminus(Y\cup S_{abc})$，类似定义$S_{bc},S_{ca}$

$S_a=A\setminus(Y\cup S_{ab}\cup S_{bc}\cup S_{abc})$，类似定义$S_b,S_c$；$M=U\setminus(A\cup B\cup C$

这15个集合两两不交，并集为U.

令$Z=S_{abc}$，$Y=T_a\cup T_b\cup T_c\cup T_{ab}\cup T_{bc}\cup T_{ca}\cup T_{abc}$. ①

$X=(A\cup B\cup C)\setminus(Y\cup Z)=S_a\cup S_b\cup S_c\cup S_{ab}\cup S_{bc}\cup S_{ca}$.

$X_a=A=S_a\cup S_{ab}\cup S_{ca}\cup S_{abc}\cup T_a\cup T_{ab}\cup T_{ca}\cup T_{abc}$；

$X_b=B=S_b\cup S_{bc}\cup S_{ab}\cup S_{abc}\cup T_b\cup T_{bc}\cup T_{ab}\cup T_{abc}$；

$X_c=C=S_c\cup S_{ca}\cup S_{bc}\cup S_{abc}\cup T_c\cup T_{ca}\cup T_{bc}\cup T_{abc}$.

设集合Y_a, Y_b, Y_c两两不交，且满足$Y_a\cup Y_b\cup Y_c=Y$，$Y_a\subseteq X_a$，$Y_b\subseteq X_b\subseteq U\setminus Y_a$，$Y_c\subseteq X_c\subseteq U\setminus(Y_a\cup Y_b)$.

由$Y_a\subseteq X_a$，$Y_a\subseteq Y$可得$Y_a\subseteq(X_a\cap Y)$.

又由①知$Y_a\subseteq(T_a\cup T_{ab}\cup T_{ca}\cup T_{abc})$. ②

由$X_b\subseteq U\setminus Y_a$可得$Y_a\subseteq U\setminus X_b$，再根据②知$Y_a\subseteq(T_a\cup T_{ca})$.

同理可得$Y_b\subseteq(T_b\cup T_{ab})$.

由$X_c\subseteq U\setminus(Y_a\cup Y_b)$可得$Y_a\cup Y_b\subseteq U\setminus X_c$. 于是$Y_a\cup Y_b\subseteq(T_a\cup T_b\cup T_{ab})$. 而$Y_a\cap Y_b=\varnothing$，故只可能有$Y_a\subseteq T_a$，$Y_b\subseteq(T_b\cup T_{ab})$.
由$Y_c\subseteq X_c$，$Y_c\subseteq Y$可得$Y_c\subseteq(X_c\cap Y)$，即$Y_c\subseteq(T_c\cup T_{ca}\cup T_{bc}\cup T_{abc})$.

再结合①知$Y_a=T_a$，$Y_b=T_a\cup T_{ab}$，$Y_c=T_c\cup T_{ca}\cup T_{bc}\cup T_{abc}$.
这样Y_a, Y_b, Y_c是唯一的.

设一一映射$\varphi:\{1,2,3\}\to\{a,b,c\}$.

对$i=1,2,3$，令$X_i=X_{\varphi(i)}$. 设集合Y_1, Y_2, Y_3两两不交且满足$Y_1\cup Y_2\cup Y_3=Y$，$Y_1\subseteq X_1$，$Y_2\subseteq X_2\subseteq U\setminus Y_1$，$Y_3\subseteq X_3\subseteq U\setminus(Y_1\cup Y_2)$.

由前述证明可知这种集合Y_1, Y_2, Y_3唯一确定，且$Y_1=T_{\varphi(1)}$，$Y_2=T_{\varphi(2)}\cup T_{\varphi(1)\varphi(2)}$，$Y_3=T_{\varphi(3)}\cup T_{\varphi(1)\varphi(3)}\cup T_{\varphi(2)\varphi(3)}\cup T_{\varphi(1)\varphi(2)\varphi(3)}$.

故$f(a,b,c)$的值在a, b, c的任意排列下不会发生变化.

第六题 如右图，四条直线将凸四边形分成九个四边形，这些直线的交点位于四边形的对角线上，且四边形1，2，3，4均是圆外切四边形．求证：四边形5也是圆外切四边形．

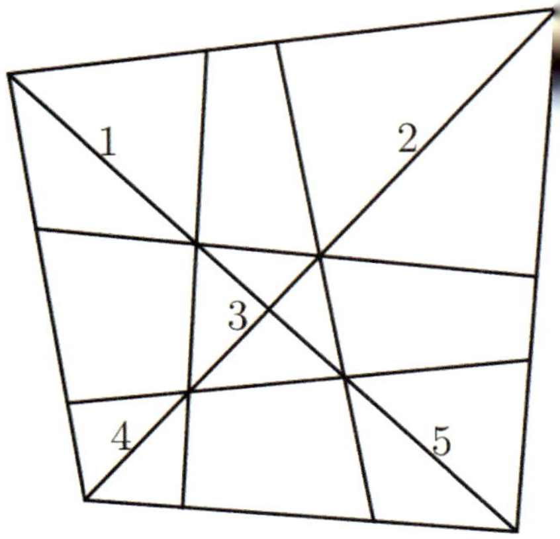

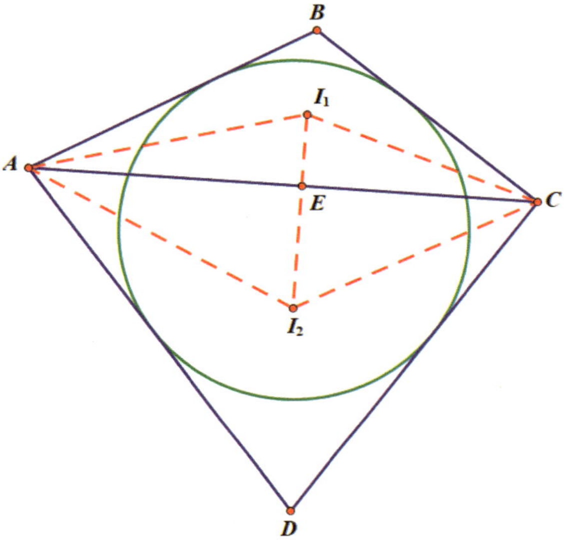

引理： 凸四边形ABCD是圆外切四边形 $\Longleftrightarrow \dfrac{\tan\frac{\angle BAC}{2}}{\tan\frac{\angle DAC}{2}}=\dfrac{\tan\frac{\angle BCA}{2}}{\tan\frac{\angle DCA}{2}}$

证明： 设△ABC、△ACD的内心分别为I_1、I_2，作$I_1E_1\perp AC$于点E_1，$I_2E_2\perp AC$于点E_2.

则$AE_1=\frac{1}{2}(AC+AB-BC)$；

$AE_2=\frac{1}{2}(AC+AD-CD)$.

凸四边形ABCD是圆外切四边形$\Longleftrightarrow AB+CD=BC+AD$

$\Longleftrightarrow AB-BC=AD-CD\Longleftrightarrow AE_1=AE_2\Longleftrightarrow E_1=E_2$.

$$\because \frac{\tan\frac{\angle BAC}{2}}{\tan\frac{\angle DAC}{2}}=\frac{\frac{I_1E_1}{AE_1}}{\frac{I_2E_2}{AE_2}}=\frac{I_1E_1}{I_2E_2}\cdot\frac{AE_2}{AE_1},$$

$$\frac{\tan\frac{\angle BCA}{2}}{\tan\frac{\angle DCA}{2}}=\frac{\frac{I_1E_1}{CE_1}}{\frac{I_2E_2}{CE_2}}=\frac{I_1E_1}{I_2E_2}\cdot\frac{CE_2}{CE_1}.$$

$$\therefore \frac{\tan\frac{\angle BAC}{2}}{\tan\frac{\angle DAC}{2}}=\frac{\tan\frac{\angle BCA}{2}}{\tan\frac{\angle DCA}{2}}\Longleftrightarrow\frac{AE_2}{AE_1}=\frac{CE_2}{CE_1}\Longleftrightarrow E_1=E_2.$$

引理成立！

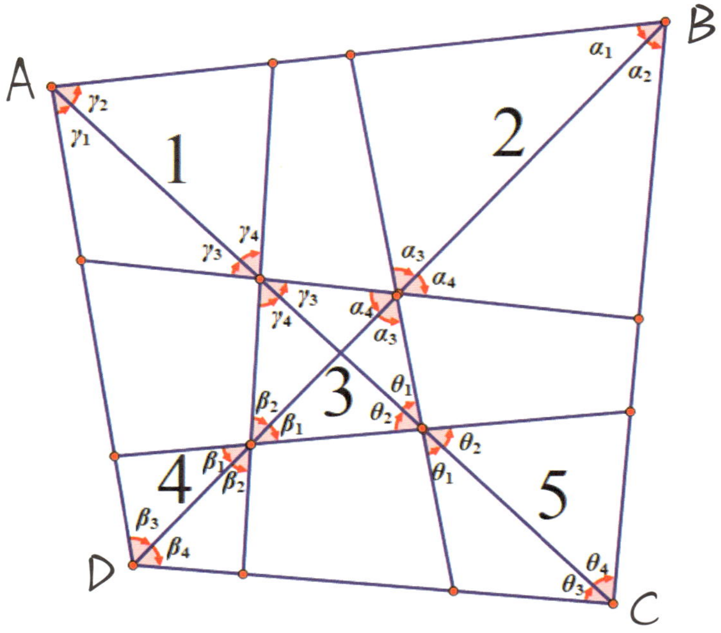

回到本题：各角的角度如上图所示.

四边形2有内切圆 $\Longleftrightarrow \dfrac{\tan\frac{\alpha_1}{2}}{\tan\frac{\alpha_2}{2}}=\dfrac{\tan\frac{\alpha_3}{2}}{\tan\frac{\alpha_4}{2}}$. ①

四边形3有内切圆 $\Longleftrightarrow \dfrac{\tan\frac{\alpha_3}{2}}{\tan\frac{\alpha_4}{2}}=\dfrac{\tan\frac{\beta_1}{2}}{\tan\frac{\beta_2}{2}}$. ②

四边形4有内切圆 $\Longleftrightarrow \dfrac{\tan\frac{\beta_1}{2}}{\tan\frac{\beta_2}{2}}=\dfrac{\tan\frac{\beta_3}{2}}{\tan\frac{\beta_4}{2}}$. ③

由①,②,③可知 $\dfrac{\tan\frac{\alpha_1}{2}}{\tan\frac{\alpha_2}{2}}=\dfrac{\tan\frac{\beta_3}{2}}{\tan\frac{\beta_4}{2}}$，从而四边形ABCD有内切圆. 故 $\dfrac{\tan\frac{\gamma_1}{2}}{\tan\frac{\gamma_2}{2}}=\dfrac{\tan\frac{\theta_3}{2}}{\tan\frac{\theta_4}{2}}$. ④

四边形1有内切圆 $\Longleftrightarrow \dfrac{\tan\frac{\gamma_1}{2}}{\tan\frac{\gamma_2}{2}}=\dfrac{\tan\frac{\gamma_3}{2}}{\tan\frac{\gamma_4}{2}}$. ⑤

四边形3有内切圆 $\Longleftrightarrow \dfrac{\tan\frac{\gamma_3}{2}}{\tan\frac{\gamma_4}{2}}=\dfrac{\tan\frac{\theta_1}{2}}{\tan\frac{\theta_2}{2}}$. ⑥

结合④,⑤,⑥可得 $\dfrac{\tan\frac{\theta_1}{2}}{\tan\frac{\theta_2}{2}}=\dfrac{\tan\frac{\theta_3}{2}}{\tan\frac{\theta_4}{2}}$. 故四边形5有内切圆.

2015年国际Zhautykov数学奥林匹克

第一题 将平面上每个整点都染成红色或蓝色，求证：对于任意一个正整数n，都存在三个顶点为同色且面积为n的三角形.

证明： 若任意两个相邻的整点(两点距离为1)不同色，以任意一个整点为原点建立平面直角坐标系. 设$A(n,n)$，$B(1,-1)$. 则O，A，B三点同色，且$S_{\triangle OAB}=\frac{1}{2}|OA|\cdot|OB|=\frac{1}{2}\times\sqrt{2}n\times\sqrt{2}=n$.

若存在两个相邻的整点(两点距离为1)同色，设这两点为P，Q. 则$PQ=1$，且P与Q同色，不妨设为红色. 考虑一条平行于PQ，且与PQ距离为$2n$的直线l(直线l在PQ的上方).

(1) 直线l上存在一个整点为红色.

设红点M在直线l上，则M，P，Q同色，且$S_{\triangle MPQ}=n$.

(2) 直线l上所有整点都为蓝色.

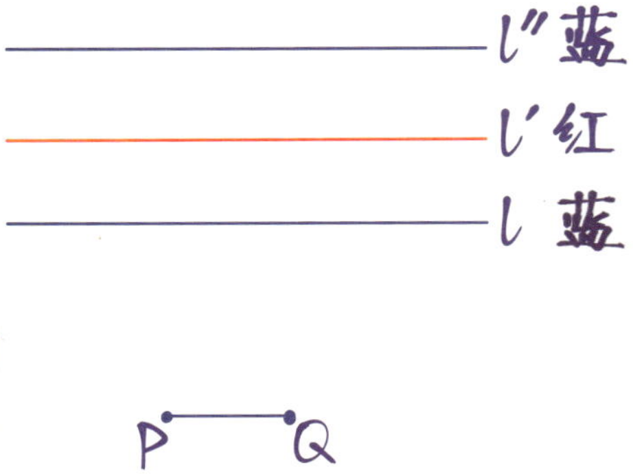

考虑一条平行于l，且与l距离为n的直线l'(直线l'在直线l的上方). 如果直线l'上有一个整点N为蓝色，那么可从直线l上任取两个距离为2的整点C，D，会出现N，C，D同色，且$S_{\triangle NCD}=\frac{1}{2}\times2\times n=n$.

如果直线l'上所有整点都为红色，同样考虑一条平行于l'，且与l'距离为n的直线l''（直线l''在直线l'的上方）。当直线l''上有一个整点为红色时，结论已成立。当直线l''上所有整点都为蓝色时，设l''上两个距离为1的蓝色整点为E、F，在直线l上任取一个蓝色的整点G，则E、F、G三点同色，且$S_{\triangle EFG}=\frac{1}{2}\times 1\times 2n=n$.

综上所述，存在三个顶点为同色，且面积为n的三角形。

第二题 如下图，M是$\triangle ABC$内一点，BM的延长线交AC于点N，设点K是M关于AC的对称点，BK与AC的交点为P. 求证：若$\angle AMP=\angle CMN$，则$\angle ABP=\angle CBN$.

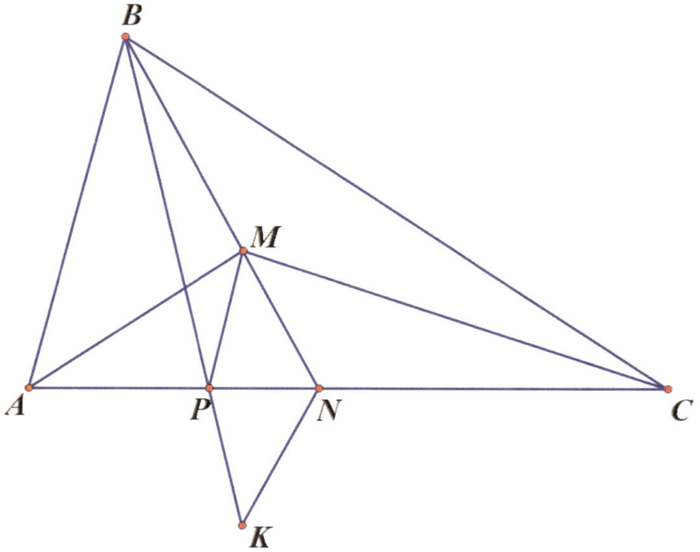

证明： 作$\angle AMC$的内角平分线交AC于点E.

由$\angle AMP=\angle CMN$可知ME也是$\angle PMN$的内角平分线.

又∵M与K关于AC对称.

∴$\angle NME=\angle PME=\angle PKE$，

即B，M，E，K四点共圆.设该圆为圆Ω.

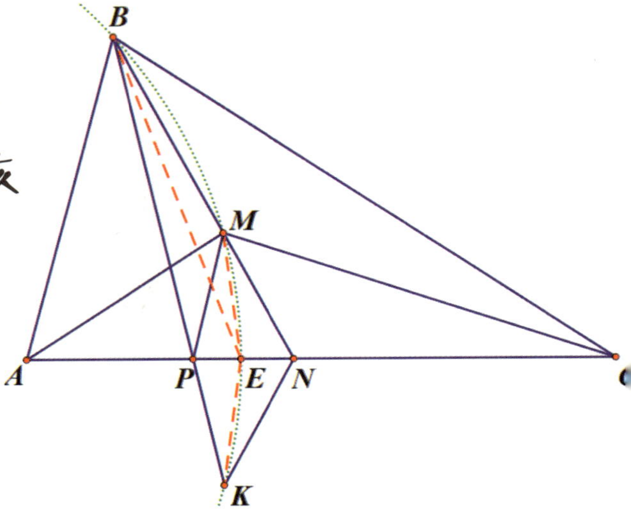

∵$ME=KE$，

∴$\angle MBE=\angle KBE$.

∵$\dfrac{MA}{MC}=\dfrac{EA}{EC}=\dfrac{KA}{KC}$，

∴M，E，K在以A，C为定点，$\dfrac{EA}{EC}$为定比的阿波罗尼斯圆上.该阿波罗尼斯圆即为圆Ω.

从而$\dfrac{BA}{BC}=\dfrac{EA}{EC}$，即BE平分$\angle ABC$.

于是$\angle ABP=\angle ABE-\angle PBE=\angle CBE-\angle NBE=\angle CBN$.

第三题 求所有的函数$f:\mathbf{R}\to\mathbf{R}$，使得对任意的实数$x,y$，都有$f(x^3+y^3+xy)=x^2f(x)+y^2f(y)+f(xy)$. ①

解： 所求$f(x)=cx$（c为常数）.

在①中取$x=1$，$y=0$可得$f(1)=f(1)+f(0)$.即$f(0)=0$.

在①中取$y=0$可得$f(x^3)=x^2f(x)$. ②

在①中取$y=-x$可得$f(-x^2)=x^2f(x)+x^2f(-x)+f(-x^2)$，

即对任意实数$x\neq0$，有$f(-x)=-f(x)$. ③

又由$f(0)=0$知③对$x=0$也成立.

故对任意实数x，有$f(-x)=-f(x)$. ④

在①中用$-y$代替y，并利用④得

$$f(x^3-y^3-xy)=x^2f(x)+y^2f(-y)+f(-xy)$$
$$=x^2f(x)-y^2f(y)-f(xy).\quad⑤$$

①+⑤得$f(x^3+y^3+xy)+f(x^3-y^3-xy)=2x^2f(x)=2f(x^3)$. ⑥ 此式最后一步利用了②.

令$a=x^3+y^3+xy$，$b=x^3-y^3-xy$，则$\begin{cases}x^3=\dfrac{a+b}{2}\\y^3+xy=\dfrac{a-b}{2}\end{cases}$.

考虑函数$g(x)=x^3+tx$（t是常数）.

则$g(x)$在$(-\infty,+\infty)$上是连续的，且当$x\to+\infty$时，$g(x)\to+\infty$；当$x\to-\infty$时，$g(x)\to-\infty$.

故对于任意实数m，方程$x^3+tx=m$均有实数解.

因此对于任意的$a,b\in\mathbf{R}$，方程$y^3+\sqrt[3]{\dfrac{a+b}{2}}\,y=\dfrac{a-b}{2}$有实数解.

又由⑥可知$f(a)+f(b)=2f\left(\dfrac{a+b}{2}\right)$，$\forall a,b\in\mathbf{R}$. ⑦

在⑦中用$0,a+b$分别代替a,b可得$f(a+b)=2f\left(\dfrac{a+b}{2}\right)$.

从而，对任意$a,b\in\mathbf{R}$，有$f(a)+f(b)=f(a+b)$. ⑧

在②中用$x+1$代替x可得$f((x+1)^3)=(x+1)^2f(x+1)$，再利用⑧可知$f((x+1)^3)=f(x^3+3x^2+3x+1)=f(x^3)+3f(x^2)+3f(x)+f(1)$，$f(x+1)=f(x)+f(1)$. 而由②有$f(x^3)=x^2f(x)$，于是$x^2f(x)+3f(x^2)+3f(x)+f(1)=(x+1)^2(f(x)+f(1))$，即$3f(x^2)=(2x-2)f(x)+(x^2+2x)f(1)$.

记$f(1)=c$，则$3f(x^2)=(2x-2)f(x)+(x^2+2x)c$. ⑨

在⑨中用$-x$代替x可得$3f(x^2)=(-2x-2)f(-x)+(x^2-2x)c=(2x+2)f(x)+(x^2-2x)c$. ⑩

结合⑨⑩可得$f(x)=cx$.

经检验,对任意$x\in R$, $f(x)=cx$满足题意.

第四题 求最大的正整数n,使得对于任意的正整数$k\leqslant\frac{n}{2}$, k能表示成n的两个正约数之差.

解:当$n=24$时,$1=2-1$, $2=4-2$, $3=6-3$, $4=8-4$, $5=8-3$, $6=8-2$, $7=8-1$, $9=12-3$, $10=12-2$, $11=12-1$, $12=24-12$符合题意.

假设存在正整数$n>24$满足题意.

若n为奇数,取$k=\frac{n-1}{2}$,则$\frac{n}{3}<k<\frac{n}{2}$, k只能表示成$n-d$(其中$d|n$)的形式.即$\frac{n-1}{2}=n-d$,亦即$d=\frac{n+1}{2}$.这与$d|n$矛盾.故n为偶数.

当$\frac{n}{3}\leqslant k<\frac{n}{2}$时,设$k=d_1-d_2$($d_1,d_2$是$n$的正约数),则$d_2<\frac{n}{2}$(否则$d_2\geqslant\frac{n}{2}$,只可能有$d_2=\frac{n}{2}$, $d_1=n$,这与$\frac{n}{3}\leqslant k<\frac{n}{2}$矛盾).从而$\frac{n}{3}<k+d_2<\frac{n}{2}+\frac{n}{2}=n$,即$\frac{n}{3}<d_1<n$.而$d_1|n$,故$d_1=\frac{n}{2}$, $d_2=\frac{n}{2}-k$.

取$k=\frac{n}{2}-3$, $\frac{n}{2}-4$可知$3|n$, $4|n$,于是$12|n$.

再取$k=\frac{n}{3}$, $\frac{n}{3}+1$可知$\frac{n}{6}|n$, $(\frac{n}{6}-1)|n$.而$\frac{n}{6}$与$\frac{n}{6}-1$互质,故$\frac{n}{6}(\frac{n}{6}-1)|n\Rightarrow n\geqslant\frac{n}{6}(\frac{n}{6}-1)\Rightarrow n\leqslant42$.又由$12|n$, $n>24$知$n=36$.而当$n=36$时,$\frac{n}{6}-1=5\nmid 36$,这与$(\frac{n}{6}-1)|n$矛盾.

第五题 用A_n表示将$1,2,\cdots,n$划分成若干个有序数组，每个有序数组中任意两个相邻的数奇偶性不同所构成的集合.用B_n表示将$1,2,\cdots,n$划分成若干个有序数组，每个有序数组中所有数的奇偶性相同所构成的集合.例如$\{(1,4,5,8),(2,3),(6,9),(7)\}$是$A_9$中的元素，$\{(1,3,5),(2,4),(6)\}$是$B_6$中的元素.求证：对于每一个正整数$n$，集合$A_n$与集合$B_{n+1}$的元素个数相同.

证明：要证$|A_n|=|B_{n+1}|$，只需建立A_n和B_{n+1}的一个一一对应关系.将$1,2,\cdots,n$划分成若干个有序数组，每个有序数组中相邻的两个数称为"相邻对".建立如下对应：

两个数$x,y\ (x<y)$是A中的"相邻对"当且仅当$x,y+1$是B中的"相邻对". (*)

例如：$\{(1,4,7,8),(2,5,10),(3,6),(9)\}\in A_{10}$对应于$\{(1,5,11),(2,6),(3,7,9),(4,8),(10)\}\in B_{11}$.

设$x,y\ (x<y)$是A中的"相邻对"，则x与y的奇偶性不同，从而x与$y+1$的奇偶性相同，即$x,y+1$是B中的"相邻对". 故$A\in A_n\Rightarrow B\in B_{n+1}$.

反之，设$x,z\ (x<z)$是B中的"相邻对"，则x与z的奇偶性相同，从而x与$z-1$的奇偶性不同，即$x,z-1$是A中的"相邻对". 故$B\in B_{n+1}\Rightarrow A\in A_n$.

因此$A\in A_n\Leftrightarrow B\in B_{n+1}$. (*)是一一对应关系.

故$|A_n|=|B_{n+1}|$.

第六题 设凸五边形ABCDE的面积为S，$\triangle ABC$、$\triangle BCD$、$\triangle CDE$、$\triangle DEA$、$\triangle EAB$的外接圆半径分别为R_1、R_2、R_3、R_4、R_5。求证：$R_1^4+R_2^4+R_3^4+R_4^4+R_5^4\geqslant\frac{4}{5\sin^2 108^\circ}S^2$。

引理一：设凸n边形$A_1A_2\cdots A_n(n\geqslant 3)$的面积为S，$\triangle A_1A_2A_3$、$\triangle A_2A_3A_4$、$\cdots$、$\triangle A_nA_1A_2$的外接圆半径分别为$R_1$、$R_2$、$\cdots$、$R_n$。则$4S\leqslant\sum_{i=1}^{n}R_i\cdot|A_{i-1}A_{i+1}|$，其中$A_0=A_n$，$A_{n+1}=A_1$。

证明：设M_i是边A_iA_{i+1}的中点$(i=1,2,\cdots,n,A_{n+1}=A_1)$。过$M_{i-1}$、$M_i$分别作$A_{i-1}A_i$、$A_iA_{i+1}$的垂线，交点为$P_i(i=1,2,\cdots,n,A_0=A_n)$。

下面先证明：对于凸n边形$A_1A_2\cdots A_n$内部任意一点P，存在一个四边形$P_iM_{i-1}A_iM_i$覆盖点P。

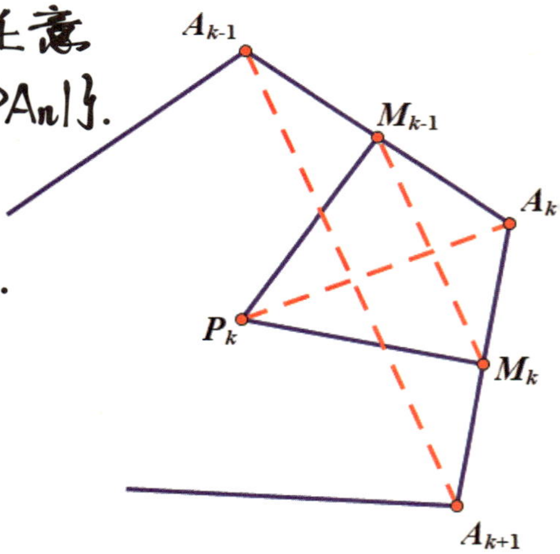

对于凸n边形$A_1A_2\cdots A_n$内部任意一点P，设$|PA_k|=\min\{|PA_1|,|PA_2|,\cdots,|PA_n|\}$。

则$|PA_k|\leqslant|PA_{k-1}|$，$|PA_k|\leqslant|PA_{k+1}|$。

从而P在四边形$P_kM_{k-1}A_kM_k$的内部。

于是n个四边形$P_iM_{i-1}A_iM_i(i=1,2,\cdots,n)$可覆盖整个凸$n$边形$A_1A_2\cdots A_n$。

由P_i既在$A_{i-1}A_i$的中垂线上，又在A_iA_{i+1}的中垂线上，知P_i是$\triangle A_{i-1}A_iA_{i+1}$的外心。因此$|P_iA_i|=R_i$。

故$S_{四边形P_iM_{i-1}A_iM_i}\leqslant\frac{1}{2}|M_{i-1}M_i|\cdot|P_iA_i|=\frac{1}{4}|A_{i-1}A_{i+1}|\cdot R_i$。

即 $4S \leqslant \sum_{i=1}^{n} 4S_{\text{四边形}P_iM_{i-1}A_iM_i} \leqslant \sum_{i=1}^{n} R_i \cdot |A_{i-1}A_{i+1}|$.

特别地，将 $|A_{i-1}A_{i+1}| = 2R_i \cdot \sin\angle A_i$ 代入上式得

$2S \leqslant \sum_{i=1}^{n} R_i^2 \cdot \sin\angle A_i$.

引理二：若 $\alpha_1, \alpha_2, \cdots, \alpha_5 \in (0°, 180°)$，$\alpha_1 + \alpha_2 + \cdots + \alpha_5 = 540°$，则 $\sin^2\alpha_1 + \sin^2\alpha_2 + \cdots + \sin^2\alpha_5 \leqslant 5\sin^2 108°$.

证明：不妨设 $\alpha_1 \leqslant \alpha_2 \leqslant \cdots \leqslant \alpha_5$，记 $f(\alpha_1, \alpha_2, \cdots, \alpha_5) = \sin^2\alpha_1 + \sin^2\alpha_2 + \cdots + \sin^2\alpha_5$.

当 $\alpha_1 \geqslant 108°$ 时，只可能有 $\alpha_1 = \alpha_2 = \cdots = \alpha_5 = 108°$，此时 $\sin^2\alpha_1 + \sin^2\alpha_2 + \cdots + \sin^2\alpha_5 = 5\sin^2 108°$.

当 $\alpha_1 < 108°$ 时，将 α_1 调整为 $108°$，α_5 调整为 $\alpha_1 + \alpha_5 - 108°$.

$$
\begin{aligned}
& f(108°, \alpha_2, \alpha_3, \alpha_4, \alpha_1 + \alpha_5 - 108°) - f(\alpha_1, \alpha_2, \alpha_3, \alpha_4, \alpha_5) \\
=\ & \sin^2 108° + \sin^2(\alpha_1 + \alpha_5 - 108°) - \sin^2\alpha_1 - \sin^2\alpha_5 \\
=\ & \frac{1}{2}(1 - \cos 216°) + \frac{1}{2}[1 - \cos 2(\alpha_1 + \alpha_5 - 108°)] - \frac{1}{2}(1 - \cos 2\alpha_1) - \frac{1}{2}(1 - \cos 2\alpha_5) \\
=\ & \frac{1}{2}[\cos 2\alpha_1 + \cos 2\alpha_5 - \cos 216° - \cos 2(\alpha_1 + \alpha_5 - 108°)] \\
=\ & \cos(\alpha_1 + \alpha_5)\cos(\alpha_1 - \alpha_5) - \cos(\alpha_1 + \alpha_5)\cos(216° - \alpha_1 - \alpha_5) \\
=\ & \cos(\alpha_1 + \alpha_5)[\cos(\alpha_1 - \alpha_5) - \cos(216° - \alpha_1 - \alpha_5)] \\
=\ & 2\cos(\alpha_1 + \alpha_5)\sin(108° - \alpha_5)\sin(108° - \alpha_1). \quad (*)
\end{aligned}
$$

由 $4\alpha_5 \geqslant \alpha_5 + \alpha_4 + \alpha_3 + \alpha_2 = 540° - \alpha_1 > 540° - 108° = 4 \times 108°$，得 $\alpha_5 > 108°$. 从而 $\sin(108° - \alpha_5) < 0$，$\sin(108° - \alpha_1) > 0$.

若 $\alpha_1 + \alpha_5 \geqslant 270°$，则 $\alpha_2 + \alpha_3 + \alpha_4 \leqslant 270°$. 于是 $\alpha_2 \leqslant 90°$，$\alpha_1 \leqslant \alpha_2 \leqslant 90°$. 从而 $\alpha_5 \geqslant 270° - \alpha_1 \geqslant 180°$ 不可能. 故 $\alpha_1 + \alpha_5 < 270°$. 因此 $\cos(\alpha_1 + \alpha_5) < 0$.

再由(*)可知$f(108^\circ,\alpha_2,\alpha_3,\alpha_4,\alpha_1+\alpha_5-108^\circ)>f(\alpha_1,\alpha_2,\cdots,\alpha_5)$调整后值变大.每次对最小角与最大角调整,将最小角变成108°,调整后值变大.调整若干次后可得$f(\alpha_1,\alpha_2,\cdots,\alpha_5)<f(108^\circ,108^\circ,\cdots,108^\circ)=5\sin^2 108^\circ$.

故$\sin^2\alpha_1+\sin^2\alpha_2+\cdots+\sin^2\alpha_5\leqslant 5\sin^2 108^\circ$.

回到本题:由引理一可得

$$2S\leqslant R_1^2\cdot\sin A+R_2^2\cdot\sin B+R_3^2\cdot\sin C+R_4^2\cdot\sin D+R_5^2\cdot\sin E$$

$$\leqslant\sqrt{(R_1^4+R_2^4+\cdots+R_5^4)\cdot(\sin^2 A+\sin^2 B+\cdots+\sin^2 E)}$$

(上式是根据柯西不等式所得)

$$\leqslant\sqrt{(R_1^4+R_2^4+\cdots+R_5^4)\cdot 5\sin^2 108^\circ}.$$ (由引理二所得)

故$R_1^4+R_2^4+\cdots+R_5^4\geqslant\dfrac{4}{5\sin^2 108^\circ}S^2$.

2016年国际Zhautykov数学奥林匹克

第一题 如右图所示，圆内接四边形ABCD的外接圆圆心为O，对角线AC、BD交于点M，△ABM的外接圆与边AD、BC分别交于点N、K．求证：四边形NOMD与四边形KOMC的面积相等．

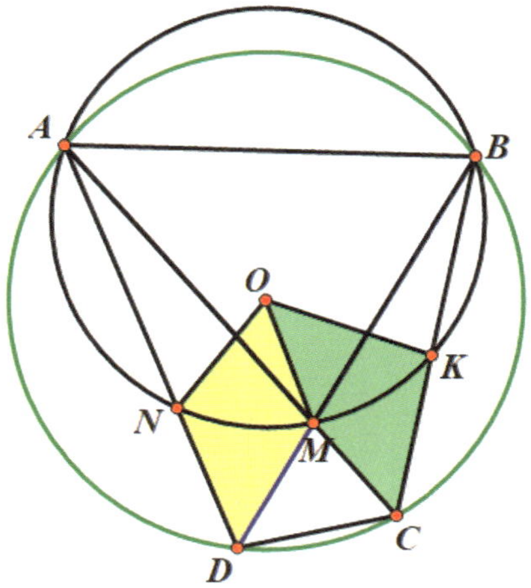

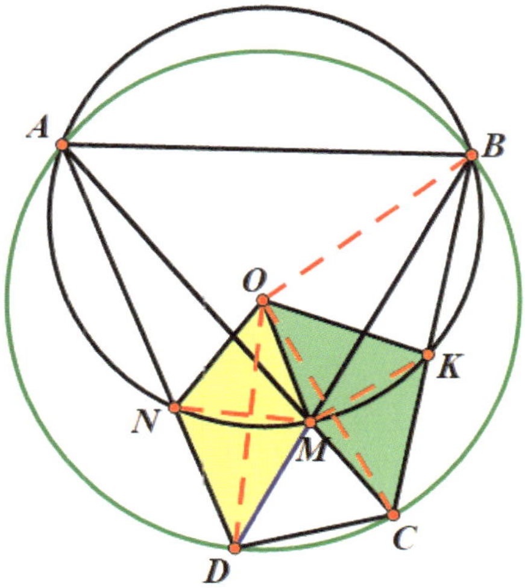

证明： ∵$\angle MAN=\angle CAD=\angle CBD=\angle KBM$，∴$MN=MK$．

∵$\angle NMD=\angle NAB=\angle DAB=\frac{1}{2}\angle DOB=90^\circ-\angle ODB$，

∴$MN\perp DO$．

同理可得$MK\perp CO$．

$S_{\text{四边形}NOMD}=\frac{1}{2}MN\cdot OD$

$=\frac{1}{2}MK\cdot OC$

$=S_{\text{四边形}KOMC}$．

第二题 设 $a_1, a_2, \cdots, a_{100}$ 是正整数1到100的一个排列. 令 $S_1 = a_1, S_2 = a_1 + a_2, \cdots, S_{100} = a_1 + a_2 + \cdots + a_{100}$. 求 $S_1, S_2, \cdots, S_{100}$ 中最多有多少个完全平方数?

解: $S_1, S_2, \cdots, S_{100}$ 中最多有60个完全平方数.

记 $S_0 = 0$, 设 $S_1, S_2, \cdots, S_{100}$ 中有 k 个完全平方数, 即 $S_{n_1} < S_{n_2} < \cdots < S_{n_k}$ 都为完全平方数, $S_{n_i} = m_i^2$, 其中 m_i 是正整数 $(i = 1, 2, \cdots, k)$.

由 $S_{100} = 5050 < 72^2$, 可知 $m_k \leqslant 71$. (*)

若存在 i 使得 $m_{i+1} = m_i + 1$, 则 $S_{n_{i+1}} - S_{n_i} = m_{i+1}^2 - m_i^2 = 2m_i + 1$ 是奇数. 于是, $a_{n_i+1}, \cdots, a_{n_{i+1}}$ 中至少有一个奇数. 由于 $1 \sim 100$ 中只有50个奇数, 故 $m_{i+1} - m_i$ $(i = 0, 1, \cdots, k-1, m_0 = 0)$ 中至多有50个等于1.

当 $k \geqslant 61$ 时, $m_{61} = (m_{61} - m_{60}) + (m_{60} - m_{59}) + \cdots + (m_1 - m_0) \geqslant 50 \times 1 + 11 \times 2 = 72$. 这与(*)式矛盾.

最后构造出 $k = 60$ 的例子.

取 $a_i = 2i - 1$ $(i = 1, 2, \cdots, 50)$, $a_{51+4j} = 2 + 8j$, $a_{52+4j} = 100 - 4j$, $a_{53+4j} = 4 + 8j$, $a_{54+4j} = 98 - 4j$ $(j = 0, 1, 2, \cdots, 7)$.

则 $S_i = i^2$ $(i = 1, 2, \cdots, 50)$.

$\because S_{54+4j} - S_{50+4j} = 204 + 8j$,

$\therefore S_{54+4j} = (52 + 2j)^2$, $j = 0, 1, 2, \cdots, 7$.

再令 $a_{83} = 30$, $a_{84} = 40$, $a_{85} = 64$, $a_{86} = 66$, $a_{87} = 68$, $a_{88} = 6$, $a_{89} = 8$, $a_{90} = 14$, $a_{91} = 16$, $a_{92} = 32$, $a_{93} = 38$, $a_{94} = 46$, $a_{95} = 54$,

$a_{96}=62, a_{97}=22, a_{98}=24, a_{99}=48, a_{100}=56$.

可计算出$S_{87}=66^2+2\times134=68^2$, $S_{96}=70^2$.

此时$S_1, S_2, \cdots, S_{100}$中有60个完全平方数.

第三题 在平面上有60个点,每两点间都由一条有向边相连.求证:可以从中选取8个点,对其中的4个点染红色,另外4个点染绿色,使得每条连接红点和绿点的有向边都是从红点到绿点.

证明: 设60个点分别为$A_1, A_2, \cdots, A_{60}$.

以A_i为始点的有向边有a_i条,则$a_1+a_2+\cdots+a_{60}=C_{60}^2=30\times59$.

考虑五点组$(A_{i_1}, A_{i_2}, A_{i_3}, A_{i_4}, A_{i_5})$,其中$A_{i_1}\to A_{i_2}, A_{i_1}\to A_{i_3}, A_{i_1}\to A_{i_4}, A_{i_1}\to A_{i_5}, 1\leqslant i_2<i_3<i_4<i_5\leqslant60$.设所有这种五点组构成的集合为$S$.则$|S|=\sum\limits_{i=1}^{60}C_{a_i}^4$.

下面先求$|S|$的最小值.

注意到,对任意正整数m, n满足$m>4$且$m-n\geqslant2$有$C_m^4+C_n^4-C_{m-1}^4-C_{n+1}^4=C_{m-1}^3-C_n^3>0$.

即$C_m^4+C_n^4>C_{m-1}^4+C_{n+1}^4$. (*)

因此,当$|S|$取到最小值时,$a_1, a_2, \cdots, a_{60}$中任意两个数相差的绝对值不超过1(否则,若有两个数相差的绝对值大于或等于2,可按(*)式的方式可得到更小的值).

而$\sum\limits_{i=1}^{60}a_i=30\times59=30\times30+30\times29$,故当$a_1, a_2, \cdots, a_{60}$中有30个数等于30,另外30个数等于29时,$|S|$最小.

于是$|S|_{min}=30\times C_{30}^{4}+30\times C_{29}^{4}$.

因为$30\times C_{30}^{4}+30\times C_{29}^{4}=30\times\dfrac{30\times29\times28\times27+29\times28\times27\times26}{4!}=$
$30\times29\times28\times9\times7>3\times5\times59\times29\times57=3C_{60}^{4}$，所以$|S|>3C_{60}^{4}$.

对于S中的五点组$(A_{i_1},A_{i_2},A_{i_3},A_{i_4},A_{i_5})$，固定$A_{i_2},A_{i_3},A_{i_4},A_{i_5}$来考虑$A_{i_1}$的所有个数.由$|S|>3C_{60}^{4}$可知必存在4个五点组，它们第一个位置对应点两两不同，其余各位置上的点相同.可设这4个五点组为$(A_{t_j},A_{k_1},A_{k_2},A_{k_3},A_{k_4})$，$j=1,2,3,4$.

把点$A_{t_1},A_{t_2},A_{t_3},A_{t_4}$染成红色，点$A_{k_1},A_{k_2},A_{k_3},A_{k_4}$染成绿色，符合题中的要求.

第四题 求所有正实数k，使得存在严格递减的函数$g:(0,+\infty)\to(0,+\infty)$，对于所有正实数$x$，有$g(x)\geqslant kg(x+g(x))$.

解： 所求k为区间$(0,1]$内的所有实数.

当$0<k\leqslant1$时，满足题中条件.例如：取$g(x)=\frac{1}{x}$，则$g(x)$在$(0,+\infty)$上严格递减且值域为$(0,+\infty)$.对于所有正实数x有$g(x)>g(x+g(x))\geqslant kg(x+g(x))$.

当$k>1$时，假设存在满足题中要求的函数$g(x)$.

令$s=\frac{1}{k}$，则对任意正实数x，有$g(x+g(x))\leqslant s\cdot g(x)$.

定义数列$\{x_n\}$如下：$x_0=x>0$，$x_{n+1}=x_n+g(x_n)$，$n=0,1,2,\cdots$.则$g(x_{n+1})\leqslant s\cdot g(x_n)$，$n=0,1,2,\cdots$.进而可推出对于任意的非负整数$n$，有$g(x_n)\leqslant s^n\cdot g(x)$.

于是，$x_n = x_0 + \sum_{i=0}^{n-1}(x_{i+1} - x_i) = x_0 + \sum_{i=0}^{n-1} g(x_i) \leqslant x + \sum_{i=0}^{n-1} S^i \cdot g(x) = x + \frac{1-S^n}{1-S} g(x) < x + \frac{1}{1-S} g(x)$.

故 $g(x_n) > g\left(x + \frac{1}{1-S} g(x)\right) \Longrightarrow g\left(x + \frac{1}{1-S} g(x)\right) < S^n \cdot g(x)$. $(*)$

由 $0 < S < 1$ 知，当 $n \to +\infty$ 时，$S^n \cdot g(x) \to 0$. 而 $(*)$ 式对任意非负整数 n 都成立，故 $g\left(x + \frac{1}{1-S} g(x)\right) \leqslant 0$. 这与 $g\left(x + \frac{1}{1-S} g(x)\right) > 0$ 矛盾.

第五题 在凸六边形 $ABCDEF$ 中，$AB /\!/ DE$，$BC /\!/ EF$，$CD /\!/ FA$. 设直线 BD 交 AE 于点 M，直线 AC 交 DF 于点 N，直线 CE 交 BF 于点 K. 求证：过点 M、N、K 分别作直线 AB、CD、EF 的垂线交于同一点.

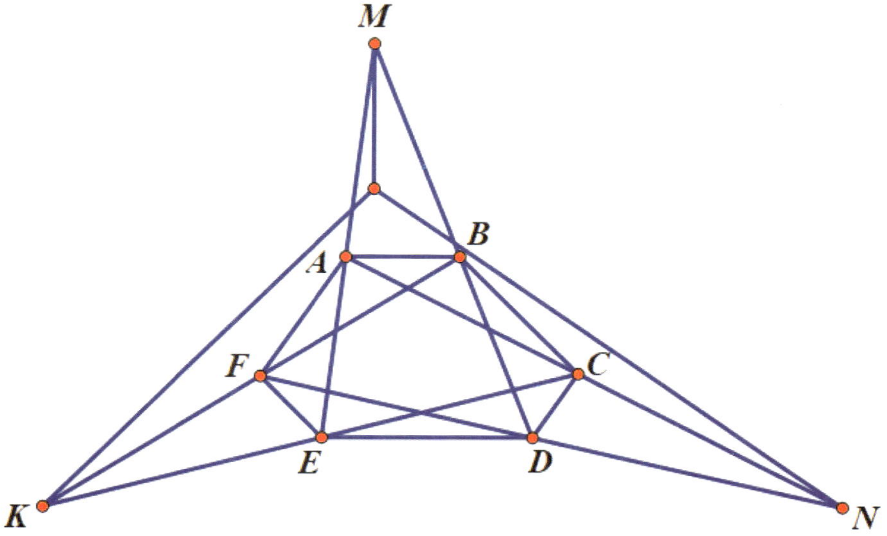

引理：在梯形ABDE中，$AB \parallel DE$．直线BD交AE于点M，过点M作直线AB的垂线l．以AD为直径的圆为圆ω_1，以BE为直径的圆为圆ω_2．则l是圆ω_1与圆ω_2的根轴．

证明：作$AA_1 \perp MD$于点A_1，$BB_1 \perp ME$于点B_1．则A_1在圆ω_1上，B_1在圆ω_2上．

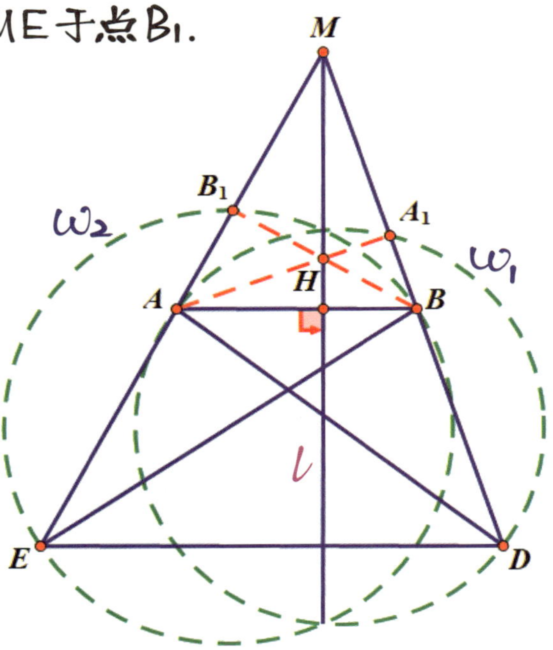

设AA_1交BB_1于点H．则H是$\triangle MAB$的垂心．

$\because A, B, A_1, B_1$四点共圆，

$\therefore AH \cdot HA_1 = BH \cdot HB_1$．

即点H对圆ω_1的幂等于它对圆ω_2的幂，亦即，点H在圆ω_1与圆ω_2的根轴上．

$\because A, B, A_1, B_1$四点共圆，

$\therefore MB_1 \cdot MA = MA_1 \cdot MB \Rightarrow \dfrac{MA_1}{MB_1} = \dfrac{MA}{MB}$．①

$\because AB \parallel DE$，$\therefore \dfrac{MA}{MB} = \dfrac{ME}{MD}$．②

由①，②得$\dfrac{MA_1}{MB_1} = \dfrac{ME}{MD} \Rightarrow MA_1 \cdot MD = MB_1 \cdot ME$．

即点M对圆ω_1的幂等于它对圆ω_2的幂，亦即，点M在圆ω_1与圆ω_2的根轴上．

从而HM是圆ω_1与圆ω_2的根轴．

而$HM \perp AB$，故l是圆ω_1与圆ω_2的根轴．

回到本题：设以AD、BE、CF为直径的圆分别为圆ω_1、圆ω_2、圆ω_3．过点M、N、K分别作直线AB、CD、EF的垂线l_1、l_2、l_3．

则由引理知：l_1是圆ω_1与圆ω_2的根轴；

l_2是圆ω_3与圆ω_1的根轴;

l_3是圆ω_2与圆ω_3的根轴.

根据根心定理可知:l_1, l_2, l_3三线共点.

第六题 对于某个实数α,以及整数p,若存在正整数q使$\left|\alpha-\frac{p}{q}\right|<\frac{1}{10q}$,则称正整数$q$是实数$\alpha$的简单分母.证明:如果有两个无理数$\alpha$和$\beta$,它们各自的简单分母构成的集合相等,那么$\alpha+\beta$、$\alpha-\beta$中必有一个是整数.

证明:设$q_1<q_2<\cdots$是无理数α, β的所有简单分母.显然,对于每个q_i只有唯一一个整数p_i,使得$|q_i\alpha-p_i|<\frac{1}{10}$.并称这个$p_i$为关于$\alpha q_i$的简单分子,$p_i'$是关于$\beta q_i$的简单分子$(i=1,2,\cdots)$.则$p_1\leqslant p_2\leqslant\cdots$,$p_1'\leqslant p_2'\leqslant\cdots$.

首先考虑$0<\alpha, \beta<\frac{1}{10}$时的情况,下面先用数学归纳法证明:对于所有的正整数i,有$p_i=p_i'$.

显然有$p_1=p_1'=0$.

假设$p_k=p_k'$.

若$q_{k+1}=q_k+1$,则由$|q_k\alpha-p_k|<\frac{1}{10}$可知$-\frac{1}{10}<q_k\alpha-p_k<\frac{1}{10}\Rightarrow\alpha-\frac{11}{10}<q_{k+1}\alpha-(p_k+1)<\alpha-\frac{9}{10}<-\frac{4}{5}$.而$|q_{k+1}\alpha-p_{k+1}|<\frac{1}{10}$,故$p_{k+1}=p_k$.同理可得$p_{k+1}'=p_k'$.从而$p_{k+1}=p_k=p_k'=p_{k+1}'$.

若$q_{k+1}>q_k+1$,则由$|(q_{k+1}-1)\alpha-p_{k+1}|\geqslant\frac{1}{10}\Rightarrow q_{k+1}\alpha-p_{k+1}\geqslant\frac{1}{10}+\alpha$或$q_{k+1}\alpha-p_{k+1}\leqslant\alpha-\frac{1}{10}$.

又由$|q_{k+1}\alpha-p_{k+1}|<\frac{1}{10}$可知$-\frac{1}{10}<q_{k+1}\alpha-p_{k+1}\leqslant\alpha-\frac{1}{10}$. ①

由$|(q_k+1)\alpha-p_k|\geqslant\frac{1}{10}\Rightarrow q_k\alpha-p_k\geqslant\frac{1}{10}-\alpha$或$q_k\alpha-p_k\leqslant-\frac{1}{10}-\alpha$. 又由$|q_k\alpha-p_k|<\frac{1}{10}$可知$\frac{1}{10}-\alpha\leqslant q_k\alpha-p_k<\frac{1}{10}$. ②

根据式①②可得$-\frac{1}{5}<(q_{k+1}-q_k)\alpha-(p_{k+1}-p_k)\leqslant 2\alpha-\frac{1}{5}<0$. 只可能有$p_{k+1}-p_k=1$, 即$p_{k+1}=p_k+1$. 同理可得$p'_{k+1}=p'_k+1$. 从而$p_{k+1}=p_k+1=p'_k+1=p'_{k+1}$.

故对于所有的正整数i, 有$p_i=p'_i$. 于是对任意正整数i, 有$|q_i\alpha-p_i|<\frac{1}{10}$, $|q_i\beta-p_i|<\frac{1}{10}$. 即$|q_i(\alpha-\beta)|<\frac{1}{5}$对任意正整数$i$都成立. 而当$i\to+\infty$时, $q_i\to+\infty$. 因此$\alpha=\beta$.

下面考虑α, β为任意无理数的情形.

由$|q_1\alpha-p_1|<\frac{1}{10}$, $|q_1\beta-p'_1|<\frac{1}{10}$, 可知$\{q_1\alpha\}$, $\{-q_1\alpha\}$中必有一个小于$\frac{1}{10}$且$\{q_1\beta\}$, $\{-q_1\beta\}$中必有一个小于$\frac{1}{10}$.

不妨设$\{q_1\alpha\}<\frac{1}{10}$, $\{q_1\beta\}<\frac{1}{10}$(否则, 若有$\{q_1(-\alpha)\}=\{-q_1\alpha\}<\frac{1}{10}$, 可用$-\alpha$代替$\alpha$, $-p_i$代替p_i不改变题中的性质, 对$\{q_1(-\beta)\}<\frac{1}{10}$同样用$-\beta$代替$\beta$, $-p'_i$代替p'_i).

注意到, 对于$q_1\alpha$, $q_1\beta$也满足题中的条件. 再由前述的证明可知$\{q_1\alpha\}=\{q_1\beta\}$, 这意味着$q_1\alpha-q_1\beta=r$是整数. 即$\alpha-\beta=\frac{r}{q_1}$是有理数.

下面证明$\frac{r}{q_1}$是整数.

用反证法, 假设$\frac{r}{q_1}$不是整数.

存在正整数k, 使得$\frac{1}{3}\leqslant\left\{\frac{kr}{q_1}\right\}\leqslant\frac{2}{3}$(当$\frac{1}{3}\leqslant\left\{\frac{r}{q_1}\right\}\leqslant\frac{2}{3}$时, 取$k=1$即可; 当$\left\{\frac{r}{q_1}\right\}<\frac{1}{3}$时, 存在正整数$k$使得$k\left\{\frac{r}{q_1}\right\}\geqslant\frac{1}{3}$,

$(k-1)\left\{\frac{r}{q_1}\right\}<\frac{1}{3}$. 从而 $\frac{1}{3}\leqslant k\left\{\frac{r}{q_1}\right\}<\frac{1}{3}+\left\{\frac{r}{q_1}\right\}<\frac{2}{3}$. 当 $\left\{\frac{r}{q_1}\right\}>\frac{2}{3}$ 时，由 $\frac{(q_1-1)r}{q_1}=r-\frac{r}{q_1}$ 知 $\left\{\frac{(q_1-1)r}{q_1}\right\}=\left\{r-\frac{r}{q_1}\right\}=\left\{1-\frac{r}{q_1}\right\}<\frac{1}{3}$. 同样存在正整数 t，使得 $t\left\{\frac{(q_1-1)r}{q_1}\right\}\in\left[\frac{1}{3},\frac{2}{3}\right)$. 即 $\frac{1}{3}\leqslant\left\{\frac{t(q_1-1)r}{q_1}\right\}<\frac{2}{3}$).

对于任何实数 u,v，$0\leqslant u<v\leqslant 1$，$\theta$ 是无理数. 在 $\{n\theta\}$ $(n=1,2,\cdots)$ 中存在无穷多项，其小数部分位于 (u,v) 内. 特别地，对于一些正整数 n，$(nq_1+k)\alpha$ 与它最接近的整数之差的绝对值小于 $\frac{1}{10}$. 在这种情况下，$(nq_1+k)\beta$ 也应该与它最接近的整数之差的绝对值小于 $\frac{1}{10}$. 这与 $\{(nq_1+k)\alpha-(nq_1+k)\beta\}=\left\{nr+\frac{kr}{q_1}\right\}=\left\{\frac{kr}{q_1}\right\}\in\left[\frac{1}{3},\frac{2}{3}\right]$ 矛盾.

故 $\alpha+\beta$、$\alpha-\beta$ 中必有一个是整数.

2017年国际Zhautykov数学奥林匹克

第一题 非等腰锐角$\triangle ABC$的外接圆为ω，H为$\triangle ABC$的垂心，M是边AB的中点．在不含C的$\overset{\frown}{AB}$上取点P、Q，使得$\angle ACP=\angle BCQ<\angle ACQ$．过点$H$分别作$CQ$、$CP$的垂线，垂足为$R$、$S$．求证：$P$、$Q$、$R$、$S$四点共圆，且点$M$是该圆的圆心．

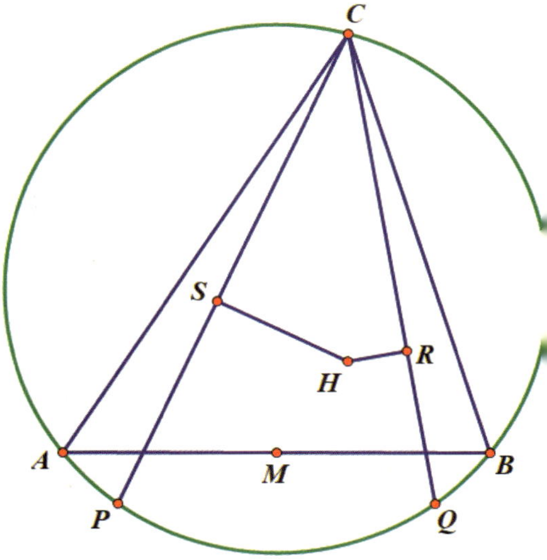

证明： 作$AA_1\perp BC$于点A_1，$BB_1\perp AC$于点B_1．则H是AA_1与BB_1的交点．设直线CH交PQ于点L．

易知C,A_1,R,H,S,B_1在以CH为直径的圆上．

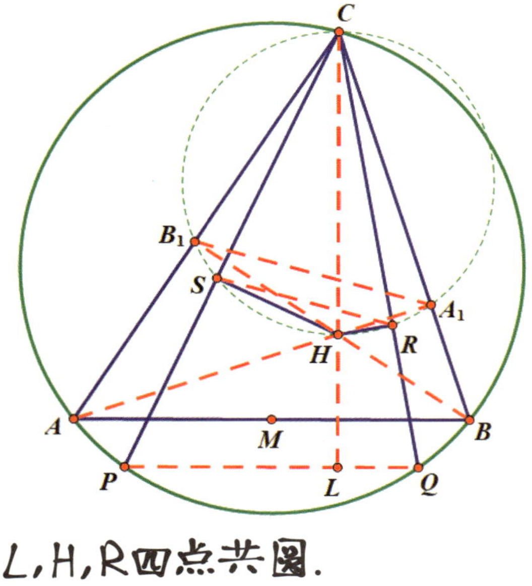

$\because \angle ACP=\angle BCQ$，

$\therefore PQ\parallel AB$．

又$\because CH\perp AB$，

$\therefore CH\perp PQ$．

从而P,L,H,S四点共圆；Q,L,H,R四点共圆．

即$CS\cdot CP=CH\cdot CL=CR\cdot CQ$．故$P,Q,S,R$四点共圆．记该圆为圆$\Omega$．

$\because \angle AA_1B=\angle AB_1B=90^\circ$, $MA=MB$,

$\therefore A, B, A_1, B_1$四点共圆，且$M$为圆心.

从而，点M在A_1B_1的中垂线上.

$\because \angle A_1CR=\angle BCQ=\angle ACP=\angle B_1CS$, $\therefore \overset{\frown}{A_1R}=\overset{\frown}{B_1S}$.

即四边形A_1B_1SR是等腰梯形.

因此A_1B_1的中垂线也是RS的中垂线，于是M在RS的中垂线上.

$\because$ 四边形$ABQP$是等腰梯形，

$\therefore M$也位于PQ的中垂线上.

故点M是圆Ω的圆心.

第二题 求所有函数$f: \mathbf{R}\to\mathbf{R}$，使得对于任意实数$x, y$，有$(x+y^2)f(yf(x))=xyf(y^2+f(x))$. ①

解： 所求$f(x)=\begin{cases}0, & x\neq -a^2\\ a, & x=-a^2\end{cases}$，其中$a\in(-\infty,-1]\cup(0,+\infty)$；$f(x)=x$；$f(x)=0$.

在①中取$x=1, y=0$得$f(0)=0$.

在①中用$-y$代替y得$(x+y^2)f(-yf(x))=-xyf(y^2+f(x))=-(x+y^2)f(yf(x))$.

故对任意$x, y\in\mathbf{R}$，有$(x+y^2)(f(yf(x))+f(-yf(x)))=0$. ②

令集合$A=\{x\mid f(x)=0\}$，则$0\in A$.

考虑以下三种情况：

(1) $A=\{0\}$.

在①中取 $x=-y^2$ 得 $-y^3 f(y^2+f(-y^2))=0$. 于是 $f(-y^2)=-y^2$, 即对任意 $t\leqslant 0$, 有 $f(t)=t$.

在②中取 $x=1$ 得 $f(-yf(1))=-f(yf(1))$. ③

对任意 $t>0$, 有 $-t<0$, $f(-t)=-t$.

在③中取 $y=\dfrac{t}{f(1)}$, 得 $f(t)=-f(-t)=-(-t)=t$.

故对任意 $x\in\mathbf{R}$, 有 $f(x)=x$. 经检验该函数满足①.

(2) $A=\mathbf{R}$.

对于所有实数 x, $f(x)=0$ 显然满足①.

(3) $A\neq\{0\}$, 且 $A\neq\mathbf{R}$.

则存在 $b\neq 0$, $d\neq 0$, 使得 $f(b)=0$ 且 $f(d)\neq 0$.

设 $f(d)=a$. 在①中取 $x=b$, 可得 $yf(y^2)=0$, 即 $f(y^2)=0$, 亦即对任意 $t\geqslant 0$, 有 $f(t)=0$.

在②中取 $x=d$, 则对任意 $y\in\mathbf{R}$, 有 $(y^2+d)(f(ay)+f(-ay))=0$.

当 $y^2+d\neq 0$ 时, $f(ay)+f(-ay)=0$. 而 $a\neq 0$, ay 与 $-ay$ 中必有一个数大于或等于 0. 故 $f(ay)=-f(-ay)=0$.

当 $y^2+d=0$ 时, $y=\pm\sqrt{-d}$. 由 $a\sqrt{-d}$, $-a\sqrt{-d}$ 中必有一个数大于或等于 0, 对于任意 $x\in\mathbf{R}$, 且 $x\neq\pm a\sqrt{-d}$ 有 $f(x)=0$, $f(d)\neq 0$, 得 $d\in\{a\sqrt{-d}, -a\sqrt{-d}\}$, 从而 $d=-a^2$.

故 $f(x)=\begin{cases}0, & x\neq -a^2\\ a, & x=-a^2\end{cases}$.

在①中取 $x=-a^2$, 可得 $(y^2-a^2)f(ay)=-a^2yf(y^2+a)$. ④

若 $-a^2-a>0$，在④中可取 $y=\sqrt{-a^2-a}$，则④左边 $=0$，右边 $\neq 0$，矛盾.

若 $-a^2-a\leqslant 0$，则 $a\geqslant 0$ 或 $a\leqslant -1$. 而 $a\neq 0$，且当 $a\in(-\infty,-1]\cup(0,+\infty)$ 时，在①中取 $x\neq -a^2$，则①左、右两边都为0. 在①中取 $x=-a^2$ 即为④. 而④式左、右两边都为0. 故 $a\leqslant -1$ 或 $a>0$.

经检验 $f(x)=\begin{cases}0, & x\neq -a^2\\ a, & x=-a^2\end{cases}$，其中 $a\in(-\infty,-1]\cup(0,+\infty)$，满足①.

第三题 已知 m,n 为正整数，且 $2\mid mn$，在方格纸上有一个 $m\times n$ 的矩形，可以将它分成若干个 1×2 或 2×1 的多米诺骨牌. 求证：可以把这个矩形的边界和内部的所有格点用三种颜色进行染色，使得距离为1的两个格点满足以下条件. 如果连接它们的线段在某一个多米诺骨牌的边界上，则这两个格点具有不同的颜色，否则颜色相同.

证明： 用数字0，1，2表示三种颜色，用 $f(x,y)$ 表示格点 (x,y) 的颜色对应的数，其中 $0\leqslant x\leqslant m$，$0\leqslant y\leqslant n$.

对 $f(x,y)$ 做以下定义：$f(0,0)=0$；

若从 (x,y) 到 $(x+1,y)$ 的线段不是某个多米诺骨牌的边界，则 $f(x+1,y)\equiv f(x,y)\pmod 3$；

若从 (x,y) 到 $(x+1,y)$ 的线段是某个多米诺骨牌的边界，则 $f(x+1,y)\equiv f(x,y)+(-1)^{x+y}\pmod 3$；

若从 (x,y) 到 $(x,y+1)$ 的线段不是某个多米诺骨牌的边界，则 $f(x,y+1)\equiv f(x,y)\pmod 3$；

若从(x,y)到$(x,y+1)$的线段是某个多米诺骨牌的边界
则$f(x,y+1)\equiv f(x,y)-(-1)^{x+y}\pmod 3$.

下面证明：按上述定义，对于每个格点(x,y)，$f(x,y)$的值唯一.

注意到，对于$m\times n$的矩形中任意一个1×1的小正方格，它恰有三条边在某个多米诺骨牌的边界上，另一条边不在任何多米诺骨牌的边界上.

考虑任意一个小正方格，它的四个顶点坐标分别为(x,y)，$(x,y+1)$，$(x+1,y)$，$(x+1,y+1)$. 对于$(x+1,y+1)$，有$(x,y)\longrightarrow(x,y+1)\longrightarrow(x+1,y+1)$，$(x,y)\longrightarrow(x+1,y)\longrightarrow(x+1,y+1)$这两种方式.

若从(x,y)到$(x+1,y)$的线段不是某个多米诺骨牌的边界，则从$(x,y)\longrightarrow(x,y+1)\longrightarrow(x+1,y+1)$有$f(x+1,y+1)\equiv f(x,y+1)+(-1)^{x+y+1}\equiv f(x,y)-(-1)^{x+y}+(-1)^{x+y+1}\equiv f(x,y)-2\times(-1)^{x+y}\equiv f(x,y)+(-1)^{x+y}\pmod 3$.

从$(x,y)\longrightarrow(x+1,y)\longrightarrow(x+1,y+1)$有$f(x+1,y+1)\equiv f(x+1,y)-(-1)^{x+y+1}\equiv f(x,y)-(-1)^{x+y+1}\equiv f(x,y)+(-1)^{x+y}\pmod 3$.

故一旦$f(x,y)$的值唯一，则$f(x+1,y+1)$的值也唯一.(*)

同理，从$(x,y)\to(x,y+1)$；从$(x+1,y)\to(x+1,y+1)$；从$(x,y+1)\to(x+1,y+1)$不是某个多米诺骨牌的边界也可推出(*).

另外，由f的定义可知：对$0\leqslant x\leqslant m$，$0\leqslant y\leqslant n$，$f(x,0)$，$f(0,y)$的值都是唯一的. 故对$0\leqslant x\leqslant m$，$0\leqslant y\leqslant n$，$f(x,y)$的值唯一.

并由f的定义可知这种染色方式满足题意.

第四题 给定正整数k，数列$\{a_n\}$的前k项$a_1,a_2,\cdots,a_k$是两两不同的正整数，对于正整数$n>k$，定义：a_n是不能表示成$a_1,a_2,\cdots,a_{n-1}$中若干个(可以是一个)之和的最小正整数. 求证：存在正整数M，使得对于所有正整数$n\geqslant M$都有$a_n=2a_{n-1}$.

先证明： 存在正整数$m\geqslant k$，有$a_{m+1}=a_1+a_2+\cdots+a_m+1$. (*)

记$S=a_1+a_2+\cdots+a_k$.

若$a_{k+1}>S$，则$a_{k+1}=S+1$，取$m=k$即可.

若$a_{k+1}\leqslant S$，则区间$[1,a_{k+1}-1]$中的所有正整数都可以表示成$a_1,a_2,\cdots,a_k$中若干个数之和. 用$a_1+a_2+\cdots+a_k$依次减去区间$[1,a_{k+1}-1]$中的正整数，知区间$[a_1+a_2+\cdots+a_k-a_{k+1}+1,a_1+a_2+\cdots+a_k]$中的所有正整数都可以表示成$a_1,a_2,\cdots,a_k$中若干个数之和，再添上$a_{k+1}$可知区间$[a_1+a_2+\cdots+a_k,a_1+a_2+\cdots+a_k+a_{k+1}]$中的所有正整数都可以表示成$a_1,a_2,\cdots,a_{k+1}$中的若干个数之和.

再考虑a_{k+2}，若$a_{k+2}>S$，则$a_{k+2}=a_1+a_2+\cdots+a_{k+1}+1$，取$m=k+1$即可.

若$a_{k+2}\leqslant S$，同前述证明类似可得区间$[a_1+a_2+\cdots+a_{k+1},a_1+a_2+\cdots+a_{k+2}]$中的所有正整数都可以表示成$a_1,a_2,\cdots,a_{k+2}$中若干个数之和.

如此下去，由于小于或等于S的正整数有有限个，所以必存在$m\geqslant k$，使得$a_{m+1}>S$. 而此时有$a_{m+1}=a_1+a_2+\cdots+a_m+1$.

故(*)成立.

另外，当 $a_{m+1}=a_1+a_2+\cdots+a_m+1$ 时，区间 $[1, a_1+a_2+\cdots+a_m]$ 中的所有正整数都可以表示成 $a_1, a_2, \cdots, a_m$ 中若干个数之和，再添上 a_{m+1} 可知区间 $[1, a_1+a_2+\cdots+a_{m+1}]$ 中的所有正整数都可以表示成 $a_1, a_2, \cdots, a_{m+1}$ 中若干个数之和.

从而，$a_{m+2}=a_1+a_2+\cdots+a_{m+1}+1$. 由此可推出对于任意正整数 $n\geqslant m$，都有 $a_{n+1}=a_1+a_2+\cdots+a_n+1$.

当 $n\geqslant m$ 时，$a_{n+2}=a_1+a_2+\cdots+a_n+a_{n+1}+1=2a_{n+1}$.

取 $M=m+2$，可知对任意正整数 $n\geqslant M$ 都有 $a_n=2a_{n-1}$.

第五题 对于每个正整数 k，用 $\Omega(k)$ 表示 k 的所有不同的质因子之和. 例如：$\Omega(1)=0$，$\Omega(2)=2$，$\Omega(45)=8$. 求所有正整数 n，使得 $\Omega(2^n+1)=\Omega(n)$.

解：所求 $n=3$.

对正整数 $k\geqslant 2$，用 $T(k)$ 表示 k 的最大质因子.

设 $n=2^k\cdot m$，其中 k 是非负整数，m 为奇数. 记 $a=2^{2^k}$，则 $2^n+1=a^m+1$.

于是 $\Omega(2^n+1)=\Omega(a^m+1)$.

下面先证明两个引理：

引理一：设质数 $p>2$，则 $T\left(\frac{a^p+1}{a+1}\right)=p$，或 $T\left(\frac{a^p+1}{a+1}\right)\geqslant 2p+1$.

证明：设 $T\left(\frac{a^p+1}{a+1}\right)=q$，则 $q\mid(a^p+1)$.

当 $q\mid(a+1)$ 时，$a\equiv -1\pmod q$. 此时 $\frac{a^p+1}{a+1}=a^{p-1}-a^{p-2}+\cdots-a^2-a+1\equiv p\pmod q$，故 $q=p$.

当 $q\nmid(a+1)$ 时，由 $q\mid(a^p+1)$，$a=2^{2^k}$ 为偶数，知 q 是奇质数. 从而 $q\nmid(a-1)$，q 模 a 的阶为 $2p$. 根据费马小定理有 $a^{q-1}\equiv1\pmod q$，即 $2p\mid(q-1)$，亦即 $q\geqslant 2p+1$.

引理二：若 p_1，p_2 是两个不同的奇质数，则 $T\left(\frac{a^{p_1}+1}{a+1}\right)\neq T\left(\frac{a^{p_2}+1}{a+1}\right)$.

证明：假设 $T\left(\frac{a^{p_1}+1}{a+1}\right)=T\left(\frac{a^{p_2}+1}{a+1}\right)=q$.

则 $q\mid(a^{2p_1}-1)$，$q\mid(a^{2p_2}-1)$.

设 a 模 q 的阶为 l，由上式知 $l\mid 2p_1$，$l\mid 2p_2$. 因此 $l\mid(2p_1,2p_2)$，即 $l\mid 2$. 从而 $q\mid(a^2-1)$，于是 $q\mid(a-1)$ 或 $q\mid(a+1)$.

当 $q\mid(a-1)$ 时，$a\equiv1\pmod q$，此时 $a^{p_1}+1\equiv2\pmod q$，即 $q=2$. 这与 $q\mid(a^{p_1}+1)$，q 是奇质数矛盾.

当 $q\mid(a+1)$ 时，由引理一的证明可知 $q=p_1$，$q=p_2$，这与 $p_1\neq p_2$ 矛盾.

回到本题：由 2^n+1 是大于 1 的奇数，可知 $\Omega(2^n+1)\geqslant3\Rightarrow\Omega(n)\geqslant3$. 故 $m>1$.

设 m 的所有质因子为 $p_1,p_2,\cdots,p_r$，则 $p_1,p_2,\cdots,p_r$ 都是奇数.

由引理二可得 $\Omega(2^n+1)=\Omega(a^m+1)\geqslant\sum\limits_{i=1}^{r}T\left(\frac{a^{p_i}+1}{a+1}\right)$. (*)

若(*)中等号取不到，则 $\Omega(2^n+1)>\sum\limits_{i=1}^{r}T\left(\frac{a^{p_i}+1}{a+1}\right)$. 此时，

$$\Omega(2^n+1)\geqslant3+\sum_{i=1}^{r}T\left(\frac{a^{p_i}+1}{a+1}\right)\geqslant3+\sum_{i=1}^{r}p_i>\Omega(n).$$

故(*)中等号必须取到.

如果存在 $j\in\{1,2,\cdots,r\}$，有 $T\left(\frac{a^{p_j}+1}{a+1}\right)\neq p_j$，那么由引理一可知 $T\left(\frac{a^{p_j}+1}{a+1}\right)\geqslant2p_j+1$. 从而 $\Omega(2^n+1)=\sum\limits_{i=1}^{r}T\left(\frac{a^{p_i}+1}{a+1}\right)\geqslant\sum\limits_{i=1}^{r}p_i+p_j+1>\sum\limits_{i=1}^{r}p_i+2\geqslant\Omega(n)$.

由此可知：对任意 $i\in\{1,2,\cdots,r\}$，都有 $T\left(\frac{a^{p_i}+1}{a+1}\right)=p_i$.

因此 $\Omega(2^n+1)=\sum_{i=1}^{r}T\left(\frac{a^{p_i}+1}{a+1}\right)=\sum_{i=1}^{r}p_i$.

于是 $\Omega(n)=\sum_{i=1}^{r}p_i$. 故 $k=0$，即 $a=2$.

根据费马小定理得 $a^{p_i}+1=2^{p_i}+1\equiv 2+1\equiv 3 \pmod{p_i}$，从而 $r=1$，$p_1=3$. 即 $n=3^{\alpha}$（α 是正整数），亦即 $\Omega(n)=3$.

可设 $2^n+1=3^{\beta}$，其中 β 是正整数.

对 $2^n+1=3^{\beta}$ 两边同模4得 $(-1)^{\beta}\equiv 1 \pmod 4$，即 β 是偶数

设 $\beta=2t$，其中 t 是正整数.

由 $2^n=(3^t-1)(3^t+1)$ 及 $(3^t-1,3^t+1)=(3^t-1,2)=2$，知 $\begin{cases}3^t-1=2\\3^t+1=2^{n-1}\end{cases}$，即 $\begin{cases}t=1\\n=3\end{cases}$.

综上所述，满足题意的 $n=3$.

第六题 在空间中，给定一个正四面体 $ABCD$ 和任意两点 M 和 N. 求证：$MA\cdot NA+MB\cdot NB+MC\cdot NC\geqslant MD\cdot ND$.

先证明一个引理：若点 M、N 和 $\triangle ABC$ 在同一个平面内，则

$$\frac{AM\cdot AN}{AB\cdot AC}+\frac{BM\cdot BN}{BA\cdot BC}+\frac{CM\cdot CN}{CA\cdot CB}\geqslant 1.\quad (*)$$

证明：设 A、B、C、M、N 对应的复数分别为 a、b、c、m、n.

$$\because (a-m)(a-n)(b-c)+(b-m)(b-n)(c-a)+(c-m)(c-n)(a-b$$

$$=a^2b-a^2c+b^2c-b^2a+c^2a-c^2b$$

$$=-(a-b)(b-c)(c-a),$$

$\therefore \left|(a-m)(a-n)(b-c)\right|+\left|(b-m)(b-n)(c-a)\right|+\left|(c-m)(c-n)(a-b)\right|$

$\geqslant \left|(a-m)(a-n)(b-c)+(b-m)(b-n)(c-a)+(c-m)(c-n)(a-b)\right|$

$=\left|(a-b)(b-c)(c-a)\right|.$

即 $\left|\dfrac{(a-m)(a-n)}{(a-b)(a-c)}\right|+\left|\dfrac{(b-m)(b-n)}{(b-c)(b-a)}\right|+\left|\dfrac{(c-m)(c-n)}{(c-a)(c-b)}\right|\geqslant 1.$

亦即(*)成立.

推论：如果点M、N不一定都在$\triangle ABC$所在的平面上，那么(*)式仍然成立.

证明：设M、N在平面ABC上的投影分别为M_0、N_0.

则 $\dfrac{AM\cdot AN}{AB\cdot AC}+\dfrac{BM\cdot BN}{BA\cdot BC}+\dfrac{CM\cdot CN}{CA\cdot CB}$

$\geqslant \dfrac{AM_0\cdot AN_0}{AB\cdot AC}+\dfrac{BM_0\cdot BN_0}{BA\cdot BC}+\dfrac{CM_0\cdot CN_0}{CA\cdot CB}\geqslant 1.$

回到本题：在射线DA上选取一点A_1，使得$DA_1=\dfrac{1}{DA}$. 类似地，在射线DB、DC、DM、DN上分别选取点B_1、C_1、M_1、N_1，使得$DB_1=\dfrac{1}{DB}$，$DC_1=\dfrac{1}{DC}$，$DM_1=\dfrac{1}{DM}$，$DN_1=\dfrac{1}{DN}$.

由引理的推论知，对于点M_1、N_1和$\triangle A_1B_1C_1$有$A_1M_1\cdot A_1N_1+B_1M_1\cdot B_1N_1+C_1M_1\cdot C_1N_1\geqslant A_1B_1^2$. (**)

$\because \triangle DAM\backsim\triangle DM_1A_1$，$\therefore A_1M_1=\dfrac{AM\cdot DM_1}{DA}=\dfrac{AM}{DA\cdot DM}$.

同理可得$A_1N_1=\dfrac{AN}{DA\cdot DN}$；$B_1M_1=\dfrac{BM}{DB\cdot DM}$；$B_1N_1=\dfrac{BN}{DB\cdot DN}$；$C_1M_1=\dfrac{CM}{DC\cdot DM}$；$C_1N_1=\dfrac{CN}{DC\cdot DN}$；$A_1B_1=\dfrac{AB}{DA\cdot DB}$.

将这些式子代入(**)，且利用$DA=DB=DC=AB$可得：

$AM\cdot AN+BM\cdot BN+CM\cdot CN\geqslant MD\cdot ND.$

2018年国际Zhautykov数学奥林匹克

第一题 在$\triangle ABC$中，$\angle A=\alpha$，$\angle B=\beta$，$\angle C=\gamma$，$BC=a$，$CA=b$，$AB=c$. 求证：$2(\cos^2\alpha+\cos^2\beta+\cos^2\gamma)\geqslant\frac{a^2}{b^2+c^2}+\frac{b^2}{c^2+a^2}+\frac{c^2}{a^2+b^2}$

证明： $\because a=b\cos\gamma+c\cos\beta$，

$\therefore$由柯西不等式得$(b^2+c^2)(\cos^2\gamma+\cos^2\beta)$

$$\geqslant(b\cos\gamma+c\cos\beta)^2$$

$$=a^2.$$

即$\cos^2\gamma+\cos^2\beta\geqslant\frac{a^2}{b^2+c^2}$. ①

同理可得：$\cos^2\gamma+\cos^2\alpha\geqslant\frac{b^2}{a^2+c^2}$. ②

$\cos^2\beta+\cos^2\alpha\geqslant\frac{c^2}{a^2+b^2}$. ③

①+②+③得$2(\cos^2\alpha+\cos^2\beta+\cos^2\gamma)$

$$\geqslant\frac{a^2}{b^2+c^2}+\frac{b^2}{a^2+c^2}+\frac{c^2}{a^2+b^2}.$$

第二题 在$\triangle ABC$的三边AB、BC、CA上分别取点N、K、L，使得$AL=BK$，CN平分$\angle ACB$. 设直线AK交BL于点P，I和J分别是$\triangle APL$和$\triangle BPK$的内心，直线CN交IJ于点Q. 求证：$IP=JQ$.

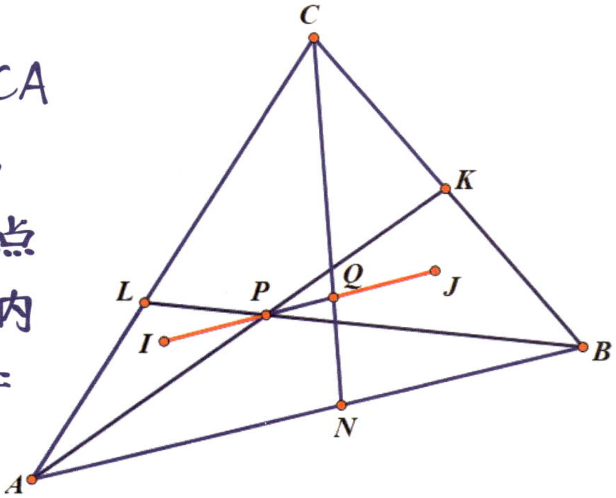

证明：设$\triangle APL$的外接圆为圆ω_1，$\triangle BPK$的外接圆为圆ω_2，圆ω_1与圆ω_2不同于P的交点为T. 延长PI交圆ω_1于点I_1，延长PJ交圆ω_2于点J_1. 直线AK交CT于点R.

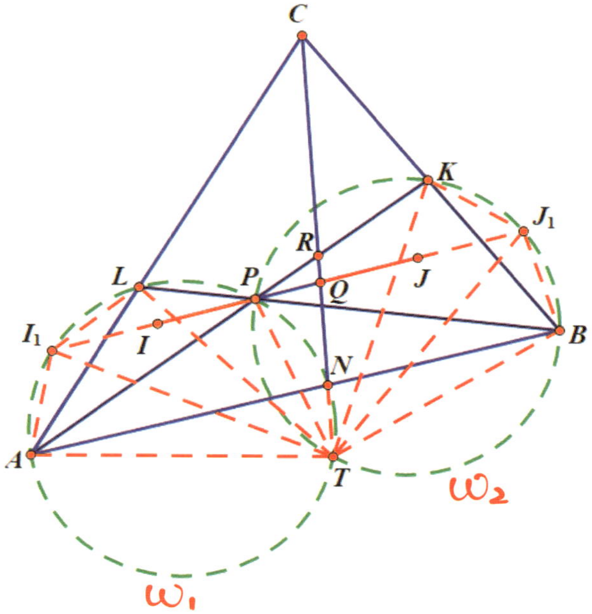

$\because \angle LAT=\angle TPB=\angle TKB$,

$\therefore A,C,K,T$四点共圆. ①

又$\because \angle ALT=\angle APT=\angle TBK$,

$AL=BK$，$\therefore \triangle ALT\cong\triangle KBT$.

即$AT=KT$. ②

由① ②知，CT平分$\angle ACB$.

又$\because CN$平分$\angle ACB$,

$\therefore C,N,T$三点共线.

$\because I$、J分别为$\triangle APL$、$\triangle BPK$的内心，$\therefore I,P,J$三点共线.

$\because \angle PI_1T=\angle PAT=\angle PKT=\angle PJ_1T$，$\therefore I_1T=J_1T$. ③

$\because AL=BK$，$\angle AI_1L=180^\circ-\angle LPA=180^\circ-\angle KPB=\angle BJ_1K$,

$\therefore$等腰$\triangle AI_1L\cong$等腰$\triangle BJ_1K$.

$\therefore II_1=AI_1=BJ_1=JJ_1$. ④

$\because \angle ART=\angle CAR+\angle ACR=\angle CAR+\angle KAT=\angle LAT=\angle BPT$,

$\therefore \angle PQT=\angle PRQ+\angle RPQ=\angle BPT+\angle BPJ=\angle TPQ$.

$\therefore PT=QT$，$\angle TPI_1=\angle TQJ_1$. ⑤

由③，⑤得$\triangle PI_1T\cong\triangle QJ_1T \Rightarrow PI_1=QJ_1$.

再由④得$IP=PI_1-II_1=QJ_1-JJ_1=JQ$.

第三题 求证：存在无穷多组正整数对 (m,n)，使得 $(m+n)\mid((m!)^n+(n!)^m+1)$.

证明：设质数 $P>100$，当 $m=P-1$，$n=(P-1)!-P+2$ 时，$(m+n)\mid((m!)^n+(n!)^m+1)$. ①

当 $m=P-1$，$n=(P-1)!-P+2$ 时，$m+n=(P-1)!+1=m!+1$.

$\because n$ 为奇数，$\therefore (m!+1)\mid((m!)^n+1)$. 即 $(m+n)\mid((m!)^n+1)$. ②

根据威尔逊定理有 $P\mid((P-1)!+1)$.

$\because P>100$，$\therefore P<\dfrac{(P-1)!+1}{P}<(P-1)!-P+2$，即 $P<\dfrac{m+n}{P}<n$.

于是 $(m+n)\mid n!$，从而 $(m+n)\mid(n!)^m$. ③

由②，③知①成立.

故有无穷多组正整数对 $(m,n)=(P-1,(P-1)!-P+2)$，其中 P 为大于100的质数，使得 $(m+n)\mid((m!)^n+(n!)^m+1)$.

第四题 有三个人甲、乙、丙，甲从 2018×2018 的方格表中选择一个 1×4 的矩形并告诉丙，然后乙从 2018×2018 的方格表中选择一个 3×3 的正方形并询问丙：是否含有甲所选择的方格？如果有的话，丙说“是”. 乙每次只能选择一个 3×3 的正方形向丙询问，直到丙回答“是”为止. 求乙向丙询问的最少次数.

解：乙向丙至少询问226464次.

本题可转化为 2018×2018 的方格表中至少能选出多少个 3×3 的正方形，使得其余的方格不会出现 1×4 的矩形.

在 2018×2018 的方格表中，从左到右数第 i 列，从下到上数第 j 行的方格记为 (i,j).

对 $k=0,1,2,\cdots,335$，$t=0,1,2,\cdots,672$，将 $(6k+1,3t+1)$，$(6k+2,3t+1)$，$(6k+3,3t+1)$，$(6k+4,3t+1)$，$(2017,6k+1)$，$(2017,6k+2)$，$(2017,6k+3)$，$(2017,6k+4)$ 染黑.

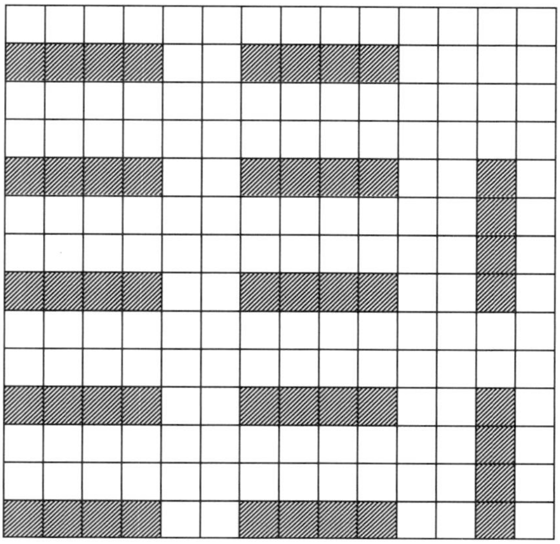

则有 $336\times673+336=226464$ 个 1×4 的矩形，任意一个 3×3 的正方形都至多与其中的一个 1×4 矩形(四个方格全为黑色)有公共方格. 故至少要选出 226464 个 3×3 的正方形.

再来说明 226464 符合题意.

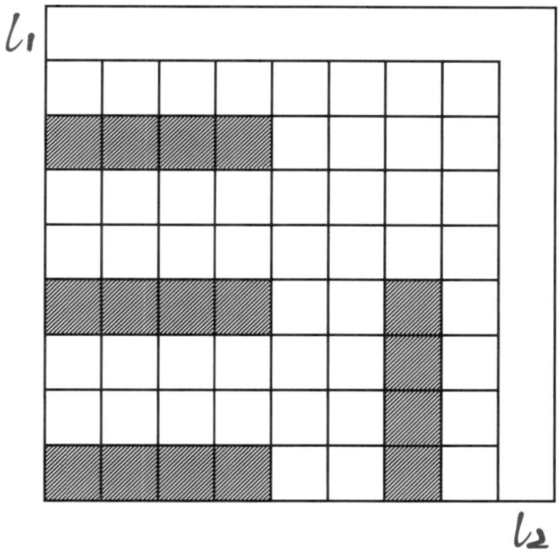

将 2018×2018 的方格表再添一行 l_1、一列 l_2，变为 2019×2019. 把 2019×2019 等分成 $\frac{2019}{3}\times\frac{2019}{3}=673\times673$ 个 3×3 的正方形，红、蓝相间地对 3×3 的正方形染色且方格表的四个角为红色. 则有 $\frac{673^2-1}{2}=226464$ 个蓝色的 3×3 正方形.

最后把 l_1 的蓝色 3×3 的正方形都向下移动一行，把在 l_2 的蓝色 3×3 的正方形都向左移动一列. 这样对 2018×2018 方格表中的 226464 个 3×3 的正方形，每一个 1×4 的矩形都会与其中至少一个 3×3 的正方形有公共方格.

第五题 求所有实数 a，使得存在函数 $f: \mathbb{R} \to \mathbb{R}$，对任意实数 x, y，有 $f(x-f(y))=f(x)+a[y]$，这里 $[y]$ 表示 y 的整数部分.

解：当 $a=0$ 时，可取 $f(x)$ 为常函数.

下面考虑 $a \neq 0$ 的情况.

用 $P(x, y)$ 表示 $f(x-f(y))=f(x)+a[y]$.

先证明以下几点：

(1) 若 $f(u)=f(v)$，则 $[u]=[v]$.

由 $P(x, u)$ 和 $P(x, v)$，$a \neq 0$ 可得 $[u]=[v]$.

(2) $f(0)=0$.

设 $f(0)=c$，由 $P(x, 0)$ 得 $f(x-c)=f(x)$. 又由 (1) 得 $[x-c]=[x]$，此式对任意实数 x 都成立. 在此式中分别取 $x=c, 0$ 得 $[c]=0$，$[-c]=0$. 即 $c=0$. 亦即 $f(0)=0$.

(3) 对任意实数 x，有 $f(f(x))=-a[x]$.

由 $P(x+f(y), y)$ 得 $f(x)=f(x+f(y))+a[y]$. (*)

在 (*) 中取 $x=0$ 并利用 $f(0)=0$ 得 $f(f(y))=-a[y]$.

(4) 对任意实数 x，$f(x)$ 都是整数.

在 (*) 中用 $x+f(y)$ 代替 y 可得 $f(x+f(x+f(y)))=f(x)-a[x+f(y)]$.

再由 (*) 得 $f(x+f(y))=f(x)-a[y] \Rightarrow f(x+f(x+f(y)))=f(x+f(x)-a[y])=f(x-a[y])-a[x]=f(x+f(f(y)))-a[x]=f(x)-a[f(y)]-a[x]$，即对任意实数 x, y，有 $[f(y)]+[x]=[x+f(y)]$. (**)

若存在α，使得$f(\alpha)$不是整数，设$[f(\alpha)]=n$，$f(\alpha)=n+\beta$，其中$0<\beta<1$. 在(**)中取$x=1-\frac{\beta}{2}$，$y=\alpha$，则有$n=n+1$，这是不可能的. 故结论(4)成立.

(5) a是整数.

在(3)中取$x=1$，得$a=-f(f(1))$，再由(4)可知$f(f(1))$是整数. 故a是整数.

(6) $a=-b^2$，其中b为任意整数.

由$P(x, f(1))$得$f(x+a)=f(x)+af(1)$.

设$f(1)=b$. 则b是整数，对任意实数x，有$f(x+a)=f(x)+ab$.

由此可得，对任意整数n，有$f(x+na)=f(x)+nab$. 取$x=0$得$f(na)=nab$.

于是$f(f(na))=f(nab)=f((nb)a)=nab^2$.

又由(3)得$f(f(na))=-a[na]=-na^2$.

因此，对任意整数n，有$nab^2=-na^2$. 取$n\neq 0$，由$a\neq 0$，得$a=-b^2$.

当$a=-b^2$时，取$f(x)=b[x]$即可.

综上所述，所求$a=-b^2$，其中b为任意整数.

第六题 在半径为R的圆内接六边形$ABCDEF$中，六边形$ABCDEF$的对角线AD与BE、BE与CF、AD与CF分别交于点M、N、K. 记$\triangle ABM$、$\triangle BCN$、$\triangle CDK$、$\triangle DEM$、$\triangle EFN$、$\triangle AFK$的内切圆半径分别为r_1、r_2、r_3、r_4、r_5、r_6. 求证：$r_1+r_2+r_3+r_4+r_5+r_6\leqslant\sqrt{3}R$.

引理：在半径为 R 的圆内接四边形 $XYZT$ 中，对角线 XZ 交 YT 于点 U．设 $\triangle XYU$、$\triangle ZTU$ 的内切圆半径分别为 r_1、r_2．记 $\varphi=\frac{1}{2}\angle XUY$．则 $\frac{r_1+r_2}{R}\leqslant 2\tan\varphi(1-\sin\varphi)$．

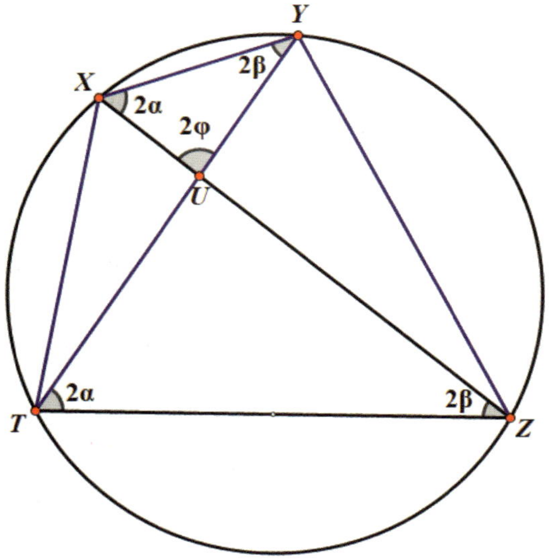

证明：设 $\angle UXY=2\alpha$，$\angle UYX=2\beta$．

则 $\angle UTZ=2\alpha$，$\angle UZT=2\beta$，$\alpha+\beta+\varphi=90^\circ$．

$\because XY+ZT=2R\cdot\sin\angle XTY+2R\cdot\sin\angle TXZ=2R\cdot(\sin\angle XTY+\sin(2\varphi-\angle XTY))=4R\cdot\sin\varphi\cdot\cos(\varphi-\angle XTY)\leqslant 4R\cdot\sin\varphi$；

$XY=r_1(\cot\alpha+\cot\beta)$；

$ZT=r_2(\cot\alpha+\cot\beta)$．

$\therefore (r_1+r_2)(\cot\alpha+\cot\beta)\leqslant 4R\cdot\sin\varphi$．

即 $\frac{r_1+r_2}{R}\leqslant\frac{4\sin\varphi}{\cot\alpha+\cot\beta}=\frac{4\sin\varphi\cdot\sin\alpha\cdot\sin\beta}{\sin(\alpha+\beta)}=\frac{4\sin\varphi\cdot\sin\alpha\cdot\sin\beta}{\cos\varphi}=4\tan\varphi\cdot\sin\alpha\cdot\sin\beta=2\tan\varphi\cdot(\cos(\alpha-\beta)-\cos(\alpha+\beta))\leqslant 2\tan\varphi\cdot(1-\sin\varphi$

回到本题：设 $\angle AMB=2\alpha$，$\angle BNC=2\beta$，$\angle CKD=2\gamma$．则 $\alpha+\beta+\gamma=90^\circ$．

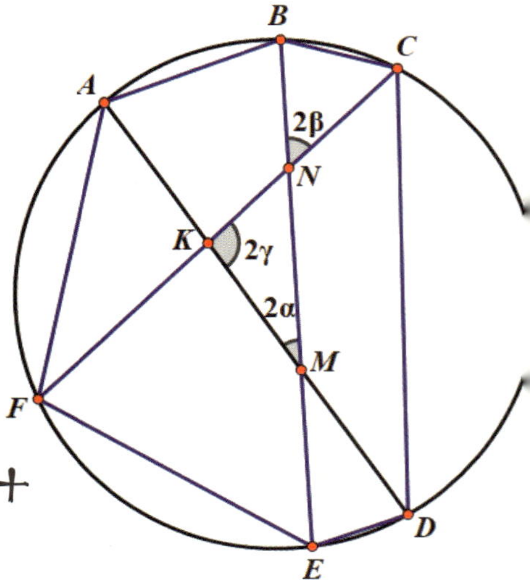

对圆内接四边形 $ABDE$、$BCEF$、$CDFA$．由引理可得：

$\frac{r_1+r_2+r_3+r_4+r_5+r_6}{R}=\frac{r_1+r_4}{R}+\frac{r_2+r_5}{R}+\frac{r_3+r_6}{R}\leqslant 2\tan\alpha(1-\sin\alpha)+2\tan\beta(1-\sin\beta)+2\tan\gamma(1-\sin\gamma)$．　(*)

令 $f(x)=2\tan x(1-\sin x)$，$x\in\left(0,\frac{\pi}{2}\right)$.

$\because f''(x)=-2\cdot\frac{(1-\sin x)^2+\cos^4 x}{\cos^3 x}<0$,

$\therefore f(x)$ 是上凸函数.

根据琴生不等式得:

$f(\alpha)+f(\beta)+f(\gamma)\leqslant 3f\left(\frac{\alpha+\beta+\gamma}{3}\right)=3f\left(\frac{\pi}{6}\right)=\sqrt{3}$.

结合(*)式有 $r_1+r_2+r_3+r_4+r_5+r_6\leqslant\sqrt{3}R$.

2019年国际Zhautykov数学奥林匹克

第一题 求证：至少存在100!种不同的方法，可以将100!表示成集合$\{1!,2!,3!,\cdots,99!\}$的若干个元素之和（不考虑和式各项的顺序，且每个元素可以出现多次）.

用数学归纳法证明：对于任意的正整数$n\geqslant4$，记将$n!$表示成集合$\{1!,2!,3!,\cdots,(n-1)!\}$的若干个元素之和（不考虑和式各项的顺序，且每个元素可以出现多次）有S_n种不同的方法，则$S_n\geqslant n!$．(*)

当$n=4$时，由于$4!=3\times3!+i_1\times2!+(6-2i_1)\times1!$ $(i_1=0,1,2,3)$；$4!=2\times3!+i_2\times2!+(12-2i_2)\times1!$ $(i_2=0,1,2,\cdots,6)$；$4!=1\times3!+i_3\times2!+(18-2i_3)\times1!$ $(i_3=0,1,2,\cdots,9)$；$4!=i_4\times2!+(24-2i_4)\times1!$ $(i_4=0,1,2,\cdots,12)$.

故$S_4\geqslant4+7+10+13=34>4!$．命题(*)成立.

假设：$S_k\geqslant k!$（正整数$k\geqslant4$）.

设自然数$a_1,a_2,\cdots,a_{k-1}$满足$a_1\cdot1!+a_2\cdot2!+\cdots+a_{k-1}\cdot(k-1)!=k!$，则对任意$m\in\{1,2,\cdots,k+1\}$，有$ma_1\cdot1!+ma_2\cdot2!+ma_3\cdot3!+\cdots+ma_{k-1}\cdot(k-1)!+(k+1-m)\cdot k!=(k+1)!$.

由此可知$S_{k+1}\geqslant(k+1)\cdot S_k\geqslant(k+1)!$.

故命题(*)对$n=k+1$也成立.

在命题(*)中取$n=100$即得本题的结论.

第二题 求最大的实数C，使得对任意两两互异的正实数$a_1, a_2, \cdots, a_{2019}$，有$\frac{a_1}{|a_2-a_3|}+\frac{a_2}{|a_3-a_4|}+\cdots+\frac{a_{2019}}{|a_1-a_2|}>C$.

解：取充分小的正实数ε，使得$\varepsilon^2+1008\varepsilon^3<1<1+1008\varepsilon^3<1+\varepsilon$.

令$a_1=\varepsilon^2$，$a_2=1$，$a_3=\varepsilon^2+\varepsilon^3$，$a_4=1+\varepsilon^3$，$a_5=\varepsilon^2+2\varepsilon^3$，$a_6=1+2\varepsilon^3$，$\cdots$，$a_{2k-1}=\varepsilon^2+(k-1)\varepsilon^3$，$a_{2k}=1+(k-1)\varepsilon^3$，$\cdots$，$a_{2017}=\varepsilon^2+1008\varepsilon^3$，$a_{2018}=1+1008\varepsilon^3$，$a_{2019}=1+\varepsilon$.

则$\frac{a_1}{|a_2-a_3|}+\frac{a_2}{|a_3-a_4|}+\cdots+\frac{a_{2019}}{|a_1-a_2|}$

$$=\frac{\varepsilon^2}{1-\varepsilon^2-\varepsilon^3}+\frac{1}{1-\varepsilon^2}+\frac{\varepsilon^2+\varepsilon^3}{1-\varepsilon^2-\varepsilon^3}+\frac{1+\varepsilon^3}{1-\varepsilon^2}+\cdots+\frac{\varepsilon^2+(k-1)\varepsilon^3}{1-\varepsilon^2-\varepsilon^3}+\frac{1+(k-1)\varepsilon^3}{1-\varepsilon^2}+\cdots+\frac{\varepsilon^2+1007\varepsilon^3}{1-\varepsilon^2-\varepsilon^3}+\frac{1+1007\varepsilon^3}{1-\varepsilon^2}+\frac{\varepsilon^2+1008\varepsilon^3}{\varepsilon-1008\varepsilon^3}+\frac{1+1008\varepsilon^3}{1+\varepsilon-\varepsilon^2}+\frac{1+\varepsilon}{1-\varepsilon^2}$$

$$=\frac{1008\varepsilon^2+\frac{1}{2}\times1007\times1008\varepsilon^3}{1-\varepsilon^2-\varepsilon^3}+\frac{1008+\frac{1}{2}\times1007\times1008\varepsilon^3}{1-\varepsilon^2}+\frac{\varepsilon+1008\varepsilon^2}{1-1008\varepsilon^2}+\frac{1+1008\varepsilon^3}{1+\varepsilon-\varepsilon^2}+\frac{1}{1-\varepsilon}.$$

当$\varepsilon\to0^+$时，上式$\to1010$. 故$C\leqslant1010$.

下面证明：对任意两两互异的正实数$a_1, a_2, \cdots, a_{2019}$，有

$$\frac{a_1}{|a_2-a_3|}+\frac{a_2}{|a_3-a_4|}+\cdots+\frac{a_{2019}}{|a_1-a_2|}>1010. \quad (*)$$

由$(*)$是轮换式，不妨设$a_1=\min\{a_1, a_2, \cdots, a_{2019}\}$.

定义$f(i)$如下：$a_{f(i)}=\max\{a_{i+1}, a_{i+2}\}$ $(i=1,2,\cdots,2019)$，其中$a_{2020}=a_1$，$a_{2021}=a_2$.

则$f(i)\in\{i+1, i+2\}$ $(i=1,2,\cdots,2017)$，$f(2018)=2019$，$f(2019)=2$.

用$f^k(i)$表示$f(i)$的k次迭代，考虑一组数：$2, f(2), f^2(2), \cdots, f^k(2), \cdots$. $(**)$

对 $i\in\{1,2,\cdots,2017\}$，由 $f(i)-i\in\{1,2\}$，知 $f^{k+1}(2)-f^{k}(2)\in\{1,2\}$，其中 $2\leqslant f^{k}(2)<f^{k+1}(2)\leqslant 2019$. 故必存在正整数 t，使得 $f^{t}(2)\in\{2018,2019\}$.

又由 $f(2018)=2019$，$f(2019)=2$，知 $f^{t+2}(2)=2$ 或 $f^{t+1}(2)=2$

故(**)中的这组数呈周期出现，设最小正周期为 m.

因为 $f^{m}(2)=2$，$f^{m-1}(2)=2019$，对任意 $i\in\{1,2,\cdots,2017\}$，有 $f(i)-i\leqslant 2$.

$$所以\ 2017=\sum_{k=0}^{m-2}\left(f^{k+1}(2)-f^{k}(2)\right)\leqslant\sum_{k=0}^{m-2}2=2(m-1).$$

即 $m\geqslant 1010$.

利用对任意 $x>0,y>0$，有 $|x-y|<\max\{x,y\}$，可得

$$\sum_{i=1}^{2019}\frac{a_i}{|a_{i+1}-a_{i+2}|}>\sum_{i=1}^{2019}\frac{a_i}{a_{f(i)}}\geqslant\sum_{k=0}^{m-1}\frac{a_{f^{k}(2)}}{a_{f^{k+1}(2)}}\geqslant m\left(\prod_{k=0}^{m-1}\frac{a_{f^{k}(2)}}{a_{f^{k+1}(2)}}\right)^{\frac{1}{m}}=m\geqslant 101$$

第三题 在 $\triangle ABC$ 中，中线 CM 的延长线交 $\triangle ABC$ 的外接圆 ω 于点 N，点 P、Q 分别在射线 CA，CB 上，满足 $PM\parallel BN$，$QM\parallel AN$. 分别在线段 PM，QM 上选取点 X，Y，使得 PY、QX 均与圆 ω 相切. 设 PY 与 QX 交于点 Z. 求证：四边形 $MXZY$ 为圆外切四边形.

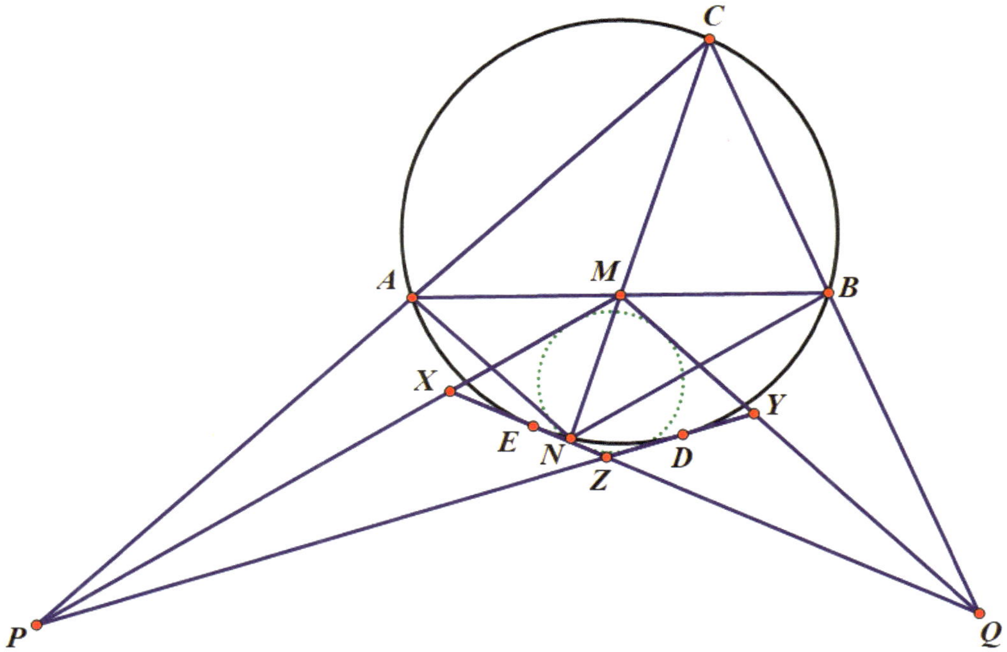

证明：设 PY、QX 分别与圆 ω 切于点 D、E. 则 $ZD=ZE$.

$\because PM\parallel BN$，$\therefore \angle PMA=\angle NBA=\angle NCA$.

从而 $\triangle PAM\backsim\triangle PMC\Rightarrow PM^2=PA\cdot PC$.

又 $\because PD^2=PA\cdot PC$，$\therefore PM=PD$.

同理可得 $QM=QE$.

因此 $PZ-QZ=(PZ+ZD)-(QZ+ZE)=PD-QE=PM-QM$.

即四边形 $MXZY$ 为圆外切四边形.

[注1] 设 $ABCD$ 为圆的外切简单四边形，则 $AB+CD=BC+AD$. 反之，结论亦成立.

此结论包括凸四边形有内切圆，凹四边形有内切圆或旁切圆.

(1)当四边形ABCD是凸四边形时.

必要性　利用切线长定理，对右图有$AB+CD=AE+BE+CG+DG=AH+BF+CF+DH=AD+BC$.

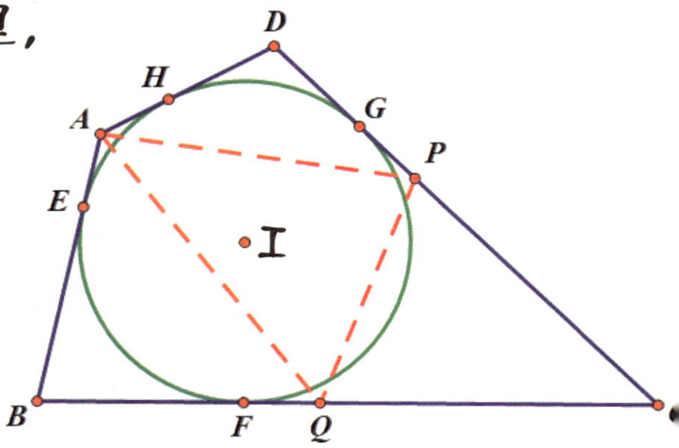

充分性　不妨设$BC=\max\{AB,BC,CD,DA\}$.

由$AB+CD=BC+AD$,得$CD-AD=BC-AB\geqslant 0$.

故可在线段CD、BC上分别取点P、Q，使得$DP=AD$,$BQ=AB$.

于是$CQ=BC-AB=CD-AD=CP$.

$\triangle ABQ$、$\triangle PCQ$、$\triangle ADP$都是等腰三角形.

线段AQ、PQ、AP的中垂线交于一点I($\triangle APQ$的外心).

则点I到AB、BC、CD、DA的距离都相等.

故四边形ABCD是圆外切四边形.

(2)当四边形ABCD是凹四边形时.

如右图，不妨设$AD=\max\{AB,BC,CD,AD\}$.在线段AB、AD上分别取点M、N，使得$BM=BC$,$DN=DC$.证明同(1).

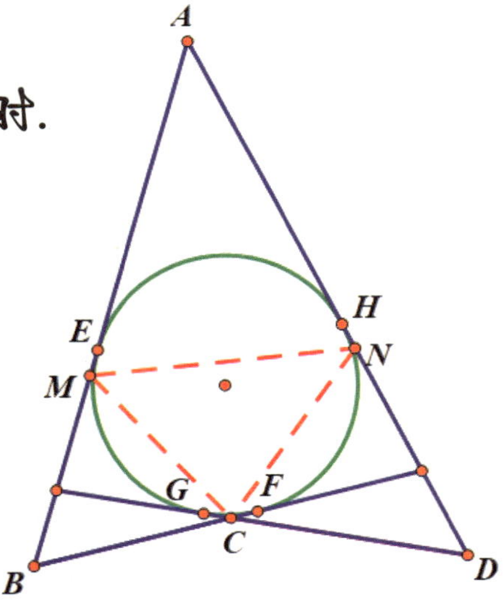

[注2]　由本题的证明过程可以看出点M不一定非得是边AB的中点，只要点M是边AB(不同于A,B)上的点，本题的结论仍成立.

【注3】 有关圆外切简单四边形问题的补充.

(1) 设简单四边形ABCD的对边在延长后相交，如下图①所示，如果ABCD是圆的外切简单四边形，则有$AK\pm AM=CM\pm CK$或$KD+BM=MD+KB$成立.

反之，只要上述关系之一得以成立，则ABCD是圆外切四边形.

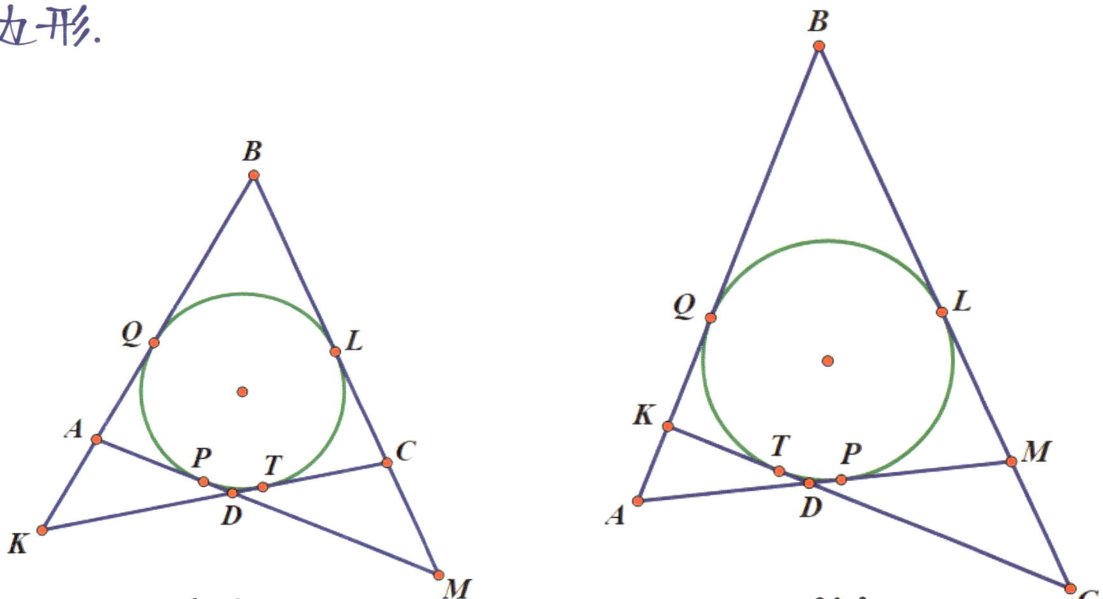

(a) $AK+AM=CM+CK$, $KD+BM=MD+KB$

(b) $AK-AM=CM-CK$, $KD+BM=MD+KB$

图①

(2) 设凸四边形ABCD为圆外切四边形，则$\triangle ABC$及$\triangle ACD$的内切圆是互切的.

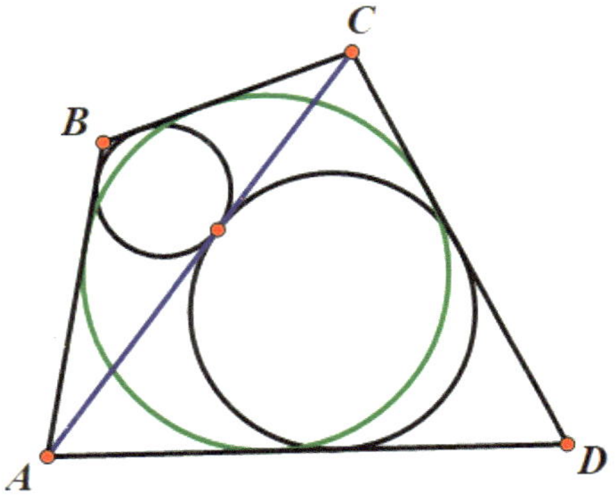

反之，若凸四边形ABCD的对角线AC将该四边形所分的两个三角形的内切圆互切，则凸四边形ABCD是圆外切四边形.

(3) 四边形ABCD是圆外切四边形的充要条件是

$$\cot\frac{\angle BAC}{2}\cdot\cot\frac{\angle DCA}{2}=\cot\frac{\angle DAC}{2}\cdot\cot\frac{\angle BCA}{2}.$$

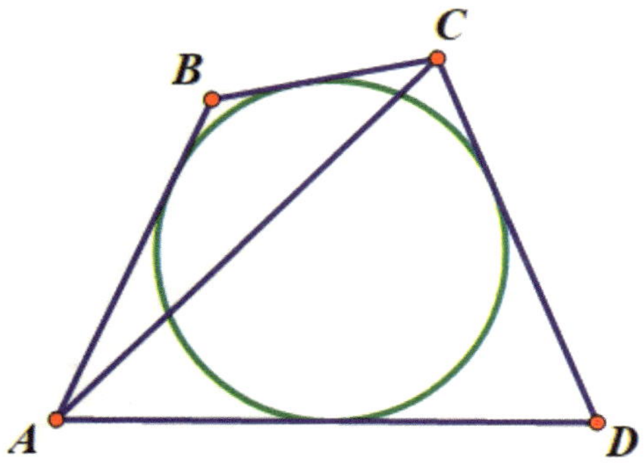

2014年Zhautykov国际数学奥林匹克第六题用到(3)

在此之前，从未出现该结论.

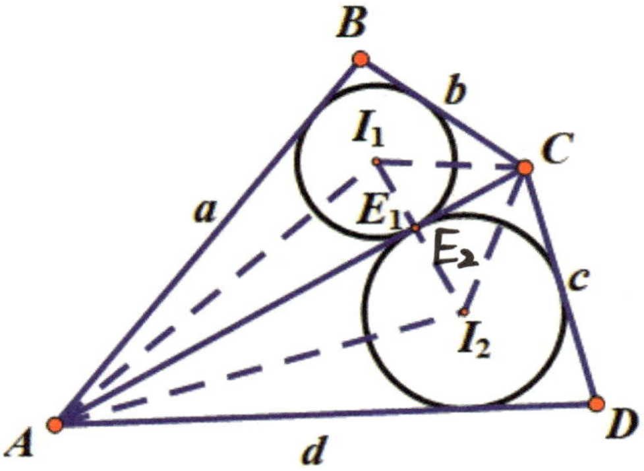

设$\triangle ABC$、$\triangle ADC$的内心分别为I_1、I_2.

$\odot I_1$与AC切于点E_1，$\odot I_2$与AC切于点E_2.

再设$AB=a$，$BC=b$，$CD=c$，$DA=d$，$AC=x$.

则$AE_1=\frac{1}{2}(a+x-b)$，$AE_2=\frac{1}{2}(d+x-c)$，

$CE_1=\frac{1}{2}(b+x-a)$，$CE_2=\frac{1}{2}(c+x-d)$.

$\because \cot\frac{\angle BAC}{2}=\cot\angle I_1AE_1=\frac{AE_1}{I_1E_1}$，$\cot\frac{\angle DCA}{2}=\cot\angle I_2CE_2=\frac{CE_2}{I_2E_2}$，

$\cot\frac{\angle DAC}{2}=\cot\angle I_2AE_2=\frac{AE_2}{I_2E_2}$，$\cot\frac{\angle BCA}{2}=\cot\angle I_1CE_1=\frac{CE_1}{I_1E_1}$.

$\therefore \cot\frac{\angle BAC}{2}\cdot\cot\frac{\angle DCA}{2}=\cot\frac{\angle DAC}{2}\cdot\cot\frac{\angle BCA}{2}$

$\Longleftrightarrow AE_1\cdot CE_2=AE_2\cdot CE_1$.

$\Longleftrightarrow (a+x-b)(c+x-d)=(d+x-c)(b+x-a)$

$\Longleftrightarrow x^2+(a+c-b-d)x+(a-b)(c-d)=x^2+(b+d-a-c)x+(d-c)(b-a)$

$\Longleftrightarrow a+c=b+d$

$\Longleftrightarrow$ 四边形ABCD是圆外切四边形.

[注] 由前述的证明可以看出：对任意的凸四边形ABCD，有

$\cot\frac{\angle BAC}{2}\cdot\cot\frac{\angle DCA}{2}>\cot\frac{\angle DAC}{2}\cdot\cot\frac{\angle BCA}{2}\Longleftrightarrow AB+CD>BC+DA$.

$\cot\frac{\angle BAC}{2}\cdot\cot\frac{\angle DCA}{2}<\cot\frac{\angle DAC}{2}\cdot\cot\frac{\angle BCA}{2}\Longleftrightarrow AB+CD<BC+DA$

(4) 设ABCD为凸四边形，AC交BD于点P，$\triangle ABP$、$\triangle BCP$、$\triangle CDP$、$\triangle DAP$的内心依次为I_1、I_2、I_3、I_4，则I_1, I_2, I_3, I_4四点共圆当且仅当四边形ABCD有内切圆.

利用(3)的[注]可给出此题的一个精妙解答：

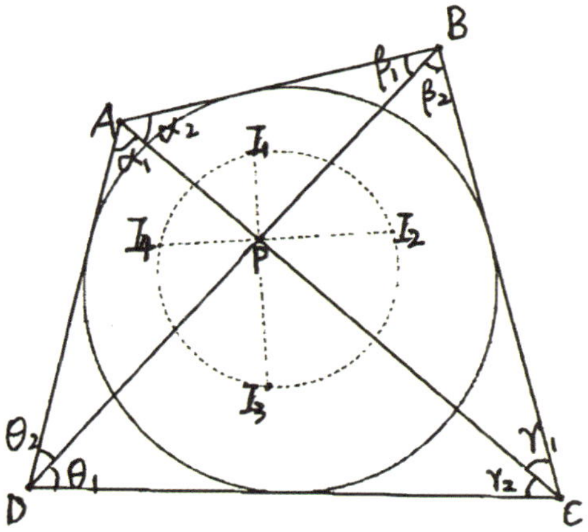

设AC与BD的交点为P，$\triangle ABP$、$\triangle BCP$、$\triangle CDP$、$\triangle DAP$的内心分别为I_1、I_2、I_3、I_4，则I_1、P、I_3三点共线，I_2、P、I_4三点共线.

在$\triangle PAI_1$中，由正弦定理可得

$$\frac{PI_1}{\sin\frac{\alpha_2}{2}}=\frac{PA}{\sin\left(90^\circ+\frac{\beta_1}{2}\right)}$$

$$\Rightarrow PI_1=PA\cdot\frac{\sin\frac{\alpha_2}{2}}{\cos\frac{\beta_1}{2}}.$$

同理可证 $PI_2=PB\cdot\frac{\sin\frac{\beta_2}{2}}{\cos\frac{\gamma_1}{2}}$，$PI_3=PC\cdot\frac{\sin\frac{\gamma_2}{2}}{\cos\frac{\theta_1}{2}}$，$PI_4=PD\cdot\frac{\sin\frac{\theta_2}{2}}{\cos\frac{\alpha_1}{2}}$

因此，I_1、I_2、I_3、I_4四点共圆 $\Leftrightarrow PI_1\cdot PI_3=PI_2\cdot PI_4$

$$\Leftrightarrow PA\cdot PC\cdot\frac{\sin\frac{\alpha_2}{2}\sin\frac{\gamma_2}{2}}{\cos\frac{\beta_1}{2}\cos\frac{\theta_1}{2}}=PB\cdot PD\cdot\frac{\sin\frac{\beta_2}{2}\sin\frac{\theta_2}{2}}{\cos\frac{\alpha_1}{2}\cos\frac{\gamma_1}{2}}$$

$$\Leftrightarrow \frac{PA\cdot PC}{PB\cdot PD}=\frac{\cos\frac{\beta_1}{2}\cos\frac{\theta_1}{2}\sin\frac{\beta_2}{2}\sin\frac{\theta_2}{2}}{\cos\frac{\alpha_1}{2}\cos\frac{\gamma_1}{2}\sin\frac{\alpha_2}{2}\sin\frac{\gamma_2}{2}}$$

$$\Leftrightarrow \frac{\sin\beta_1}{\sin\alpha_2}\cdot\frac{\sin\theta_1}{\sin\gamma_2}\cdot\frac{\sin\theta_2}{\sin\alpha_1}\cdot\frac{\sin\beta_2}{\sin\gamma_1}=\left(\frac{\cos\frac{\beta_1}{2}\cos\frac{\theta_1}{2}\sin\frac{\beta_2}{2}\sin\frac{\theta_2}{2}}{\cos\frac{\alpha_1}{2}\cos\frac{\gamma_1}{2}\sin\frac{\alpha_2}{2}\sin\frac{\gamma_2}{2}}\right)^2$$

$$\Leftrightarrow \frac{\sin\frac{\beta_1}{2}\sin\frac{\theta_1}{2}\cos\frac{\beta_2}{2}\cos\frac{\theta_2}{2}}{\sin\frac{\alpha_1}{2}\sin\frac{\gamma_1}{2}\cos\frac{\alpha_2}{2}\cos\frac{\gamma_2}{2}}=\frac{\cos\frac{\beta_1}{2}\cos\frac{\theta_1}{2}\sin\frac{\beta_2}{2}\sin\frac{\theta_2}{2}}{\cos\frac{\alpha_1}{2}\cos\frac{\gamma_1}{2}\sin\frac{\alpha_2}{2}\sin\frac{\gamma_2}{2}}$$

$$\Leftrightarrow \cot\frac{\alpha_1}{2}\cot\frac{\gamma_1}{2}\cot\frac{\beta_2}{2}\cot\frac{\theta_2}{2}=\cot\frac{\alpha_2}{2}\cot\frac{\gamma_2}{2}\cot\frac{\beta_1}{2}\cot\frac{\theta_1}{2}.\quad(*)$$

而由 $AB+CD>BC+DA \Leftrightarrow \begin{cases}\cot\frac{\alpha_2}{2}\cot\frac{\gamma_2}{2}>\cot\frac{\alpha_1}{2}\cot\frac{\gamma_1}{2}\\ \cot\frac{\beta_1}{2}\cot\frac{\theta_1}{2}>\cot\frac{\beta_2}{2}\cot\frac{\theta_2}{2}\end{cases}$

$$AB+CD<BC+DA \Longleftrightarrow \begin{cases} \cot\frac{\alpha_1}{2}\cot\frac{\gamma_1}{2} > \cot\frac{\alpha_2}{2}\cot\frac{\gamma_2}{2} \\ \cot\frac{\beta_2}{2}\cot\frac{\theta_2}{2} > \cot\frac{\beta_1}{2}\cot\frac{\theta_1}{2} \end{cases}$$

可知(*)式 $\Longleftrightarrow \begin{cases} \cot\frac{\alpha_1}{2}\cot\frac{\gamma_1}{2} = \cot\frac{\alpha_2}{2}\cot\frac{\gamma_2}{2} \\ \cot\frac{\beta_2}{2}\cot\frac{\theta_2}{2} = \cot\frac{\beta_1}{2}\cot\frac{\theta_2}{2} \end{cases}$

$\Longleftrightarrow$ 四边形 $ABCD$ 是圆外切四边形.

(5) 设四边形 $ABCD$ 是圆外切四边形, $\triangle BCD$、$\triangle CDA$、$\triangle DAB$、$\triangle ABC$ 的外心分别为 O_A、O_B、O_C、O_D. 则四边形 $O_AO_BO_CO_D$ 也是圆外切四边形.

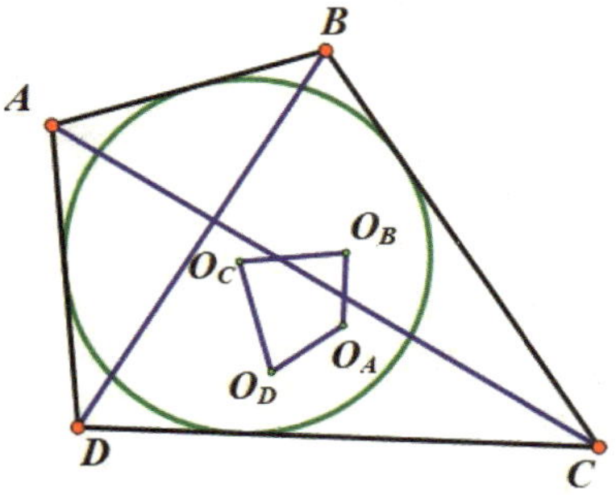

本题可利用[注3]的(3), 留给读者自行证明.

第四题 给定等腰 $\triangle ABC$, $AC=BC$. 点 D 在边 AC 上. 圆 $S_1(O_1, R)$ 为 $\triangle BAD$ 与顶点 B 对应的旁切圆, 圆 $S_2(O_2, 2R)$ 为 $\triangle BCD$ 与顶点 B 对应的旁切圆. 过点 O_2 作 $\triangle BO_1O_2$ 外接圆的切线, 与直线 AB 交于点 F.

求证: $O_1F=O_1O_2$.

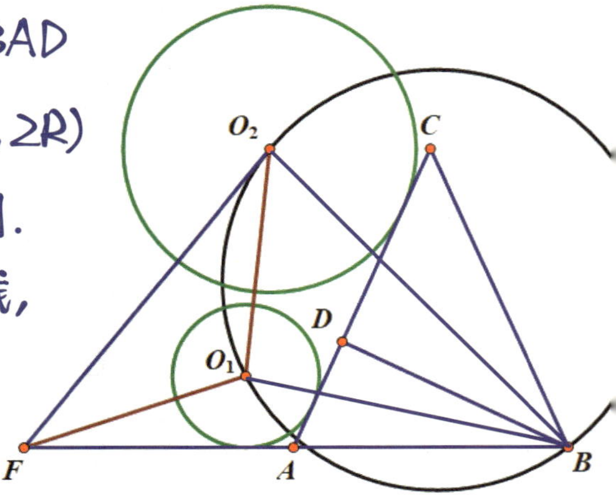

证明：用 $d(X, YZ)$ 表示点 X 到直线 YZ 的距离.

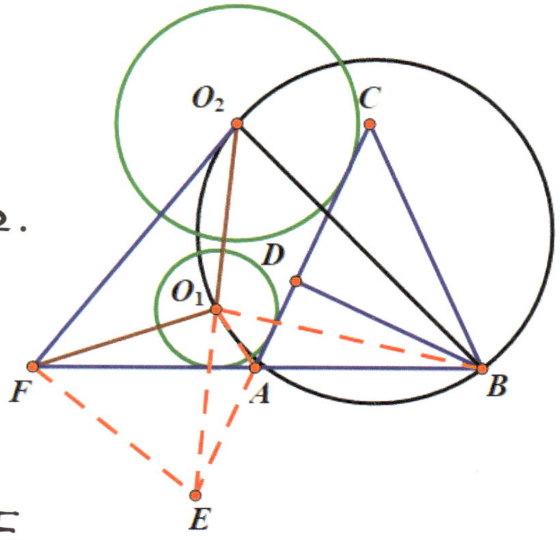

设直线 O_1O_2 交 AC 于点 E.

$\because \frac{EO_1}{EO_2}=\frac{d(O_1, AC)}{d(O_2, AC)}=\frac{R}{2R}=\frac{1}{2}$，

$\therefore EO_2=2EO_1$，即 $EO_1=O_1O_2$.

在直线 AB 上取点 F'，使得 $O_1F'=O_1O_2$，且 F' 与 F 在直线 O_1O_2 的同侧.

由 $O_1E=O_1O_2=O_1F'$，知 $\triangle O_2F'E$ 是直角三角形，且 O_1 为外心.

$\because \frac{O_1A}{\sin\angle O_1F'A}=\frac{O_1F'}{\sin\angle O_1AF'}=\frac{O_1E}{\sin\angle O_1AE}=\frac{O_1A}{\sin\angle O_1EA}$，

$\therefore \sin\angle O_1F'A=\sin\angle O_1EA$.

而 $\angle O_1EA<90^\circ$，$\angle O_1F'A<\angle O_2F'E=90^\circ$，故 $\angle O_1F'A=\angle O_1EA$，即 O_1，A，E，F' 四点共圆.

从而 $\angle F'O_2O_1=\frac{1}{2}\angle F'O_1E=\frac{1}{2}\angle F'AE=\frac{1}{2}\angle CAB=\frac{1}{2}\angle CBA=\angle O_2BO_1$.

因此 $F'O_2$ 与 $\triangle BO_1O_2$ 的外接圆相切于点 F'.

又 $\because F$，F' 在直线 AB 上，

$\therefore F'$ 与 F 重合.

故 $O_1F=O_1O_2$.

第五题 设正整数$n>1$，给定函数$f: I \to \mathbb{Z}$，其中I为所有与n互质的正整数构成的集合。若存在正整数k，使得对任意的$a, b \in I$，当$a \equiv b \pmod{k}$时，有$f(a)=f(b)$，则称正整数k为f的一个周期。已知n为f的一个周期，求证：f的最小周期整除它的所有周期。（例如：若$n=6$，则以6为周期的函数f由$f(1)$，$f(5)$的值所确定。当$f(1)=f(5)$时，f的最小周期为1；当$f(1) \neq f(5)$时，f的最小周期为3。）

证明：设q是f的最小周期。

证明分两步：

(1) 先证明：$q \mid n$。

假设$q \nmid n$。设$d=(q, n)$，$q_1=\frac{q}{d}$，$n_1=\frac{n}{d}$。

则$d<q$，$(q_1, n_1)=1$。

若有$a_1, a_2 \in I$，满足$a_1 \equiv a_2 \pmod{d}$，可设$a_1-a_2=ad$，其中a是整数。

因为$(q_1, n_1)=1$，所以存在$k \in \mathbb{Z}$，使得$kn_1 \equiv -a \pmod{q_1}$。

于是$a_1+kn=a_2+ad+kdn_1=a_2+d(a+kn_1) \equiv a_2 \pmod{q}$。由$(a_1+kn, n)=(a_1, n)=1$，可知$a_1+kn \in I$。又由$q$，$n$是$f$的周期可得，$f(a_1+kn)=f(a_2)$，$f(a_1+kn)=f(a_1)$。故$f(a_2)=f(a_1)$。因此$d$是$f$的周期。而$d<q$，这与$q$是$f$的最小周期矛盾。

故有$q \mid n$。

(2) 再证明：对于f的任意一个周期n'，有$q \mid n'$。

假设$q \nmid n'$。设$d'=(q, n')$，则$d'<q$。

再设$q_2=\frac{q}{d'}$，$n_2=\frac{n'}{d'}$，则$(q_2, n_2)=1$.

若有$b_1, b_2\in I$，满足$b_1\equiv b_2 \pmod{d'}$，可设$b_1-b_2=bd'$，其中b是整数.

因为$(q_2, n_2)=1$，所以存在$t\in \mathbf{Z}$，使得$tq_2\equiv -b \pmod{n_2}$.

下面先说明：存在正整数m，使得$b_1+(t+mn_2)q$与n互质.

设$x=b_1+tq$，$y=qn_2$.

由(1)知$q|n$，所以$(q, x)=(q, b_1+tq)=(q, b_1)\leqslant(n, b_1)=1$. 故$(q, x)=1$. ①

因为$x=b_1+tq=b_1+tq_2d'\equiv b_1-bd'\equiv b_2 \pmod{n_2}$，所以$(n_2, x)=(n_2, b_2)$. ②

设$r=(n_2, b_2)$，则由①，②知$(x, y)=r$.

再设$x'=\frac{x}{r}$，$y'=\frac{y}{r}$，则$(x', y')=1$.

考虑无穷项等差数列：$x'+y'$，$x'+2y'$，$x'+3y'$，…. 由狄利克雷定理可知，这组数中有无限多个质数，选取一个大于n的质数，记为$x'+my'$.

由$r=(n_2, b_2)$，得$r|b_2$. 从而$(r, n)\leqslant(b_2, n)=1$，由此可得$(r, n)=1$.

又由质数$x'+my'>n$，可得$(x'+my', n)=1$.

因此$(r(x'+my'), n)=1$，即$(x+my, n)=1$. 又$x=b_1+tq$，$y=qn_2$，故$(b_1+tq+mqn_2, n)=1$.

由此可知，$b_1+tq+mqn_2\in I$.

又$tq_2\equiv -b \pmod{n_2}$，$b_1-b_2=bd'$.

故 $b_1+(t+mn_2)q=b_1+(t+mn_2)q_2d'\equiv b_1+tq_2d'\equiv b_1-bd'\equiv b_2 \pmod{n'}$.

又由 n'，q 是 f 的周期，可得 $f(b_1+(t+mn_2)q)=f(b_2)$，$f(b_1+(t+mn_2)q)=f(b_1)$. 所以有 $f(b_1)=f(b_2)$，因此 d' 是 f 的周期. 而 $d'<q$，这与 q 是 f 的最小周期矛盾.

故有 $q\mid n'$.

第六题 对一个三次多项式 $P(x)$，我们可以将如下两种操作进行无限多次：

(1) 将多项式各项系数的顺序倒置（包括系数为0的项）. 例如：$x^3-2x^2-3\rightarrow -3x^3-2x^2+1$.

(2) 将多项式 $P(x)$ 替换为 $P(x+1)$.

问：是否可以从多项式 x^3-2 得到多项式 x^3-3x^2+3x-3

解： 不可以从多项式 x^3-2 得到多项式 x^3-3x^2+3x-3.

建立一个对应关系：三次多项式 $P(x)=ax^3+bx^2+cx+d$ 与 $f(a,b,c,d)=3ad-bc$ 对应.

下面证明：按照 (1) (2) 的操作方式所得到的 f 的值不变或减小.

对于任意一个三次多项式 $P(x)=ax^3+bx^2+cx+d$，将 $P(x)$ 按照 (1) 的操作方式得到 $P_1(x)=dx^3+cx^2+bx+a$，且所对应的 f 的值不变.

将$P(x)$按照(2)的操作方式得到$P_2(x)=P(x+1)=ax^3+(3a+b)x^2+(3a+2b+c)x+a+b+c+d$.

由$f(a,b,c,d)-f(a,3a+b,3a+2b+c,a+b+c+d)$

$=(3ad-bc)-[3a(a+b+c+d)-(3a+b)(3a+2b+c)]$

$=6a^2+6ab+2b^2$

$=(2a+b)^2+(a+b)^2+a^2$

$\geqslant 0$,

可知,操作前后所对应的f的值不变或减小.

由此可得,按照(1)(2)的操作方式所得到的f的值不变或减小.

而多项式x^3-2对应$f(1,0,0,-2)=-6$,多项式x^3-3x^2+3x-3对应$f(1,-3,3,-3)=0$. $f(1,0,0,-2)<f(1,-3,3,-3)$.

故不可能由多项式x^3-2得到多项式x^3-3x^2+3x-3.

2020年国际Zhautykov数学奥林匹克

第一题 已知对于任意正整数a, b，正整数n都不整除$2^a 3^b+1$。求证：对于任意正整数c, d，正整数n都不整除2^c+3^d。

证明： 假设存在正整数c, d，使得$n \mid (2^c+3^d)$。则$(n, 3)=1$。

由欧拉定理可知$3^{\varphi(n)} \equiv 1 \pmod n$，取正整数$k>\frac{d}{\varphi(n)}$，

则$k \cdot \varphi(n)-d$是正整数，$2^c \cdot 3^{k\cdot\varphi(n)-d} \equiv (-3^d)\cdot 3^{k\cdot\varphi(n)-d} \equiv -3^{k\cdot\varphi(n)} \equiv -1 \pmod n$。

即$n \mid (2^c \cdot 3^{k\cdot\varphi(n)-d}+1)$，这与题意不符，矛盾！

故假设不成立。

从而，对任意正整数c, d，有$n \nmid (2^c+3^d)$。

第二题 一个20元集合有$2k+1$个不同的7元子集，使得这些子集中的每一个都恰好与其余k个子集有交集。求k的最大值。

解： 设这个20元集合为$X=\{x_1, x_2, \cdots, x_{20}\}$。

当$k=2$时，符合题意。例如，取$A_1=\{x_1, x_2, x_3, x_4, x_5, x_6, x_7\}$，$A_2=\{x_5, x_6, x_7, x_8, x_9, x_{10}, x_{11}\}$，$A_3=\{x_9, x_{10}, x_{11}, x_{12}, x_{13}, x_{14}, x_{15}\}$，$A_4=\{x_{13}, x_{14}, x_{15}, x_{16}, x_{17}, x_{18}, x_{19}\}$，$A_5=\{x_{17}, x_{18}, x_{19}, x_{20}, x_1, x_2, x_3\}$。

下面证明：$k \leq 2$.

集合X的任意三个7元子集中，必有两个有交集.

任取一个7元子集A，它与k个7元子集$B_1, B_2, \cdots, B_k$有交集，其余k个子集$C_1, C_2, \cdots, C_k$均与A无交集. 则$C_1, C_2, \cdots, C_k$两两有交集.

由于每个C_i恰与其余k个子集有交集，故它恰好与$B_1, B_2, \cdots, B_k$中的一个子集有交集. 设$C_i \cap B_i \neq \varnothing$, $i=1,2,\cdots,k$.

若$k \geq 3$，则对任意$1 \leq i < j \leq k$，存在$t \in \{1,2,\cdots,k\}$且$t \neq i, j$. 由$C_t \cap B_i = \varnothing$, $C_t \cap B_j = \varnothing$，知$B_i \cap B_j \neq \varnothing$（任意三个7元子集中，必有两个有交集）. 因此$B_1, B_2, \cdots, B_k$两两有交集. 从而子集$B_1$至少与$1+(k-1)+1=k+1$个子集有交集，这与题意不符. 故$k \leq 2$.

综上所述，k的最大值是2.

第三题 已知凸六边形$ABCDEF$内接于圆.

求证：$AC \cdot BD \cdot CE \cdot DF \cdot AE \cdot BF \geq 27 AB \cdot BC \cdot CD \cdot DE \cdot EF \cdot FA$.

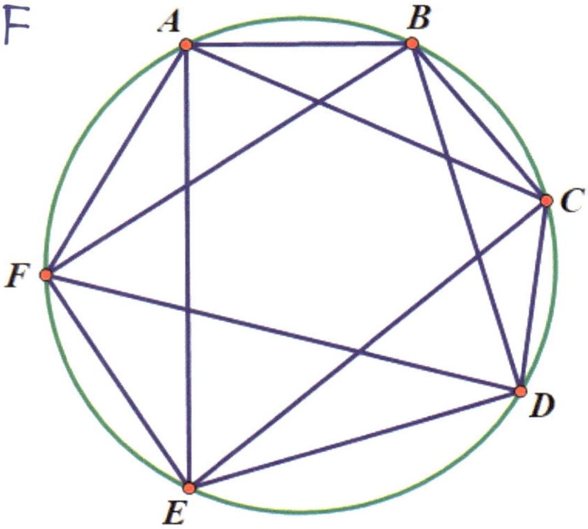

证明：以 A 为反演中心，R^2 为反演幂做反演变换，设在反演变换下 $X\longrightarrow X'$，则 B'、C'、D'、E'、F' 在同一条直线上．

$\because B'C'=BC\cdot\sqrt{\dfrac{AB'\cdot AC'}{AB\cdot AC}}=BC\cdot\dfrac{R^2}{AB\cdot AC}$，

$\therefore BC=B'C'\cdot\dfrac{AB\cdot AC}{R^2}$．

同理可得 $CD=C'D'\cdot\dfrac{AC\cdot AD}{R^2}$，$DE=D'E'\cdot\dfrac{AD\cdot AE}{R^2}$，$EF=E'F'\cdot\dfrac{AE\cdot AF}{R^2}$，$BD=B'D'\cdot\dfrac{AB\cdot AD}{R^2}$，$CE=C'E'\cdot\dfrac{AC\cdot AE}{R^2}$，$DF=D'F'\cdot\dfrac{AD\cdot AF}{R^2}$，$BF=B'F'\cdot\dfrac{AB\cdot AF}{R^2}$．

故原不等式 $\Longleftrightarrow B'D'\cdot C'E'\cdot D'F'\cdot B'F'$

$$\geqslant 27B'C'\cdot C'D'\cdot D'E'\cdot E'F'.\quad (*)$$

设 $B'C'=x$，$C'D'=y$，$D'E'=z$，$E'F'=w$．

则 $(*)$ 式 $\Longleftrightarrow (x+y)(y+z)(z+w)(x+y+z+w)$

$$\geqslant 27xyzw.\quad (**)$$

$\because x+y=\dfrac{x}{2}+\dfrac{x}{2}+y\geqslant 3\sqrt[3]{\left(\dfrac{x}{2}\right)^2y}$；$y+z\geqslant 2\sqrt{yz}$；

$z+w=z+\dfrac{w}{2}+\dfrac{w}{2}\geqslant 3\sqrt[3]{z\left(\dfrac{w}{2}\right)^2}$；

$$x+y+z+w=\frac{x}{2}+\frac{x}{2}+y+z+\frac{w}{2}+\frac{w}{2}\geqslant 6\cdot\sqrt[6]{\left(\frac{x}{2}\right)^2yz\left(\frac{w}{2}\right)^2},$$

$\therefore$ 上面四式相乘，立得 $(**)$ 成立．

故原不等式得证．

第四题 在不等边$\triangle ABC$中，I为内心，CN为角平分线．CN的延长线交$\triangle ABC$的外接圆于点M．作平行于AB，且与$\triangle ABC$内切圆相切的直线l．过点I作CI的垂线，交直线l于点R．设$\triangle MNR$的外接圆与直线IR再次相交于点S．求证：$AS=BS$．

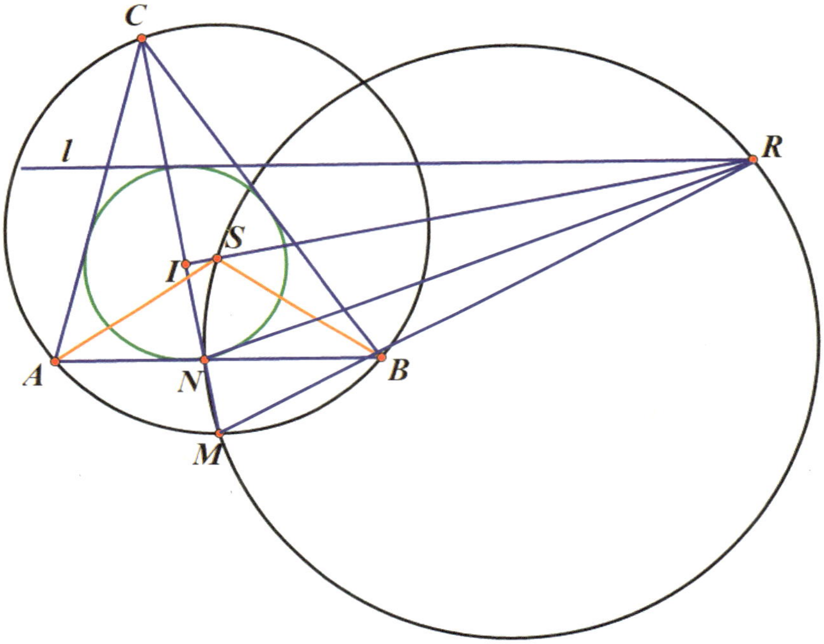

证明： 设直线CM，MS与l分别交于点D，E，过点N作$\odot I$的切线，交直线l于点R'，$\odot I$与l，NR'分别切于点P，Q．

$\because DR' /\!/ AB$，$\therefore \angle R'DI=\angle ANI=\angle R'NI$．

又$\because IP=IQ$，$\therefore Rt\triangle IPD \cong Rt\triangle IQN$．于是$ID=IN$．

又由$\angle R'DI=\angle R'NI$，可知$R'I\perp DN$．

而$RI\perp DN$，R、R'都在l上，故R'与R重合．

从而$\angle ERI=\angle NRS=\angle NMS$，即$E$，$R$，$M$，$I$四点共圆，亦即$\angle MER=\angle MIR=90^\circ$．

又∵ER∥AB，

∴AB⊥EM.

又∵M是$\overset{\frown}{AB}$的中点，

∴EM是线段AB的中垂线.

即SA=SB.

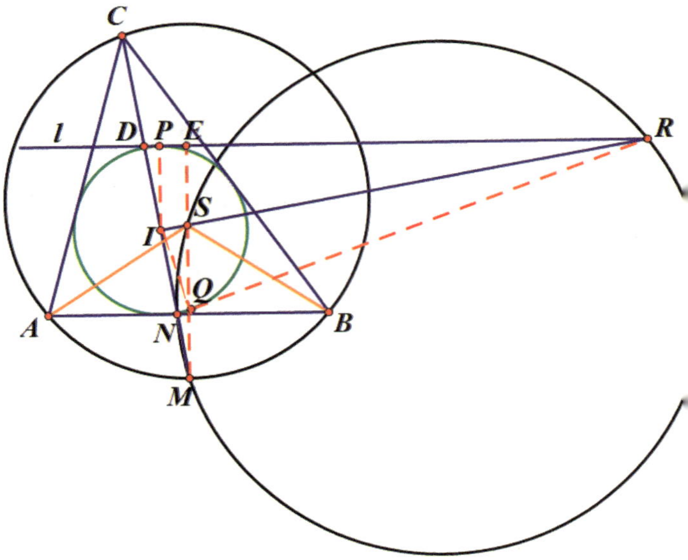

第五题 求所有函数$f:\mathbb{Z}\to\mathbb{Z}$，使得对任意整数$x$，$y$，有$f(4x+3y)=f(3x+y)+f(x+2y)$. ①

解：$f(x)=\begin{cases}\frac{mx}{5}, & 5\mid x\\ nx, & 5\nmid x\end{cases}$，其中$m,n\in\mathbb{Z}$.

在①中取$x=0$，得$f(3y)=f(y)+f(2y)$. ②

在①中取$y=-2x$，得$f(-2x)=f(x)+f(-3x)$. ③

在②中取$y=-x$，代入③中可得$f(-x)=-f(x)$. ④

对任意整数a，b，在①中取$x=2a-b$，$y=3b-a$得$f(5a+5b)=f(5a)+f(5b)$. ⑤

由④⑤易得$f(5t)=tf(5)$对任意整数t都成立.

故当$5\mid x$时，$f(x)=\frac{mx}{5}$，其中$m=f(5)$.

下面证明：当$5\nmid x$时，$f(x)=nx$，其中$n=f(1)$. ⑥

要证明⑥，只需考虑 $x>0$ 的情况（对 $x<0$，可由④得到）. 对 k 用数学归纳法证明：当 $x=5k+r$，k，r 是非负整数且 $0<r<5$ 时，$f(x)=nx$，其中 $n=f(1)$. ⑦

在①中取 $x=1$，$y=-1$ 得 $f(1)=f(2)+f(-1)$，故 $f(2)=f(1)-f(-1)=2f(1)=2n$.

在②中取 $y=1$ 得 $f(3)=f(1)+f(2)=3n$.

在①中取 $x=1$，$y=0$ 得 $f(4)=f(3)+f(1)=3n+n=4n$.

因此，⑦对 $k=0$ 成立.

假设：⑦对 $k<s$（s 是正整数）成立.

对 $k=s$，因为 $f(5s+1)=f(4(2s-2)+3(3-s))=f(3(2s-2)+(3-s))+f((2s-2)+2(3-s))=f(5s-3)+f(4)=(5s-3)n+4n=(5s+1)n$；

$f(5s+2)=f(4(2s-1)+3(2-s))=f(3(2s-1)+(2-s))+f((2s-1)+2(2-s))=f(5s-1)+f(3)=(5s-1)n+3n=(5s+2)n$；

$f(5s+3)=f(4\cdot 2s+3(1-s))=f(3\cdot 2s+(1-s))+f(2s+2(1-s))=f(5s+1)+f(2)=(5s+1)n+2n=(5s+3)n$；

$f(5s+4)=f(4(2s+1)+3(-s))=f(3(2s+1)+(-s))+f((2s+1)+2(-s))=f(5s+3)+f(1)=(5s+3)n+n=(5s+4)n$.

所以⑦对 $k=s$ 成立.

故⑦对任意非负整数 k 均成立.

由 $3x+y=5(x+y)-2(x+2y)=2(4x+3y)-5(x+y)$ 知：对任意整数 x，y，有 $4x+3y$，$3x+y$，$x+2y$ 都能被 5 整除或都不能被 5 整除.

容易验证$f(x)=\begin{cases}\frac{mx}{5}, & 5\mid x\\ nx, & 5\nmid x\end{cases}$，其中$m,n\in\mathbb{Z}$符合题意

第六题　已知正整数$n>2$，把$n\times n$的方格表中的某些方格染黑，其余小方格染白，在每个白格内写上与此白格至有一个公共顶点的黑格的个数。试求这些数之和的最可能值。

解：若将所有偶数行都染黑，则所得到的数之和为$3n^2-5n+2$。下面证明这是所求的最大值。

将小方格的顶点称为格点，则$n\times n$的方格表中共有$(n+1$个格点。题中所说的数之和是指具有共同顶点的小方格对(其中一个为白格，另一个为黑格)的个数。此种小方格可分成两类：

(1) 两个小方格恰有两个公共顶点；

(2) 两个小方格恰有一个公共顶点。

对于(1)这类小方格对，它们有一条公共边，将公共边上的两个格点分别添上$\frac{1}{2}$。对于(2)这类小方格对，在公共顶点添上1。则在这种小方格对中每对的公共顶点所添上的数之和为1。故按照上述方式对格点进行填数，所有格点所标的数之和等于所求的小方格对的个数。

我们会发现，对每个格点所填的数有以下几种情况：

(a) 在2×2的小方格中，当且仅当两个黑格相邻，两个白格相邻时，其内部（不含边界）的格点所标的数为3.

(b) 在2×2的小方格中，若不出现两个黑格相邻且两个白格相邻，则其内部（不含边界）的格点所标的数不超过2.

(c) 在不含顶点的边界（$n\times n$）格点中，当且仅当含该格点的两个小方格具有不同颜色时，该格点所标的数为$\frac{1}{2}$，其余为0.

(d) $n\times n$方格表的4个顶点所标的数都为0.

由此可知，所标的数总和不超过$3(n-1)^2+\frac{1}{2}(4n-4)=3n^2-4n+1$.

定义格点线：这是一条以某些小方格的边为边的折线，其两端点在$n\times n$方格表的相邻两条边界（不含顶点）上.

我们称一条格点线为"最优的"，是指这条格点线的两个端点处所标数为$\frac{1}{2}$，内部的格点所标数为3.

由前述对每个格点所标的数讨论可知，在$n\times n$方格表中不存在最优的格点线.

现在考虑以$n\times n$方格表左下角格点为顶点的正方形，这些正方形的右侧、上侧可形成格点线，这样可作出$n-1$条格点线；再以$n\times n$方格表右上角格点为顶点的正方形，这些正方形的左侧、下侧可形成格点线，这样可作出$n-1$条格点线.共作出$2(n-1)$条格点线.可以看出,$n\times n$方格表内部(不含边界)的格点恰好在所作的两条格点线上.而在$n\times n$方格表边界(不含顶点)的格点恰好在所作的一条格点线上.

这$2(n-1)$条格点线都不是"最优的",意味着每条格点线上格点所标的数总和不超过它对应"最优的"结果减去$\frac{1}{2}$(在端点处所标的数减$\frac{1}{2}$)或者不超过它对应"最优的"结果减去1(在内部所标的数减1).这说明标数总和不超过所有对应"最优的"格点线端点处所标的数减去$\frac{1}{4}$的状态下标数之和.

故所标的数总和不大于$3n^2-4n+1-\frac{1}{4}(4n-4)=3n^2-5n+2$.

2021年国际Zhautykov数学奥林匹克

第一题 求证：存在正整数n，使得3^n除以2^n所得的余数大于10^{2021}.

证明： 先取定正整数u，使得$3^u>10^{2021}$，再取定正整数v，使得$2^v>3^u$.

根据欧拉定理可得$3^{\varphi(2^v)}\equiv 1\pmod{2^v}$.

即$3^{2^{v-1}}\equiv 1\pmod{2^v}$.

从而，对任意正整数k，有$3^{u+k\cdot 2^{v-1}}\equiv 3^u\pmod{2^v}$.

取$n=u+k\cdot 2^{v-1}>v$，设3^n除以2^n所得的余数是r.

由$3^n\equiv 3^u\pmod{2^v}$，$3^n\equiv r\pmod{2^n}$，得$r\equiv 3^u\pmod{2^v}$.

而$2^v>3^u$，故$r\geqslant 3^u>10^{2021}$. 即3^n除以2^n所得的余数大于10^{2021}.

第二题 在圆内接凸六边形$ABCDEF$中，$BC=EF$，$CD=AF$. CE交DF于点P，AC交BF于点Q. 在线段DF、BF上分别取R、S，使得$FR=DP$，$FS=BQ$. 线段PS与RQ交于点T. 求证：CT平分线段BD.

证明：设CT与BD交于点M.

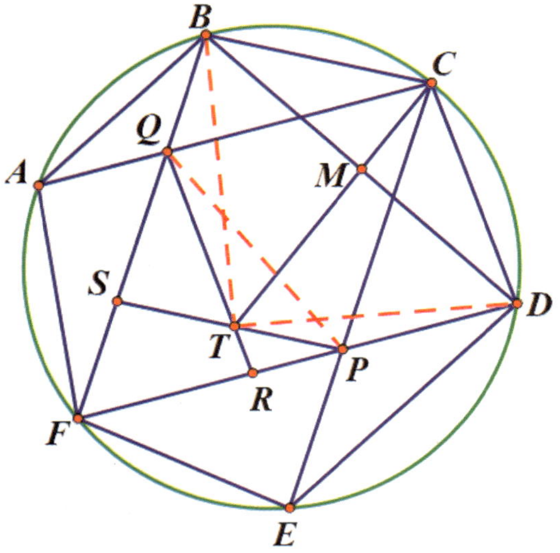

$\because \overset{\frown}{BC}=\overset{\frown}{EF}, \overset{\frown}{CD}=\overset{\frown}{AF}$,

$\therefore BF /\!/ CE, AC /\!/ DF$.

因此四边形CPFQ是平行四边形.

又由FR＝DP，FS＝BQ知：四边形CDRQ、CPSB都是平行四边形.

从而$\angle CPT+\angle CQT=\angle CBS+\angle CDR=180^\circ$，即C，P，T，Q四点共圆.

于是$\angle BCT=\angle BCQ+\angle QCT=\angle SPF+\angle QPT=\angle FPQ$，$\angle DCT=\angle DCP+\angle PCT=\angle RQF+\angle PQT=\angle FQP$.

故$\dfrac{BM}{CM}=\dfrac{S_{\triangle BCT}}{S_{\triangle CDT}}=\dfrac{\frac{1}{2}BC\cdot CT\cdot \sin\angle BCT}{\frac{1}{2}CD\cdot CT\cdot \sin\angle DCT}=\dfrac{BC}{CD}\cdot\dfrac{\sin\angle FPQ}{\sin\angle FQP}=\dfrac{EF}{AF}\cdot\dfrac{FQ}{FP}$. ①

$\because \angle EPF \overset{m}{=} \frac{1}{2}(\overset{\frown}{EF}+\overset{\frown}{CD}) \overset{m}{=} \frac{1}{2}(\overset{\frown}{BC}+\overset{\frown}{AF})=\angle AQF$，$\angle FEP+\angle FAQ=180^\circ$，

$\therefore \dfrac{EF}{FP}=\dfrac{\sin\angle EPF}{\sin\angle FEP}=\dfrac{\sin\angle AQF}{\sin\angle FAQ}=\dfrac{AF}{FQ}$. ②

结合① ②可得BM＝DM.

即CT平分线段BD.

第三题 给定正整数$n\geq 2$，在一个$n\times n$的方格表的每个单元格中填入一个实数，使得若从中取n个单元格，使这n个单元格两两不同行，两两不同列，则这n个单元格中的实数之和必为非负实数。下面对这个方格表进行如下操作：在每一步中，选定任意一行，任意一列，以及任意一个实数a。对该行的每个单元格中的实数加上a，该列的每个单元格中的实数减去a（这样方格表中所有数之和不变）。求证：可以通过若干步操作，使得每个单元格中的数非负。

证明： 若n个单元格两两不同行，两两不同列，则称这n个单元格为"好n格"。如果在一个$n\times n$的方格表的每个单元格中填入一个实数，使得每个"好n格"中的实数之和为非负实数，那么称这个$n\times n$的方格表及表上所填的数构成"好方格表"。将第i行（从上向下）第j列（从左向右）的方格记为(i,j)。

最初的方格表是"好方格表"，操作一次（选定任意一行，任意一列，以及任意一个实数a。对该行的每个单元格中的实数加上a，该列的每个单元格中的实数减去a）后，仍为"好方格表"。

在最初的方格表中有$n!$（有限）个"好n格"，必有一个"好n格"中的实数之和最小，将这个"好n格"称为"最小好n格",其上的实数之和为S.不妨设$S=0$(对方格表上每个方格中的数减去$\frac{S}{n}$,不改变方格表及数的性质).

设"最小好n格"中的n个方格所在的位置为(i,x_i),$i=1,2,\cdots,n$.依次互换方格表中的第x_i列与第i列上的数($i=1,2,\cdots,n$),不改变方格表及数的性质.故可不妨设"最小好n格"中的n个方格是从左上到右下对角线上的n个方格.记(i,i)上的数为a_i,$i=1,2,\cdots,n$,则$a_1+a_2+\cdots+a_n=0$.

可操作$n-1$步,使得从左上到右下对角线上的n个方格中的数都为0(选定第i行、第n列,对第i行的每个单元格中的实数加上$-a_i$,第n列的每个单元格中的实数减去$-a_i$,$i=1,2,\cdots,n-1$.这样(j,j)上的数为0,$j=1,2,\cdots,n$).

因此,只需在$(1,1)$,$(2,2)$,$\cdots$,(n,n)上的数都为0的"好方格表"中,证明可以通过若干步操作,使得每个单元格中的数非负.

设该"好方格表"中(i,j)上的数为$b_{i,j}$($i=1,2,\cdots,n$;$j=1,2,\cdots,n$),其中$b_{k,k}=0$($k=1,2,\cdots,n$).

现在作一个有向图G:用点v_i表示数i($i=1,2,\cdots,n$),在v_i与v_j之间连有向边$v_i\to v_j$,有向边上标上数$b_{i,j}$($i=1,2,\cdots,n$;$j=1,2,\cdots,n$).用$C_{i,j}$表示从v_i到v_j的路径上有向边所标的数之和的最小值.

则对任意$i,j\in\{1,2,\cdots,n\}$,有$b_{i,j}\geqslant C_{i,j}$. ①

设$v_{i_1}\to v_{i_2}\to\cdots\to v_{i_k}\to v_{i_1}$是图$G$的一个圈.

因为 $b_{i_1,i_2}+b_{i_2,i_3}+\cdots+b_{i_{k-1},i_k}+b_{i_k,i_1}+\sum\limits_{\substack{j\in\{1,2,\cdots,n\}\\ j\notin\{i_1,i_2,\cdots,i_k\}}} b_{j,j}\geqslant 0$，

而 $b_{j,j}=0$，所以 $b_{i_1,i_2}+b_{i_2,i_3}+\cdots+b_{i_k,i_1}\geqslant 0$.

故在有向图 G 中的每一个圈上，有向边上所标的数之和大于或等于0. ②

考虑在有向图 G 中，从 v_p 到 v_q 的路径，从 v_q 到 v_r 的路径，以及从 v_p 到 v_r 的路径. 结合 $C_{i,j}$ 的定义和②易知 $C_{p,q}+C_{q,r}\geqslant C_{p,r}$ 对任意 $p,q,r\in\{1,2,\cdots,n\}$ 都成立. ③

下面找到实数 $d_1,d_2,\cdots,d_n$，使得对任意 $i,j\in\{1,2,\cdots,n\}$，有 $d_i+C_{i,j}\geqslant d_j$. ④

先令 $d_1=0$，$d_2=C_{1,2}$. 则 $d_1+C_{1,2}=d_2$，$d_2+C_{2,1}=C_{1,2}+C_{2,1}\geqslant C_{1,1}\geqslant 0=d_1$.

假设 $d_1,d_2,\cdots,d_m\ (2\leqslant m<n)$ 已找出，满足对任意 $1\leqslant i<j\leqslant m$，有 $d_i+C_{i,j}\geqslant d_j$ 且 $d_j+C_{j,i}\geqslant d_i$.

需要找到 d_{m+1}，使得 $d_{m+1}+C_{m+1,k}\geqslant d_k$ 且 $d_k+C_{k,m+1}\geqslant d_{m+1}\ (k=1,2,\cdots,m)$. 这等价于 $d_{m+1}\in[d_k-C_{m+1,k},d_k+C_{k,m+1}]$（记该区间为 I_k），$\forall k\in\{1,2,\cdots,m\}$.

设 $d_t-C_{m+1,t}=\max\limits_{1\leqslant k\leqslant m}\{d_k-C_{m+1,k}\}$，

$d_r+C_{r,m+1}=\min\limits_{1\leqslant k\leqslant m}\{d_k+C_{k,m+1}\}$.

由③及归纳假设可得 $C_{r,m+1}+C_{m+1,t}\geqslant C_{r,t}\geqslant d_t-d_r$，从而 $d_t-C_{m+1,t}\leqslant d_r+C_{r,m+1}$，这表明 $I_1\cap I_2\cap\cdots\cap I_m\neq\varnothing$.

可取 $d_{m+1}\in I_1\cap I_2\cap\cdots\cap I_m$.

这样可以找到实数 $d_1,d_2,\cdots,d_n$，满足④.

接着依次选定第i行、第j列，以及一个实数d_i进行操作：对该行的每个单元格中的实数加上d_i，该列的每个单元格中的实数减去d_i $(i=1,2,\cdots,n)$. 操作结束后，(i,j)上的数变为$b_{i,j}+d_i-d_j$. 由$d_1,d_2,\cdots,d_n$的选取以及①可得
$b_{i,j}+d_i-d_j\geqslant b_{i,j}-c_{i,j}\geqslant 0$.

故按上述操作，可使得每个单元格中的数非负.

第四题 设ω是$\triangle ABC$的内切圆，圆ω的半径为r，在$\triangle ABC$的内部分别作三个小圆，使得它们既与三边中的两边相切，也与圆ω相切. 设这三个小圆的半径分别为r_1,r_2,r_3. 求证：$r_1+r_2+r_3\geqslant r$.

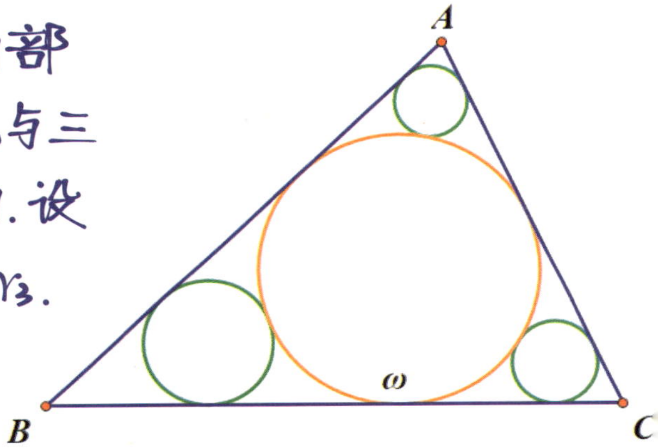

证明： 设圆ω的圆心为I，三个小圆的圆心分别为I_1,I_2,I_3，则A,I_1,I三点共线；B,I_2,I三点共线；C,I_3,I三点共线.

记$\alpha=\frac{1}{2}\angle BAC$，$\beta=\frac{1}{2}\angle ABC$，$\gamma=\frac{1}{2}\angle ACB$.

设$\odot I_1$、$\odot I$与AB分别切于点D、E.

在$Rt\triangle ADI_1$中，$AI_1=\frac{r_1}{\sin\alpha}$. 在$Rt\triangle AEI$中，$AI=\frac{r}{\sin\alpha}$.

而$AI=AI_1+I_1I=\frac{r_1}{\sin\alpha}+r_1+r$，故$\frac{r_1}{\sin\alpha}+r_1+r=\frac{r}{\sin\alpha}$.

即$\sin\alpha=\frac{r-r_1}{r+r_1}$. ①

同理可得 $\sin\beta=\frac{r-r_2}{r+r_2}$. ②

$\sin\gamma=\frac{r-r_3}{r+r_3}$. ③

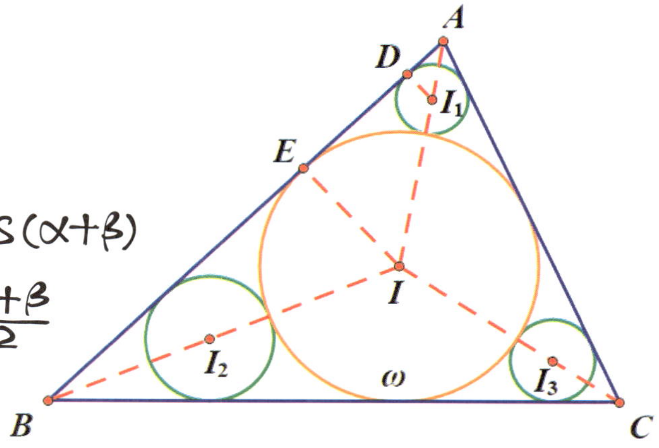

而 $\sin\alpha+\sin\beta+\sin\gamma$

$=2\sin\frac{\alpha+\beta}{2}\cos\frac{\alpha-\beta}{2}+\cos(\alpha+\beta)$

$\leqslant 2\sin\frac{\alpha+\beta}{2}+1-2\sin^2\frac{\alpha+\beta}{2}$

$=\frac{3}{2}-2\left(\sin\frac{\alpha+\beta}{2}-\frac{1}{2}\right)^2$

$\leqslant\frac{3}{2}$.

结合① ② ③可得 $\frac{r-r_1}{r+r_1}+\frac{r-r_2}{r+r_2}+\frac{r-r_3}{r+r_3}\leqslant\frac{3}{2}$.

对上式两边同加3得 $\frac{2r}{r+r_1}+\frac{2r}{r+r_2}+\frac{2r}{r+r_3}\leqslant\frac{9}{2}$.

即 $\frac{1}{r+r_1}+\frac{1}{r+r_2}+\frac{1}{r+r_3}\leqslant\frac{9}{4r}$. ④

由柯西不等式可得：$\frac{1}{r+r_1}+\frac{1}{r+r_2}+\frac{1}{r+r_3}$

$$\geqslant\frac{3^2}{(r+r_1)+(r+r_2)+(r+r_3)}$$

$$=\frac{9}{3r+r_1+r_2+r_3}.$$

再结合④可得 $\frac{9}{4r}\geqslant\frac{9}{3r+r_1+r_2+r_3}$，即 $r_1+r_2+r_3\geqslant r$.

[注] 另证：由①可得 $\frac{r_1}{r}=\frac{1-\sin\alpha}{1+\sin\alpha}=\frac{(1-\sin\alpha)^2}{\cos^2\alpha}$，即 $\sqrt{\frac{r_1}{r}}=\frac{1-\sin\alpha}{\cos\alpha}$.
同理可得 $\sqrt{\frac{r_2}{r}}=\frac{1-\sin\beta}{\cos\beta}$，$\sqrt{\frac{r_3}{r}}=\frac{1-\sin\gamma}{\cos\gamma}$.

由此易证：$\sqrt{r_1r_2}+\sqrt{r_2r_3}+\sqrt{r_3r_1}=r$.

从而 $r=\sqrt{r_1r_2}+\sqrt{r_2r_3}+\sqrt{r_3r_1}\leqslant\frac{1}{2}(r_1+r_2)+\frac{1}{2}(r_2+r_3)+\frac{1}{2}(r_3+r_1)=r_1+r_2+r_3$.

第五题 一次派对有99名客人参加. 为了助兴, A和B两位主人决定玩一个游戏. 首先, 他们准备了99把椅子, 围成一个圆圈. 随后, 所有的客人站在椅子附近. 两位主人轮流进行如下操作: 在每个回合中, 当前玩家可以指定任意一名客人坐进一把空椅子中. 此时, 若这把椅子附近的椅子已经有人坐下了, 那么当前玩家可以指定其中一个相邻椅子上坐着的客人站起来(如果相邻的两把椅子都有人, 则玩家任选一个. 如果恰有一把椅子有人, 则此人必须站起来). 所有的操作都瞬间完成. A先开始游戏, 她的游戏目标是圆圈中至少有k位客人坐在椅子上.

求k的最大值, 使得无论B如何操作, A都可以实现这个目标.

解: 用f表示在游戏中当前坐在椅子上的客人总数. 则任意按规则操作一次后, f不变或增大.

若有一种状态, 每把空椅子相邻的两张椅子中至少有一把坐有人, 则称这种状态为"优态". "优态"所对应的f≥33, 其中$f=33$当且仅当任意三把相继的椅子中恰有一把椅子上坐着客人, 称任意三把相继的椅子中恰有一把椅子坐着客人的状态为"坏的". "坏的"是一种特殊的"优态".

注意到, 若A在某次操作后, 状态是"优态", 设之后B让客人坐在椅子a上, 并让与其相邻的椅子b上的客人站起来，下一轮，A让一位客人坐在椅子b上，且让椅子a上的客人站起来。这样，A操作后，状态是"优态"。同样，若B在某次操作后，状态是"优态"，则之后B总可以让状态是"优态"。

下面证明：A有策略，使得圈圈中至少有34位客人。

在每一轮中，A尽可能地增加f(让一位客人坐在相邻两边都没有客人的椅子上)，直到有一轮结束后，将会有31或32位客人坐在椅子上(记该轮最后得到的状态为T)，即T所对应的$f_T=31$或32。

若$f_T=31$，在下一轮中，A可以适当操作使得f增加1，且B操作后不会达到"坏的"状态(否则，A操作后，B再操作得到"坏的"状态。T只可能是从某个客人所在椅子C，按一定方向31位客人之间两两恰有两把空椅子。A指定一位客人坐在与椅子C相隔一把椅子的位置上，且该位置两边都没有客人，这样B操作后不会达到"坏的"状态)。那么这一轮结束后，圈圈上有32或33位客人，且B操作后的状态不是"坏的"。

类似地，若$f_T=32$，在下一轮中，A可以适当操作，使得B操作后不会达到"坏的"状态。这一轮结束后，圈圈上有33或34位客人，且B操作后的状态不是"坏的"。

也就是说，A总可以使得某一轮结束后(记该轮最后得到的状态为S)，至少有33位客人坐在椅子上，且B操作后的状态不是"坏的"。若$f_S=33$，则由S不是"坏的"，可知S中必有两位客人之间(没有客人)至少有三把空椅子，A选一位客人坐在中间的空椅子(两边没有客人)上，这样总可以让f达到34。

再证明：B有策略，使得圆圈中至多有34位客人.

在第一轮A操作后，对圆圈中的椅子，从有客人的椅子开始按顺时针方向依次标号：1, 2, 3, …, 99（有客人的椅子记为1号），将99把椅子分成33组：(1, 2, 3), (4, 5, 6), …, (97, 98, 99). 在之后的操作中B总可以让第一组(1, 2, 3)至少有两位客人，第 i ($i=2, 3, \cdots, 33$) 组中只有编号为 $3i-1$ 的椅子有客人. 这样，B每次操作后圆圈中客人的总数不超过34.

综上所述，所求 k 的最大值是34.

第六题 已知 n 次有理系数多项式 $P(x)$ 不能被表示为两个非常值有理系数多项式的乘积. 若次数小于 n 的非常值有理系数多项式 $Q(x)$ 满足 $P(x)$ 整除 $P(Q(x))$，则称 $Q(x)$ 是神奇多项式.

(1) 证明：神奇多项式只有有限个；

(2) 证明：神奇多项式的个数不超过 n.

本题只要证明问题(2)，那么问题(1)自然成立！

证明：设 $P(x)$ 的 n 个根为 $x_1, x_2, \cdots, x_n$.

由 $P(x)$ 在有理数域上不可约，知 $x_1, x_2, \cdots, x_n \notin \mathbb{Q}$.

若 $Q(x)$ 是神奇多项式，由 $P(x) \mid P(Q(x))$ 知 $P(Q(x_k))=0$，$k=1, 2, \cdots, n$. 从而 $Q(x_1), Q(x_2), \cdots, Q(x_n)$ 是 $P(x)$ 的根. ①

下面证明：对任意的 $k\in\{1,2,\cdots,n\}$，至多有一个神奇多项式 $Q(x)$，使得 $Q(x_1)=x_k$. ②

假设存在两个不同的神奇多项式 $Q_1(x)$，$Q_2(x)$，使得 $Q_1(x_1)=Q_2(x_1)=x_k$.

设 $F(x)=Q_1(x)-Q_2(x)$，则 $F(x)$ 是有理系数多项式.

因 $\deg F\leqslant\max\{\deg Q_1,\deg Q_2\}<n$，$x_1$ 是 $F(x)$ 的根，而 x_1 也是 $P(x)$ 的根.

故存在非常值有理系数多项式 $G(x)$，使得 $G(x)\mid F(x)$，$G(x)\mid P(x)$. 这表明多项式 $P(x)$ 在有理数域上可约，这与题设条件不符！

因此②成立.

结合①②知，神奇多项式的个数不超过 n.

2022年国际Zhautykov数学奥林匹克

第一题 三个非零实系数多项式$P(x)$，$Q(x)$，$R(x)$满足$P(x)+Q(x)+R(x)=P(Q(x))+Q(R(x))+R(P(x))=0$. 求证：这三个多项式的次数都是偶数.

证明：设$n=\max\{\deg P, \deg Q, \deg R\}$.

记$P(x)$，$Q(x)$，$R(x)$的x^n项系数分别为p，q，r.

考虑$P(x)+Q(x)+R(x)=0$左、右两边x^n项系数，以及$P(Q(x))+Q(R(x))+R(P(x))=0$左、右两边$x^{n^2}$项系数得

$p+q+r=0$. ①　　$pq^n+qr^n+rp^n=0$. ②

由① ②知p，q，r都不为0（否则，若至少有一个为0，则$p=q=r=0$），即$\deg P=\deg Q=\deg R=n$.

假设n为奇数.

由①知p，q，r两正一负或一正两负. 不妨设p，$q>0$，$r<0$.

于是$pq^n=-qr^n-rp^n=q\cdot(-r)^n+(-r)\cdot p^n>q\cdot(-r)^n=q\cdot(p+q)^n>q\cdot pq^{n-1}=pq^n$不成立.

故n为偶数. $P(x)$，$Q(x)$，$R(x)$的次数都是偶数.

第二题 平面上有一个十阶二叉树：先画一个点 A_1，接着画两条线段连接 A_1 与另外两个点 B_1, B_2，然后对 B_1, B_2 分别画两条线段连接点 C_1, C_2 和点 C_3, C_4. 如此往复，一直画到 $J_1, J_2, \cdots, J_{512}$ 为止.

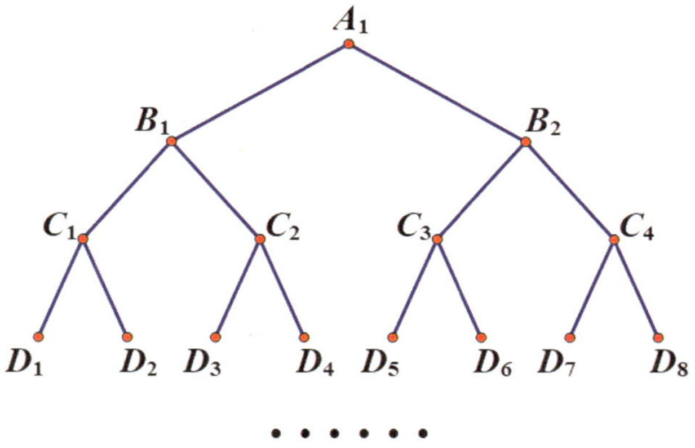

将 $J_1, J_2, \cdots, J_{512}$ 这些点中每一个都涂成蓝色或金色，考虑这棵树中所有点的重排映射 f：(1) 若点 X 与 Y 相连，则 $f(X)$ 与 $f(Y)$ 也相连；(2) 若 X 已被涂色，则 $f(X)$ 也涂上相同的颜色.

求 M 的最大值，使得无论树中的点如何涂色，都能找到 M 个具有上述性质的映射.

解： 先作一个定义，设 T_1, T_2 是两个 n 阶二叉树，如果映射 $f: T_1 \longrightarrow T_2$ 满足以下两个条件：

(1) 在 T_1 中 X 与 Y 相连，则在 T_2 中 $f(X)$ 与 $f(Y)$ 相连；

(2) 若 X 已被涂色，则 $f(X)$ 也涂上相同的颜色.

那么 f 称为从 T_1 到 T_2 的一个同构，T_1 与 T_2 互为同构图.

可考虑一个更一般的问题：对于 $n(n \geqslant 3)$ 阶二叉树的情况，至多能找到 M_n 个同构图.

易验证：$M_3 \geqslant 2$.

对于$n(n\geqslant 3)$阶二叉树，以A_1为根节点，第$n-3$层有2^{n-3}个节点，每个节点以及它的后代形成一个三阶二叉树，而每个三阶二叉树至少有2个同构图.

故$M_n\geqslant \underbrace{2\times 2\times\cdots\times 2}_{2^{n-3}个}=2^{2^{n-3}}$.

下面构造恰有$2^{2^{n-3}}$个同构图的例子：

当$n=3$时，节点有三种涂色方式：

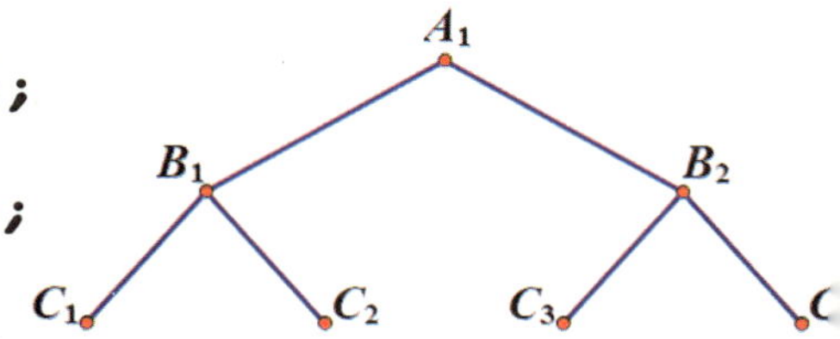

(i) C_1,C_2,C_3涂蓝色，C_4涂金色；

(ii) C_1,C_2,C_3涂金色，C_4涂蓝色；

(iii) C_1,C_3涂蓝色，C_2,C_4涂金色.

这三棵树互不同构，且在每种情形下，都恰有两个同构图.

假设当$n=k(k\geqslant 3)$时，存在三种涂色方式对应的树T_1，T_2，T_3互不同构，且在每种情况下，都恰有$2^{2^{k-3}}$个同构图.

对于$n=k+1$，有三种方式得到$k+1$阶二叉树：

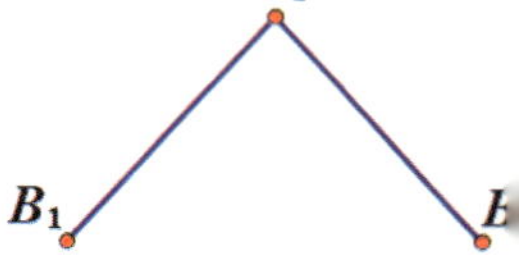

(i) 以B_1为根节点作T_1，以B_2为根节点作T_2.

(ii) 以B_1为根节点作T_2，以B_2为根节点作T_3.

(iii) 以B_1为根节点作T_3，以B_2为根节点作T_1.

所得到的三个$k+1$阶二叉树互不同构，且都恰有$(2^{2^{k-3}})^2=2^{2^{k-2}}$个同构图.

故$M_n=2^{2^{n-3}}$.

本题所求M的最大值是2^{2^7}.

第三题 在平行四边形ABCD中，$\angle A<90°$，N为边AD上的一点，在线段CN上有点M，使得$AB=BM=CM$。点N关于MD的对称点为点K，设直线MK交AD于点L。$\triangle AMD$的外接圆与$\triangle CNK$的外接圆有个交点P，满足A与P在直线MK的同侧。求证：$\angle CPM=\angle DPL$。

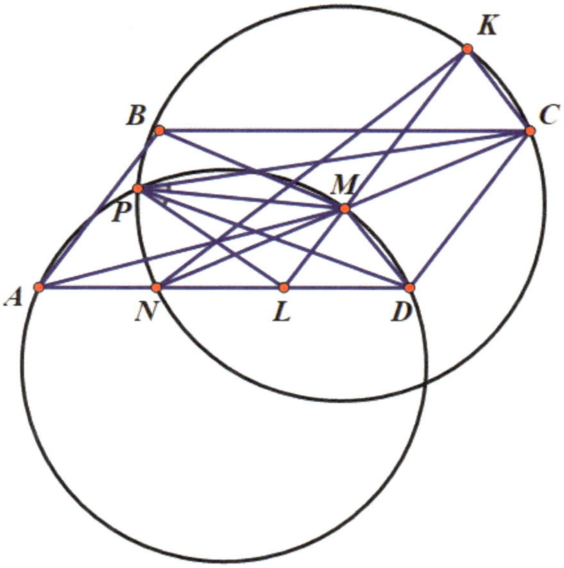

证明： ∵点N、K关于DM对称，

∴$\angle MKN=90°-\frac{1}{2}\angle KMN=90°-\angle CMD$。①

∵$CD=AB=BM=CM$，∴$\triangle ABM$、$\triangle BCM$、$\triangle CDM$都是等腰三角形。

从而$\angle BAM=90°-\frac{1}{2}\angle ABM=90°-\frac{1}{2}(\angle ABC-\angle MBC)=\frac{1}{2}\angle MBC+90°-\frac{1}{2}\angle ABC=\frac{1}{2}\angle MCB+\frac{1}{2}\angle BCD=\angle BCD-\frac{1}{2}\angle MCD$。

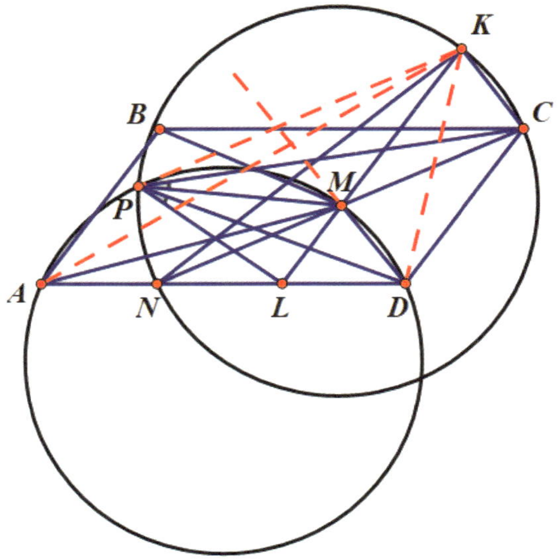

于是$\angle MAN=\angle BAD-\angle BAM=\angle BCD-(\angle BCD-\frac{1}{2}\angle MCD)=\frac{1}{2}\angle MCD=90°-\angle CMD$。②

由① ②得$\angle MKN=\angle MAN$，即A，K，M，N四点共圆。

又∵$MN=MK$，∴AM平分$\angle NAK\Rightarrow\frac{AL}{AK}=\frac{LM}{MK}$。③

∵ N, K 关于 DM 对称，∴ DM 平分 $\angle KDN \Rightarrow \frac{DL}{DK}=\frac{LM}{MK}$. ④

由③④得 $\frac{AL}{AK}=\frac{DL}{DK}=\frac{LM}{MK}$，即 A, D, M 在以 L, K 为定点，$\frac{LM}{MK}$ 为定比的阿波罗尼斯圆上. 又点 P 在该圆上，得 $\frac{PL}{PK}=\frac{LM}{MK}$，故 PM 平分 $\angle KPL$. ⑤

而 $\angle KPC=\angle KNC=\angle KNM=\angle MAN=\angle MAD=\angle MPD$. ⑥

由⑤⑥得 $\angle CPM=\angle KPM-\angle KPC=\angle LPM-\angle MPD=\angle DPL$.

第四题 在 $\triangle ABC$ 中，内心为 I，边 AB 的中点为 M，点 A 关于 BI 的对称点为 A_1，点 B 关于 AI 的对称点为 B_1，线段 A_1B_1 的中点为 N. 求证：$IN>IM$.

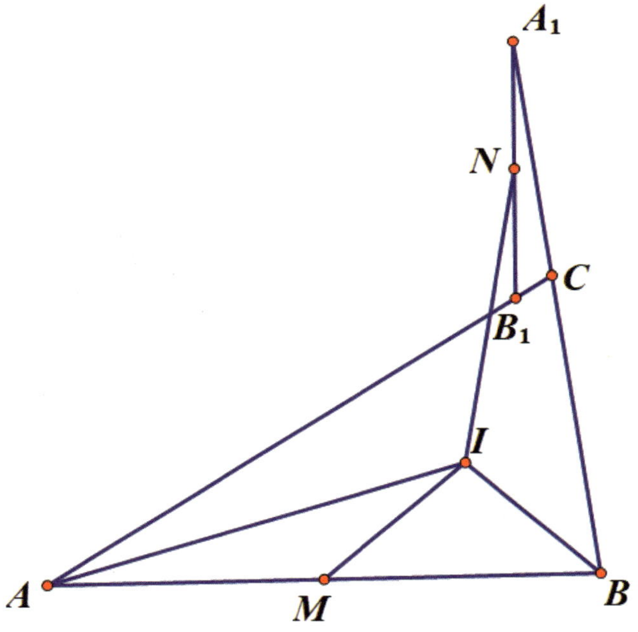

证明：设直线 AI 交 BB_1 于点 P，直线 BI 交 AA_1 于点 Q.

则 P、Q 分别是线段 BB_1、AA_1 的中点，且 $AP\perp BB_1$，$BQ\perp AA_1$.

$\because \angle APB=\angle AQB=90^\circ$，$\therefore A,B,P,Q$ 在以 AB 为直径的圆上，M 为圆心，记该圆为 $\odot M$.

$\because \angle AIB=90^\circ+\frac{1}{2}\angle ACB>90^\circ$，

$\therefore$ 点 I 在 $\odot M$ 的内部.

即 I 在线段 AP、BQ 上.

从而 I 在四边形 $ABPQ$ 的内部.

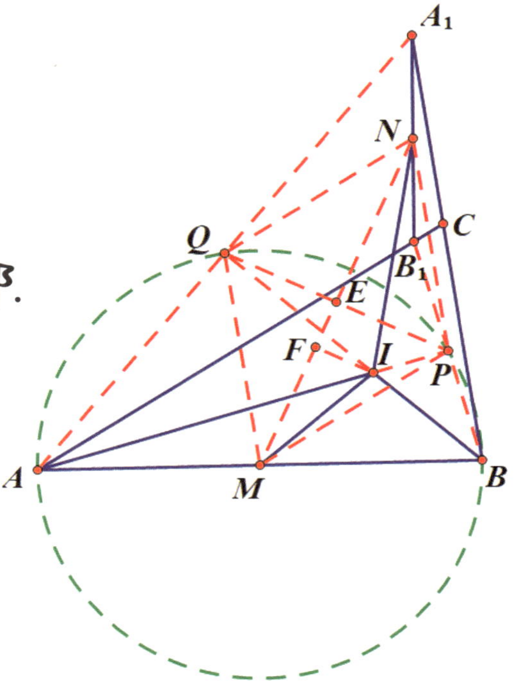

在 $\triangle AA_1B_1$ 中，QN 是中位线，

得 $QN \mathrel{\underline{\underline{\parallel}}} \frac{1}{2}AB_1$.

在 $\triangle BA_1B_1$ 中，PN 是中位线，

得 $PN \mathrel{\underline{\underline{\parallel}}} \frac{1}{2}BA_1$.

又 $\because AB_1=AB=BA_1$，

$\therefore QN=PN=\frac{1}{2}AB$.

又 $MQ=MP=\frac{1}{2}AB$，得四边形 $MPNQ$ 是菱形.

设 PQ 交 MN 于点 E，则 E 是线段 MN 的中点.

作 $IF\perp MN$ 于点 F，由 I 在四边形 $ABPQ$ 的内部，知点 F 在线段 ME 上.

于是 $NF>MF$.

故 $IN=\sqrt{NF^2+IF^2}>\sqrt{MF^2+IF^2}=IM$.

第五题 给定次数大于1的实系数多项式$f(x)$.求证:存在无穷多个正整数不能被表示为$f(n+1)+f(n+2)+\cdots+f(n+k)$的形式,其中$n,k$是正整数.

证明:设$f(x)=a_mx^m+a_{m-1}x^{m-1}+\cdots+a_1x+a_0$,其中$a_m\neq 0$,$m\geqslant 2$.

当$a_m<0$时,只有有限个正整数x,使得$f(x)>0$.因此$f(n+1)+f(n+2)+\cdots+f(n+k)$有界,且有有限个正值.设上界为$C$,则对任意大于$C$的正整数,均不能表示成$f(n+1)+f(n+2)+\cdots+f(n+k)$的形式.

当$a_m>0$时,若$x\to+\infty$,则$f(x)\to+\infty$.故只有有限个正整数x,使得$f(x)\leqslant 0$.于是,存在正整数t,使得对任意正整数n,l $(l\geqslant t)$,有$f(n+1)+f(n+2)+\cdots+f(n+l)>0$.(*)

设$\gamma\in(0,a_m)$.存在$q>1$,使得当$x>q$时,$f(x)-\gamma x^m=(a_m-\gamma)x^m+a_{m-1}x^{m-1}+\cdots+a_1x+a_0>0$.即对任意$x>q$,有$f(x)>\gamma x^m\geqslant\gamma x^2$.

设正整数$N>\max\{\gamma q^3,\gamma t^3\}$.

下面考虑满足$f(n+1)+f(n+2)+\cdots+f(n+k)\leqslant N$的正整数对$(n,k)$的个数,记有$g$个.

若$n>\sqrt{\frac{N}{\gamma}}$,则$n+1,n+2,\cdots,n+k$都大于$q$,从而$N\geqslant f(n+1)+f(n+2)+\cdots+f(n+k)\geqslant\gamma(n+1)^2>\gamma n^2>N$不成立.

故$n\leqslant\sqrt{\frac{N}{\gamma}}$.

若 $k>2\sqrt[3]{\frac{N}{r}}$，则 $\frac{k}{2}>\sqrt[3]{\frac{N}{r}}>\max\{q,t\}$，由(*)得 $f(n+1)+f(n+2)+\cdots+f(n+[\frac{k}{2}])>0$.

又 $n+[\frac{k}{2}]+1, n+[\frac{k}{2}]+2, \cdots, n+k$ 都大于 q，得 $N\geqslant f(n+1)+f(n+2)+\cdots+f(n+k)>f(n+[\frac{k}{2}]+1)+f(n+[\frac{k}{2}]+2)+\cdots+f(n+k)\geqslant(k-[\frac{k}{2}])\cdot r(n+[\frac{k}{2}]+1)^2\geqslant\frac{k}{2}\cdot r(\frac{k}{2})^2=r\cdot(\frac{k}{2})^3>N$.

上式不成立. 故 $k\leqslant 2\sqrt[3]{\frac{N}{r}}$.

于是 $q\leqslant\sqrt{\frac{N}{r}}\cdot 2\sqrt[3]{\frac{N}{r}}=2\left(\frac{N}{r}\right)^{\frac{5}{6}}$，从而 $N-q\geqslant N-2\left(\frac{N}{r}\right)^{\frac{5}{6}}$.

当 $N\longrightarrow+\infty$ 时，$N-2\left(\frac{N}{r}\right)^{\frac{5}{6}}\longrightarrow+\infty$.

故有无穷多个正整数不能被表示为 $\sum_{i=1}^{k}f(n+i)$ 的形式.

第六题 是否存在两个有界数列 $a_1, a_2, \cdots$ 和 $b_1, b_2, \cdots$. 使得对任意两个正整数 $m, n(m>n)$，两个不等式 $|a_m-a_n|>\frac{1}{\sqrt{n}}$ 和 $|b_m-b_n|>\frac{1}{\sqrt{n}}$ 中至少有一个成立.

解：假设存在两个有界数列 $a_1, a_2, \cdots$ 和 $b_1, b_2, \cdots$，使其符合题意.

设点 P_i 的坐标是 (a_i, b_i)，$i=1,2,3,\cdots$.

则对任意两个不同的正整数 $m, n(m>n)$，有 $P_mP_n=\sqrt{(a_m-a_n)^2+(b_m-b_n)^2}\geqslant\max\{|a_m-a_n|,|b_m-b_n|\}>\frac{1}{\sqrt{n}}>\frac{1}{2}\left(\frac{1}{\sqrt{m}}+\frac{1}{\sqrt{n}}\right)$.

由数列$\{a_n\}$，$\{b_n\}$是有界数列，知存在C，使得$|a_n|<C$，$|b_n|<C$。于是以原点为圆心，$\sqrt{2}C+1$为半径作圆Ω，点$P_i(i=1,2,\cdots)$都在圆Ω的内部，且圆Ω上任意一点到点P_i的距离大于1。

以P_i为圆心，$\frac{1}{2\sqrt{i}}$为半径作圆Ω_i，则圆$\Omega_i(i=1,2,\cdots)$都在圆Ω的内部，且对任意两个不同的正整数m，n，圆Ω_m与圆Ω_n外离。

从而圆Ω的面积大于所有圆$\Omega_i(i=1,2,\cdots)$的面积之和，即$(\sqrt{2}C+1)^2\pi>\sum\limits_{i=1}^{\infty}\left(\frac{1}{2\sqrt{i}}\right)^2\pi$。

亦即$\sum\limits_{i=1}^{\infty}\frac{1}{i}<4(\sqrt{2}C+1)^2$。这与$\sum\limits_{i=1}^{\infty}\frac{1}{i}$发散矛盾。

故假设不成立，不存在符合题意的两个有界数列。

2023年国际Zhautykov数学奥林匹克

第一题 甲有一叠1001张卡片，他用蓝笔在1001张卡片上分别写上1，2，…，1001，并将所有卡片写有数的那一面朝下，把卡片摆成一圈。对于任意一张卡片C，甲按顺时针方向取走C及其后的500张卡片。定义$f(C)$为这501张卡片上写的数大于C上的数的卡片个数。甲用红笔在卡片C上写下$f(C)$这个数。求证：甲的好友乙可以在只看到每张卡片上红色数的情况下求出每张卡片上用蓝笔所写的数。

先证明：必能找出蓝色数中最大数所在的卡片。

考虑红色数中最小数（该数必为0）所在的卡片。

若只有一张卡片上红色数为0，则该卡片上蓝笔所写的数是蓝色数中最大的数。

若至少有两张卡片上红色数为0，设这些卡片按顺时针方向依次为$A_1, A_2, \cdots, A_m$ $(m \geqslant 2)$。记A_i与A_{i+1}之间有a_i张卡片，$i=1,2,\cdots,m$，其中$A_{m+1}=A_1$。

则$a_1, a_2, \cdots, a_m$不可能都小于或等于499（否则，A_1上的蓝色数$>A_2$上的蓝色数$>\cdots>A_m$上的蓝色数$>A_1$上的蓝色数，不可能），$a_1, a_2, \cdots, a_m$中不可能有两个大于或等于500（否则，卡片总数$\geqslant 500\times 2+2=1002>1001$，矛盾！）。

因此$a_1, a_2, \cdots, a_m$中仅有一个大于或等于500.

不妨设$a_m \geqslant 500$. 则卡片A_1上蓝笔所写的数是蓝色数中最大的数.

这样可先找出蓝色数中最大数1001所在的卡片. 记该卡片为"X牌", 之后把"X牌"看作空白卡片.

现在把"X牌"前500张卡片上的红色数各减1, 则非"X牌"的任意一张卡片C, 红笔所写的数是$f(C)$("X牌"仅作为一张卡片, 不再考虑其上的数).

此时, 非"X牌"上蓝色数中最大的数是1000, 按照同前述类似方式可确定蓝色数1000所在的卡片. 接着把该卡片记为"X牌", 再把其前500张卡片上的红色数各减1, 可确定当下局面蓝色数中最大数999所在的卡片.

把每次确定当下局面蓝色数中最大数所在的卡片记为"X牌", 再确定下一张"X牌". 之后可依次确定蓝色数998, 997, $\cdots$, 2, 1所在的卡片.

第二题 不等边$\triangle ABC$的外接圆为Ω，过点C作Ω的切线交直线AB于点D. 再过点D作直线分别交AC、BC于点K、L. 在线段AB上有两点M、N，满足$AC /\!/ NL$，$BC /\!/ KM$. 设NL交KM于点P，且P在$\triangle ABC$的内部，$\triangle MNP$的外接圆为圆ω，直线CP与圆ω不同于P的交点为Q. 求证：DQ与圆ω相切.

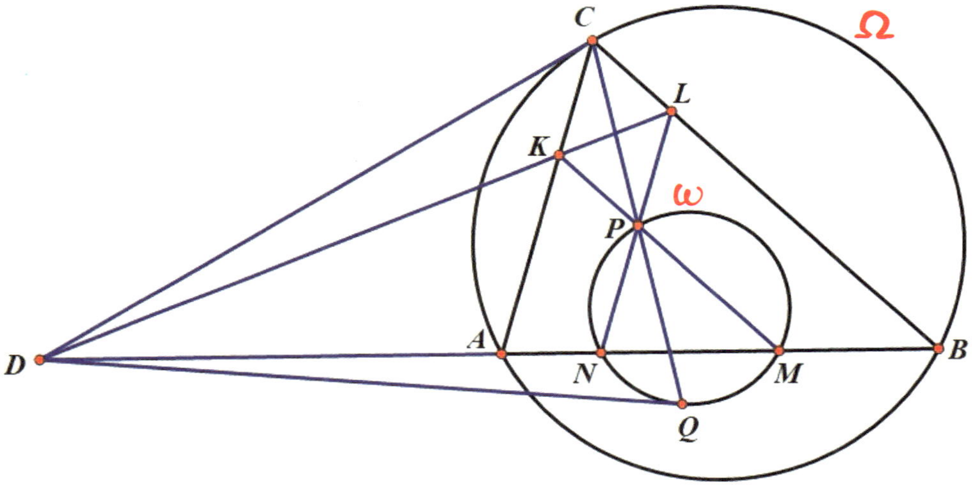

证明： $\because AC /\!/ NL$，$\therefore \angle CAM=\angle PNM=\angle PQM$.

即A,C,M,Q四点共圆.

同理可得B,C,N,Q四点共圆.

于是$\angle AQN=\angle AQM-\angle MQN=(180^\circ-\angle ACM)-(180^\circ-\angle MPN)=\angle MPN-\angle ACM=\angle ACB-\angle ACM=\angle BCM$. ①

同理可得$\angle BQM=\angle ACN$. ②

$\because AK /\!/ NL$，$MK /\!/ BL$.

$\therefore \dfrac{DA}{DN}=\dfrac{DK}{DL}=\dfrac{DM}{DB} \Rightarrow DM\cdot DN=DA\cdot DB=DC^2$. ③

从而$\triangle CDN \backsim \triangle MDC$. 因此$\angle DCN=\angle DMC$.

又$\because \angle DCA=\angle DBC$,

$\therefore \angle ACN=\angle DCN-\angle DCA=\angle DMC-\angle DBC=\angle BCM$.

又由①②得$\angle AQN=\angle BQM$.

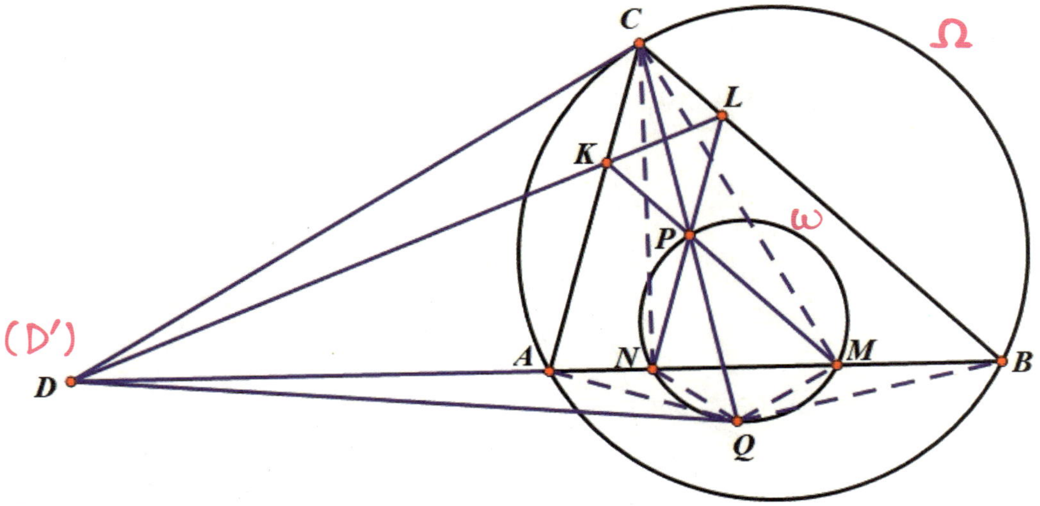

过点Q作圆ω的切线交直线AB于点D′.

$\because \angle D'QA=\angle D'QN-\angle AQN=\angle D'MQ-\angle BQM=\angle D'BQ$.

$\therefore D'Q$与$\triangle ABQ$的外接圆相切.

即圆ω与$\triangle ABQ$的外接圆相切于点Q,且$D'Q$是公切线.亦即$D'Q$是圆ω与$\triangle ABQ$的外接圆的根轴.

由③得$DM\cdot DN=DA\cdot DB\Rightarrow$点D对圆ω、$\triangle ABQ$的外接圆等幂.即D在圆ω与$\triangle ABQ$的外接圆的根轴上.亦即DQ是圆ω与$\triangle ABQ$的外接圆的根轴.

从而D'与D重合.故DQ与圆ω相切.

第三题 已知$a_1,a_2,\cdots,a_k$为正整数，记$a_1x_1+a_2x_2+\cdots+a_kx_k=n$的非负整数解的个数为$S(n)$. 对所有充分大的正整数$n$，有$S(n)\neq 0$. 求证：对一切充分大的正整数$n$，都有$S(n+1)<2S(n)$.

证明：因对所有充分大的正整数n，有$S(n)\neq 0$.

故$\gcd(a_1,a_2,\cdots,a_k)=1$.

记$f(x)=\dfrac{1}{(1-x^{a_1})(1-x^{a_2})\cdots(1-x^{a_k})}$，则$S(n)$是$f(x)$展开式中$x^n$的系数.

设$a_1、a_2、\cdots、a_k$次单位根构成T. 记$T=\{1,\omega_1,\omega_2,\cdots,\omega_m\}$

则$(1-x^{a_1})(1-x^{a_2})\cdots(1-x^{a_k})$可表示成$(1-x)^k(1-\omega_1x)^{\alpha_1}\cdot(1-\omega_2x)^{\alpha_2}\cdots(1-\omega_mx)^{\alpha_m}$，其中$\alpha_1,\alpha_2,\cdots,\alpha_m$是正整数，由$\gcd(a_1,a_2,\cdots,a_k)=1$知$\alpha_1,\alpha_2,\cdots,\alpha_m<k$.

将$f(x)$分解为部分分式之和，可表示为

$$\begin{aligned}f(x)&=\frac{1}{(1-x)^k\prod\limits_{j=1}^{m}(1-\omega_jx)^{\alpha_j}}\\&=\sum_{j=1}^{k}\frac{g_j}{(1-x)^j}+\sum_{j=1}^{m}\sum_{i=1}^{\alpha_j}\frac{h_{i,j}}{(1-\omega_jx)^i}.\quad(*)\end{aligned}$$

上式分子都是常数.

考虑$(*)$式的展开式中x^n的系数，得$S(n)=\sum\limits_{j=1}^{k}g_jC_{j-1+n}^{j-1}+\sum\limits_{j=1}^{m}\sum\limits_{i=1}^{\alpha_j}h_{i,j}\cdot\omega_j^nC_{i-1+n}^{i-1}$.

于是 $S(n)$ 可表示成关于 n 的 $k-1$ 次多项式，其首项系数等于 $g_k\cdot C_{k-1+n}^{k-1}$ 表示成关于 n 的多项式的首项系数，即为 $\frac{g_k}{(k-1)!}$。

下面求 g_k。

$f(x)$ 可表示为
$$\frac{1}{(1-x)^k\prod_{j=1}^{k}(1+x+x^2+\cdots+x^{a_j-1})}$$
$$=\frac{g_k}{(1-x)^k}+\frac{P(x)}{(1-x)^{k-1}}+\frac{Q(x)}{\prod_{j=1}^{k}(1+x+x^2+\cdots+x^{a_j-1})}$$

去分母得 $1=g_k\cdot\prod_{j=1}^{k}(1+x+x^2+\cdots+x^{a_j-1})+P(x)\cdot(1-x)\cdot\prod_{j=1}^{k}(1+x+x^2+\cdots+x^{a_j-1})+Q(x)\cdot(1-x)^k$.

在上式中取 $x=1$ 得 $g_k=\frac{1}{a_1a_2\cdots a_k}$.

故 $S(n)=\frac{1}{(k-1)!\,a_1a_2\cdots a_k}n^{k-1}+O(n^{k-2})$.

因此，对一切充分大的 n，有 $S(n+1)<2S(n)$.

第四题 给定大于 2 的正整数 n，有 n 个不必互异的非零实数之和为 0. 将这 n 个实数组成集合的 2^n-1 个非空子集的元素和由大到小排成一列，这一列中第一个数为 S. 求第二个数的最小值.

解：设 n 个数为 $a_1, a_2, \cdots, a_n$，其中 $a_1 \geqslant a_2 \geqslant \cdots \geqslant a_k > 0 > a_{k+1} \geqslant a_{k+2} \geqslant \cdots \geqslant a_n$，且 $a_1 + a_2 + \cdots + a_n = 0$.

则 $\{a_1, a_2, \cdots, a_n\}$ 的子集的元素和最大为 $S = \sum\limits_{i=1}^{k} a_i$，次大为 $\max\{a_1 + a_2 + \cdots + a_{k-1}, a_1 + a_2 + \cdots + a_{k+1}\}$

$= S - \min\{a_k, -a_{k+1}\}$，记该数为 T.

本题要求 T 的最小值.

$\because S = \sum\limits_{i=1}^{k} a_i \geqslant k a_k$，$\therefore a_k \leqslant \dfrac{S}{k}$.

$\because 0 = \sum\limits_{i=1}^{n} a_i = S + \sum\limits_{j=k+1}^{n} a_j \leqslant S + (n-k) a_{k+1}$，

$\therefore -a_{k+1} \leqslant \dfrac{S}{n-k}$.

于是，$\min\{a_k, -a_{k+1}\} \leqslant \min\left\{\dfrac{S}{k}, \dfrac{S}{n-k}\right\} = \dfrac{S}{\max\{k, n-k\}} \leqslant \dfrac{S}{\left[\frac{n+1}{2}\right]}$.

故 $T = S - \min\{a_k, -a_{k+1}\} \geqslant S - \dfrac{S}{\left[\frac{n+1}{2}\right]}$.

下面给出可取到 $S - \dfrac{S}{\left[\frac{n+1}{2}\right]}$ 的例子：

$a_1 = a_2 = \cdots = a_{\left[\frac{n}{2}\right]} = \dfrac{S}{\left[\frac{n}{2}\right]}$，$a_{\left[\frac{n}{2}\right]+1} = a_{\left[\frac{n}{2}\right]+2} = \cdots = a_n = -\dfrac{S}{\left[\frac{n+1}{2}\right]}$.

第五题 对于正整数n，若存在整数a,b,c,x,y，使得$n=ax^2+bxy+cy^2$，$b^2-4ac=-20$，则称n是好数. 求证：任意两个好数的乘积也是好数.

证明：若质数p满足-5是p的二次剩余(存在整数x，使得$x^2\equiv -5 \pmod p$)，则称质数p为好质数. 否则称为坏质数.

引理：n是好数 $\Longleftrightarrow$ 对任意坏质数p，$v_p(n)$是偶数.

对于正整数n，若对任意坏质数p，$v_p(n)$是偶数. 则可设$n=am^2$，其中a,m是正整数，a无坏质因子，且a的标准分解式中每个质因子的幂指数是1.

设q是a的任一质因子，则$v_q(a)=1$，q是好质数.

即存在整数x，满足$x^2\equiv -5 \pmod q$. 当q取遍a的所有质因子时，根据中国剩余定理可知，存在整数t，使得$t^2\equiv -5 \pmod a$.

设$c=\dfrac{t^2+5}{a}$，则c是整数，且$(2t)^2-4ac=-20$，又由$n=am^2+(2t)\cdot m\cdot 0+c\cdot 0^2$知，$n$是好数.

反之，当n是好数时，存在整数a,b,c,x,y，使得$n=ax^2+bxy+cy^2$，$b^2-4ac=-20$.

假设：存在坏质数p，使得$v_p(n)$是奇数.

设$v_p(n)=2k+1$，其中k是非负整数.

由$b^2=4ac-20$，知b是偶数.

$\because an=a^2x^2+abxy+acy^2=\left(ax+\dfrac{by}{2}\right)^2+5y^2$，

$cn=c^2y+bcxy+acx^2=(cy+\frac{bx}{2})^2+5x^2$, $p\mid n$.

$\therefore p\mid(ax+\frac{by}{2})^2+5y^2$, $p\mid(cy+\frac{bx}{2})^2+5x^2$.

又$\because -5$是p的二次非剩余.

$\therefore p\mid(ax+\frac{by}{2})$, $p\mid y$ 且 $p\mid(cy+\frac{bx}{2})$, $p\mid x$.

从而 $p\mid x$, $p\mid y$, 即 $\frac{n}{p^2}=a(\frac{x}{p})^2+b\cdot\frac{x}{p}\cdot\frac{y}{p}+c(\frac{y}{p})^2$, 亦即 $\frac{n}{p^2}$是好数.

而 $v_p(\frac{n}{p^2})=2k-1$ 是奇数, 按上述方式依次类推得 $\frac{n}{p^{2k}}$ 是好数. 又由 $p\mid\frac{n}{p^{2k}}$, 同理可得 $p^2\mid\frac{n}{p^{2k}}$. 这与 $v_p(\frac{n}{p^{2k}})=1$ 矛盾!

故假设不成立. 对任意坏质数 p, $v_p(n)$ 是偶数.

引理得证.

回到本题: 设 n_1, n_2 是好数.

由引理可知, 对任意坏质数 p, 有 $v_p(n_1)$, $v_p(n_2)$ 是偶数.

从而 $v_p(n_1n_2)=v_p(n_1)+v_p(n_2)$ 是偶数.

故 n_1n_2 是好数.

第六题 平面上有一些蓝色和绿色的矩形方巾(可能大小不同),每两块颜色不同的方巾,可以同时被一条竖直线或水平线(能在边界上)穿过.求证:可以选出一种颜色,两条水平线和一条竖直线,使得此种颜色的每一块方巾都与至少一条所选直线相交.

引理:若在一条直线上有n条线段,其中任意两条线段都有公共点,则这n条线段有公共点.

证明:将直线放在坐标轴上,每条线段对应区间$[a_i, b_i]$,$i=1,2,\cdots,n$.

设$a_k=\max\{a_1, a_2, \cdots, a_n\}$,$b_t=\min\{b_1, b_2, \cdots, b_n\}$.

若$b_t<a_k$,则由$a_t<b_t<a_k<b_k$知,两条线段$[a_k, b_k]$,$[a_t, b_t]$之间无公共点,矛盾.

因此$b_t \geqslant a_k$.从而对任意$i\in\{1,2,\cdots,n\}$,有$a_i \leqslant a_k \leqslant b_t \leqslant b_i$,即这$n$条线段有公共点.

回到本题 在平面上建立直角坐标系,x轴为水平方向,y轴为竖直方向.

若有一些矩形方巾被一条水平线穿过,则称这些矩形方巾构成好矩形族.

结合引理可知,若一些矩形方巾不构成好矩形族,则其中必有两块矩形方巾在y轴上的射影无公共点.(*)

对于任意一条竖直线l，记其左边的所有矩形方巾(与l无公共点)构成集合$L(l)$，其右边的所有矩形方巾(与l无公共点)构成集合$R(l)$.

若有一条竖直线l，使$L(l)$中所有蓝色(绿色)矩形方巾构成好矩形族，$R(l)$中所有蓝色(绿色)矩形方巾也构成好矩形族.则欲证命题成立.

现在考虑一条最右边的竖直线l'，使得$L(l')$中所有蓝色矩形方巾构成好矩形族，所有绿色矩形方巾也构成好矩形族.由l'是最右边的，知存在两块同色矩形方巾(不妨设为蓝色，记为B_1、B_2，B_1在B_2的上方)在y轴上的射影无公共点，且B_1、B_2都在l'的左边(可以与l'有公共点)，B_1、B_2中至少有一个矩形方巾的一条边在l'上.

假设$R(l')$中的所有蓝色矩形方巾以及所有绿色矩形方巾都不构成好矩形族.

则由(*)可知，必有两块绿色矩形方巾(记为G_1、G_2，G_1在G_2的上方)在y轴上的射影无公共点.

于是在四块矩形方巾B_1、B_2、G_1、G_2中必有两块颜色不同的方巾(B_1、G_2或B_2、G_1)在y轴上的射影无公共点.不妨设为B_1、G_2.

则B_1、G_2无法同时被一条竖直线或水平线穿过.这与题中条件矛盾.

故假设不成立.

可不妨设$R(l')$的所有蓝色矩形方巾构成好矩形族.

必能找出一条竖直线l'和两条水平线能穿过所有蓝色矩形方巾.

2024年国际Zhautykov数学奥林匹克

第一题 在一个由n个字母组成的字母表中，音节是由两个(不一定是不同的)字母组成的有序对.一些音节被认为是"不合适的".单词是由字母组成的任何序列，无论是有限的还是无限的，只要不包含不合适音节即可.求"不合适的"音节数量的最小值，使得不存在无限长度的单词.

解：用$a_1, a_2, \cdots, a_n$表示这n个字母.

若存在$k \in \{1,2,\cdots,n\}$，使得(a_k, a_k)不是不合适音节，则存在无限长度的单词$a_k a_k a_k a_k \cdots$. 故对任意$k \in \{1, 2,\cdots,n\}$，音节(a_k, a_k)都是不合适的.

对任意$i, j \in \{1,2,\cdots,n\}$，若$(a_i, a_j)$，$(a_j, a_i)$都不是不合适音节，则存在无限长度的单词$a_i a_j a_i a_j \cdots$. 故音节$(a_i, a_j)$，$(a_j, a_i)$中至少有一个是不合适的.

因此，不合适的音节至少有$n+\frac{n(n-1)}{2}=\frac{n(n+1)}{2}$个.

另一方面，对任意$1 \leqslant k \leqslant n$，$1 \leqslant i < j \leqslant n$，让$(a_k, a_k)$，$(a_i, a_j)$都是不合适音节，则共有$\frac{n(n+1)}{2}$个不合适音节，且不存在无限长度的单词.

故不合适的音节数量的最小值是$\frac{n(n+1)}{2}$.

第二题 两个圆Ω和ω交于点A和B.它们的连心线分别在Ω和ω相交于点P和Q,使得这些点在直线AB的同侧,并且点Q比点P更靠近直线AB.圆δ与点P和Q位于直线AB的同侧,它与线段AB切于点D,且与圆ω切于点T.直线PD与圆δ不同于D的交点为K,与圆Ω不同于P的交点为L.

求证:$\angle QTK=\angle DTL$.

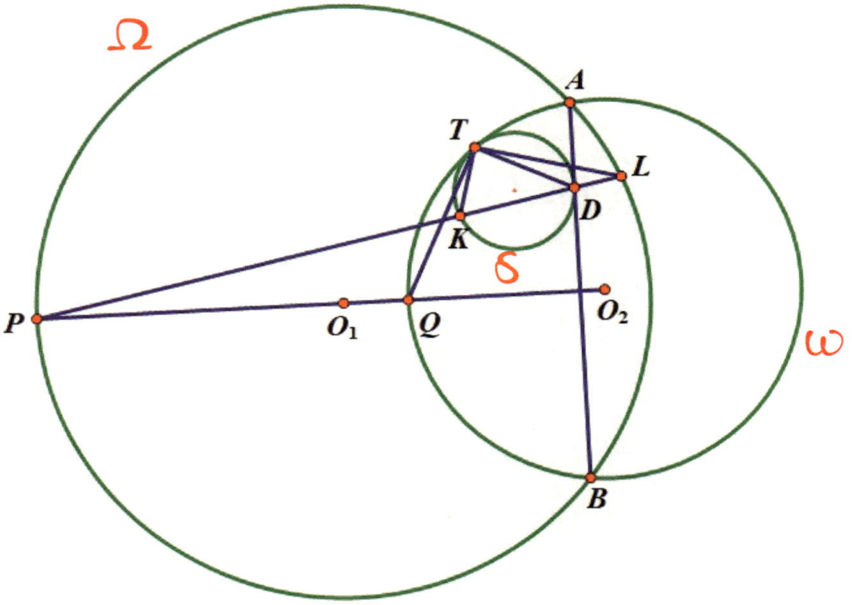

证明: 设圆Ω、ω、δ的圆心分别为O_1、O_2、O_3,直线TQ与圆δ不同于T的交点为E.

∵圆δ与圆ω位似,且位似中心为T.E,Q是位似下的一对对应点;O_3,O_2是位似下的一对对应点.

∴$EO_3 /\!/ QO_2$.

又∵$QO_2\perp AB$,∴$EO_3\perp AB$.

又∵$O_3D\perp AB$,∴E,O_3,D三点共线.

延长TD交圆ω于点F，则Q、O_2、F三点共线，且DE∥FQ.

$\because TD\cdot DF=AD\cdot DB=LD\cdot DP$,

$\therefore T,L,F,P$四点共圆.

于是$\angle TLP=\angle TFP=\angle TDE$.

又$\because \angle TKD=\angle TED$,

$\therefore \angle KTL=180^\circ-\angle TLP-\angle TKD=180^\circ-\angle TDE-\angle TED=\angle ETD$.

即$\angle QTK=\angle DTL$.

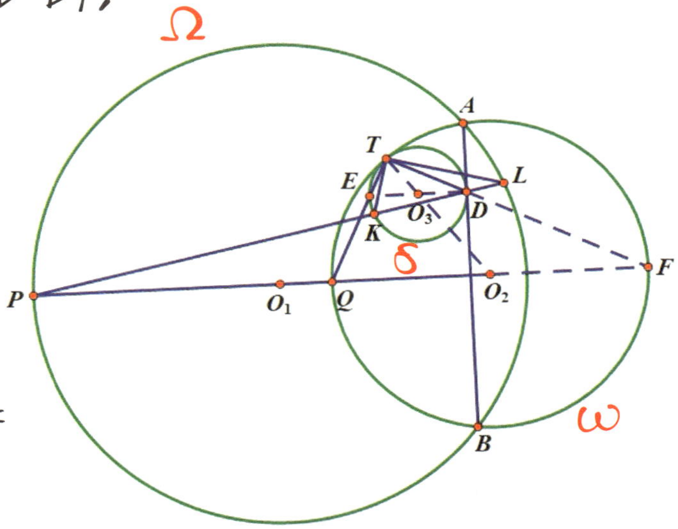

第三题 正整数d不是完全平方数.对于每个正整数n，令$S(n)$为$\sqrt{d}$在二进制表示下前n位中1的个数(包括小数点前的数字).求证：存在一个整数A，使得对于所有大于等于A的整数n，都有$S(n)>\sqrt{2n}-2$.

证明： 用$S_2(n)$表示正整数n在二进制下的数码和.

设$\sqrt{d}$在二进制下小数点前有m位数.

则$S(n)=S_2([2^{n-m}\sqrt{d}])$.

$\because 2^{n-m}\sqrt{d}-1<[2^{n-m}\sqrt{d}]<2^{n-m}\sqrt{d}$,

$\therefore 4^{n-m}d-2^{n-m+1}\sqrt{d}<[2^{n-m}\sqrt{d}]^2<4^{n-m}d$,

$\Longrightarrow 2^{n-m-1}d-\sqrt{d}<\dfrac{[2^{n-m}\sqrt{d}]^2}{2^{n-m+1}}<2^{n-m-1}d$.

可设$\left[\frac{[2^{n-m}\sqrt{d}]^2}{2^{n-m+1}}\right]=2^{n-m-1}d-k$，其中$k\in\{1,2,\cdots,[\sqrt{d}]+1\}$.

对任意正整数t，设$S_2(t)=r$，记$t=2^{u_1}+2^{u_2}+\cdots+2^{u_r}$，则$t^2=\sum_{i=1}^{r}2^{2u_i}+\sum_{1\leqslant i<j\leqslant r}2^{u_i+u_j+1}$.

故$S_2(t^2)\leqslant r+C_r^2=\frac{1}{2}r(r+1)=\frac{1}{2}[(S_2(t))^2+S_2(t)]$.

于是，对任意正整数n，有$\frac{1}{2}[(S(n))^2+S(n)]\geqslant$

$S_2([2^{n-m}\sqrt{d}]^2)\geqslant S_2\left(2^{n-m+1}\left[\frac{[2^{n-m}\sqrt{d}]^2}{2^{n-m+1}}\right]\right)=S_2(2^{n-m+1}(2^{n-m-1}d-k))=$

$S_2(2^{n-m-1}d-k)\geqslant n-m-1-([\sqrt{d}]+1)=n-m-2-[\sqrt{d}]$.

令$A=2(m+2+[\sqrt{d}])^2$，则对任意大于或等于A的正整数n，有$\frac{1}{2}[(S(n))^2+S(n)]\geqslant n-\sqrt{\frac{A}{2}}$.

即$S(n)\geqslant\sqrt{\frac{1}{4}+2n-\sqrt{2A}}-\frac{1}{2}\geqslant\sqrt{\frac{1}{4}+2n-\sqrt{2n}}-\frac{1}{2}=\sqrt{2n}-1>\sqrt{2n}-2$.

第四题 给定十个不同的正实数，任意两个数的和都已被写出（共45个和）. 在这些和中，有5个相同的数. 如果我们计算每对数的乘积，其中恰有k个积相同. 求k的最大值.

解： 设这十个不同的正实数为 $a_1, a_2, \cdots, a_{10}$，且 $a_1 < a_2 < \cdots < a_{10}$. 易知 $a_1 + a_{10} = a_2 + a_9 = a_3 + a_8 = a_4 + a_7 = a_5 + a_6$.

设 $x_1y_1 = x_2y_2 = \cdots = x_ky_k$，其中 $x_i, y_i \in \{a_1, a_2, \cdots, a_{10}\}$，$i = 1, 2, \cdots, k$.

则 $\{x_1, y_1\}$，$\{x_2, y_2\}$，$\{x_3, y_3\}$，$\{x_4, y_4\}$，$\{x_5, y_5\}$ 两两不交，否则这两个集合相同.

因此 $2k \leqslant 10$，即 $k \leqslant 5$.

当 $k = 5$ 时，只能有 $a_1a_{10} = a_2a_9 = a_3a_8 = a_4a_7 = a_5a_6$. 而 $4a_1a_{10} = (a_{10}+a_1)^2 - (a_{10}-a_1)^2 < (a_9+a_2)^2 - (a_9-a_2)^2 = 4a_2a_9$，即 $a_1a_{10} < a_2a_9$，矛盾. 故 $k \leqslant 4$.

取十个正实数为 $\frac{1}{3}$ $\frac{2}{3}$，$\frac{1}{4}$，$\frac{3}{4}$，$\frac{2}{9}$，$\frac{7}{9}$，$\frac{3}{14}$，$\frac{11}{14}$，$\frac{7}{33}$，$\frac{26}{33}$，其中 $\frac{1}{3} + \frac{2}{3} = \frac{1}{4} + \frac{3}{4} = \frac{2}{9} + \frac{7}{9} = \frac{3}{14} + \frac{11}{14} = \frac{7}{33} + \frac{26}{33} = 1$，且 $\frac{2}{3} \times \frac{1}{4} = \frac{3}{4} \times \frac{2}{9} = \frac{7}{9} \times \frac{3}{14} = \frac{11}{14} \times \frac{7}{33} = \frac{1}{6}$. 则此时 $k = 4$.

故 k 的最大值是 4.

第五题 已知 m, n 是正整数，且 $6 \mid mn$，我们有一个 $m \times n$ 的方格表，用 3×1 的矩形瓦片铺满. 求证：存在一种将方格表用 2×1 的骨牌铺满的方法，使得每一个 3×1 瓦片中都包含一个完整的 2×1 骨牌.

证明：由$6\mid mn$，知m,n中至少有一个偶数.不妨设n为偶数.

当m为偶数时，将$m\times n$的方格表等分成若干个2×2正方格.对于每个2×2正方形，若有一个3×1矩形与其有两个重叠方格，则用这两个重叠方格组成的2×1矩形将2×2正方形铺满.若没有3×1矩形与其有两个重叠方格，则用任意方向的两个2×1矩形将该2×2正方形铺满.

当m为奇数时，除了最后一行外，前$m-1$行构成的$(m-1)\times n$方格表可按前述方式用2×1矩形铺满，对于最后一行的n个小方格用水平方向的2×1矩形将其铺满.

按照这种方式，每一个3×1瓦片中都包含一个完整的2×1骨牌.

第六题 设G是$\triangle ABC$的重心，求α的最大值，使得存在一个$\triangle ABC$，满足$\angle GAB$，$\angle GAC$，$\angle GBA$，$\angle GBC$，$\angle GCA$，$\angle GCB$中至少有三个角大于或等于α.

引理：在$\triangle ABC$中，AD是中线，则$\cot\angle BAD=2\cot\angle BAC+\cot\angle B$.

证明：作$DE\perp AB$于点E，$CF\perp AB$于点F.

由D是BC的中点，知E是BF的中点.

于是$\cot\angle BAD=\frac{AE}{DE}=\frac{AB+AF}{CF}=\frac{2AF+BF}{CF}=2\cot\angle BAC+\cot\angle B$.

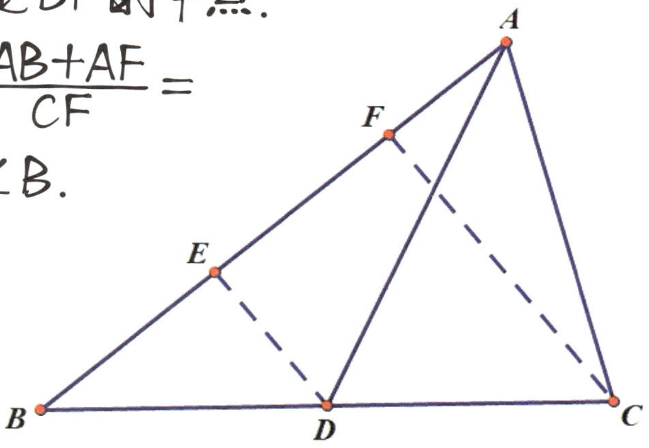

回到本题：用∠A、∠B、∠C分别表示△ABC的内角.

设$x=\cot\angle A$，$y=\cot\angle B$，$z=\cot\angle C$. 不妨设$x\leqslant y\leqslant z$.

则$xy+yz+zx=1$.

由引理得$\cot\angle GAC=2x+z$，$\cot\angle GAB=2x+y$，$\cot\angle GBA=2y+x$，$\cot\angle GBC=2y+z$，$\cot\angle GCB=2z+y$，$\cot\angle GCA=2z+x$.

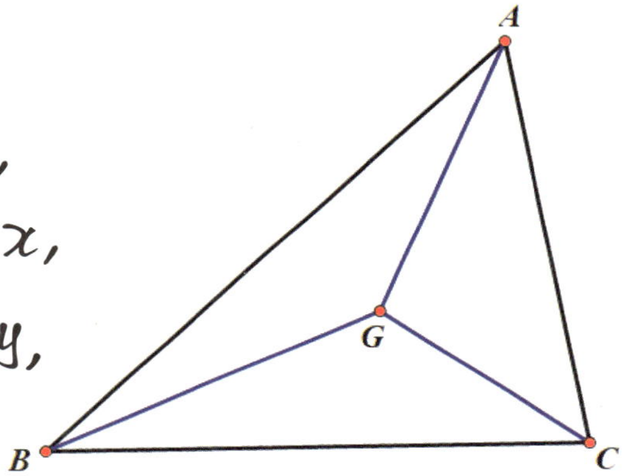

$\because x\leqslant y\leqslant z$，$\therefore 2x+y$，$2x+z$，$2y+x$是上述六个中最小的三个，且$2x+y$最小.

$\because \cot\theta$在$\theta\in(0,\pi)$上单调递减.

$\therefore \angle GAB$，$\angle GAC$，$\angle GBA$是$\angle GAC$，$\angle GAB$，$\angle GBA$，$\angle GBC$，$\angle GCB$，$\angle GCA$中最大的三个，且$\angle GAB$最大. 也只能是这三个角大于或等于α.

(1) 若$2x+z\geqslant 2y+x$，则$x+z\geqslant 2y$，$\angle GAB\geqslant\angle GBA\geqslant\angle GAC\geqslant\alpha$. 由$1=xy+yz+zx=y(x+z)+zx\leqslant\frac{1}{2}(x+z)^2+xz=\frac{1}{2}(x^2+4xz+z^2)\leqslant\frac{1}{2}(2x+z)^2$，得$2x+z\geqslant\sqrt{2}\Rightarrow\cot\angle GAC\geqslant\sqrt{2}\Rightarrow\angle GAC\leqslant\operatorname{arc}\cot\sqrt{2}\Rightarrow\alpha\leqslant\operatorname{arc}\cot\sqrt{2}$.

(2) 若$2y+x\geqslant 2x+z$，则$x+z\leqslant 2y$，$\angle GAB\geqslant\angle GAC\geqslant\angle GBA\geqslant\alpha$. 由$1=xy+yz+zx=xy+(x+y)z\leqslant xy+(x+y)\cdot(2y-x)=2y^2+2xy-x^2\leqslant\frac{1}{2}(2y+x)^2$，得$2y+x\geqslant\sqrt{2}\Rightarrow\cot\angle GBA\geqslant\sqrt{2}\Rightarrow\angle GBA\leqslant\operatorname{arc}\cot\sqrt{2}\Rightarrow\alpha\leqslant\operatorname{arc}\cot\sqrt{2}$.

因此$\alpha\leqslant\operatorname{arc}\cot\sqrt{2}$.

取$\angle A=90^\circ$，$\angle B=\operatorname{arc}\cot\frac{\sqrt{2}}{2}$，$\angle C=\operatorname{arc}\cot\sqrt{2}$. 则$x=0$，$y=\frac{\sqrt{2}}{2}$，$z=\sqrt{2}$. $\cot\angle GAC=\sqrt{2}$，$\cot\angle GAB=\frac{\sqrt{2}}{2}$，$\cot\angle GBA=\sqrt{2}$，$\cot\angle GBC=2\sqrt{2}$，$\cot\angle GCB=\frac{5\sqrt{2}}{2}$，$\cot\angle GCA=2\sqrt{2}$.

于是$\angle GAC$，$\angle GAB$，$\angle GBA$，$\angle GBC$，$\angle GCB$，$\angle GCA$中有三个角$\angle GAB$，$\angle GAC$，$\angle GBA$大于或等于$\operatorname{arc}\cot\sqrt{2}$.

故α的最大值是$\operatorname{arc}\cot\sqrt{2}$.

2025年国际Zhautykov数学奥林匹克

第一题 设正实数a,b满足$a^3+b^3=ab+1$.求证:$(a-b)^2+a+b\geqslant 2$.

证明:设$a+b=u$,$ab=v$.则$u,v>0$.

由$a^3+b^3=ab+1$,得$u^3-3uv=v+1$.即$v=\frac{u^3-1}{3u+1}$.

$(a-b)^2+a+b\geqslant 2 \Longleftrightarrow u^2-4v+u\geqslant 2 \Longleftrightarrow u^2+u-4\frac{u^3-1}{3u+1}\geqslant 2 \Longleftrightarrow (u-1)^2(u-2)\leqslant 0$. (*)

因$ab+2=a^3+b^3+1\geqslant 3ab$,故$v\leqslant 1$.

根据幂平均不等式得$\left(\frac{a^3+b^3+1}{3}\right)^{\frac{1}{3}}\geqslant\frac{a+b+1}{3}$

$\Rightarrow \left(\frac{ab+2}{3}\right)^{\frac{1}{3}}\geqslant\frac{a+b+1}{3}$

$\Rightarrow \frac{u+1}{3}\leqslant\left(\frac{v+2}{3}\right)^{\frac{1}{3}}\leqslant 1$

$\Rightarrow u\leqslant 2$.

因此(*)成立.

故$(a-b)^2+a+b\geqslant 2$.

第二题 甲和乙在一个正1001边形的棋盘上玩游戏.初始时,棋盘的所有顶点都是白色的,且其中一个顶点上有一个筹码.在每一回合中,甲任意选择一个正整数k,然后乙选择一个方向:顺时针或逆时针,并将筹码沿所选方向移动k个顶点.若回合结束时筹码位于白色顶点,则将该顶点涂成红色.

若不限游戏轮次,试求无论乙如何行动,甲可以保证涂红色顶点的最大数目.

解: 甲最多能保证有858个顶点涂成红色.

将正1001边形的所有顶点按顺时针方向依次进行编号:1, 2, ⋯, 1001.把所有编号是7的倍数的顶点涂成蓝色.

乙可以保证蓝色顶点不能被涂成红色.否则,在某个时刻,筹码与两个不同的蓝点距离相等.由于两个蓝点的编号都模7余0,故筹码必须也在模7余0的编号上.这与筹码在红点,不在蓝点上矛盾.

这样最多有$1001-\frac{1001}{7}=858$个红点.

对于甲而言,他选完数后,始终不能涂成红色的点称为坏点.他可以保证最终坏点数不超过143.

任取两个坏点,记编号为a, b $(a>b)$,考虑编号为
$$m(a,b)=\begin{cases}\frac{a+b}{2}, & a\equiv b \pmod 2\\ \frac{a+b+1001}{2} \pmod{1001}, & 2\nmid (a-b)\end{cases}$$
的点.该点是坏点

否则当筹码在该点上时,甲选择数$\frac{a-b}{2}$或$\frac{a-b+1001}{2}\pmod{1001}$,将会有编号为$a$或$b$的点是红点.矛盾.

设$d=\gcd(a-b,1001)$,由$m(a,b)\equiv a\pmod d$依次类推可知所有编号为$c\equiv a\pmod d$的点都是坏点.

设x,y是两个编号最接近的坏点,且$x>y$.

记$r=\gcd(x-y,1001)$,则所有编号为$z\equiv x\pmod r$的点都是坏点,这样有$\frac{1001}{d}$个坏点.因为至少有一个红点,所以$d\neq 1$.而$1001=7\times 11\times 13$,故$\frac{1001}{d}\leqslant\frac{1001}{7}=143$.

因此无论乙如何行动,甲可以保证涂红色顶点的最大数目是858.

第三题 用$\mathrm{rad}(x)$表示正整数x的不同质因子之积.称正整数对(x,y)是好的,如果$\mathrm{rad}(x)=\mathrm{rad}(y)$且$x,y$互不整除.给定互质的正整数$a,b$,且$a,b$不全为1.求证:对无穷多个正整数$n$,存在正整数$m$,使得$(a^n+bm,b^n+am)$是好的.

证明:不妨设$a>b$.

根据狄利克雷定理知:存在正整数k,使得b^2k+1是质数,且$b^2k+1>a$.

设 $t=bk$. 则 $\gcd(a,bt+1)=1$, $\gcd(a-b,bt+1)=1$, $\gcd(at+1,bt+1)=\gcd((a-b)t,bt+1)=\gcd(a-b,bt+1)=\gcd(b,at+1)=\gcd(b,abk+1)=1$.

取正整数 n, 使得 $\varphi((at+1)(bt+1))\mid n+1$. 这种 n 有无穷多个.

由欧拉定理得 $a^{n+1}\equiv b^{n+1}\equiv 1\pmod{(at+1)(bt+1)}$. 即 $(at+1)(bt+1)\mid a^{n+1}-b^{n+1}$ (*)

因 $(bt+1)\cdot\dfrac{a^{n+1}-b^{n+1}}{a-b}\equiv a^n\pmod b$, 且 $(bt+1)\cdot\dfrac{a^{n+1}-b^{n+1}}{a-b}>a^n$, 故存在正整数 m, 使得 $a^n+bm=(bt+1)\cdot\dfrac{a^{n+1}-b^{n+1}}{a-b}$.

于是
$$b^n+am=\frac{a(a^n+bm)-(a^{n+1}-b^{n+1})}{b}=(at+1)\cdot\frac{a^{n+1}-b^{n+1}}{a-b}.$$

由 $\gcd(a-b,at+1)=\gcd(a-b,bt+1)=1$, 以及(*)得 $bt+1\left|\dfrac{a^{n+1}-b^{n+1}}{a-b}\right.$, $at+1\left|\dfrac{a^{n+1}-b^{n+1}}{a-b}\right.$.

因此 $\operatorname{rad}(a^n+bm)=\operatorname{rad}(b^n+am)=\operatorname{rad}\left(\dfrac{a^{n+1}-b^{n+1}}{a-b}\right)$.

又由 $\gcd(at+1,bt+1)=1$ 知, a^n+bm 与 b^n+am 互不整除.

故 (a^n+bm,b^n+am) 是好的.

第四题 黑板上有999个连续的正整数和999张纸，分别写着"这个数不能被2整除""这个数不能被3整除"……"这个数不能被1000整除"。我们在每个数上各贴一张纸，每正确判断一次则得到一颗糖果。问：无论黑板上的数是什么，我们最多能得到多少颗糖果？

解：最多能得到998颗糖果。

考虑999个连续的正整数：$1000!$，$1000!+1$，$1000!+2$，$1000!+3$，…，$1000!+998$，其中$1000!$能被2，3，…，1000整除。故最多能得到$999-1=998$颗糖果。

下面证明：无论黑板上的数是什么，总能得到998颗糖果。

设黑板上999个连续的数分别为n，$n+1$，…，$n+998$。

n，$n+998$不能都被999整除，在非999的倍数的数贴上"这个数不能被999整除"。去掉该数，还剩998个连续的正整数m，$m+1$，…，$m+997$。

m，$m+997$不能都被998整除，在非998的倍数的数贴上"这个数不能被998整除"，去掉该数。

如此进行下去，最后剩下2个连续的正整数t，$t+1$及两张纸，t与$t+1$中必有一个数是奇数，对该数贴上"这个数不能被2整除"。剩下的一个数贴上"这个数不能被1000整除"。这样至少能得到998颗糖果。

第五题 设$A_1C_2B_1B_2C_1A_2$是内接于圆Ω的凸六边形，圆心为O. 设A_2B_2与A_1B_1交于点P，A_2C_2与A_1C_1交于点Q. 设圆Ω_1与OB_1、OC_1分别切于点B_1、C_1，圆Ω_2与OB_2、OC_2分别切于点B_2、C_2. 求证：存在一个位似变换将Ω_1变为Ω_2，且中心在PQ上.

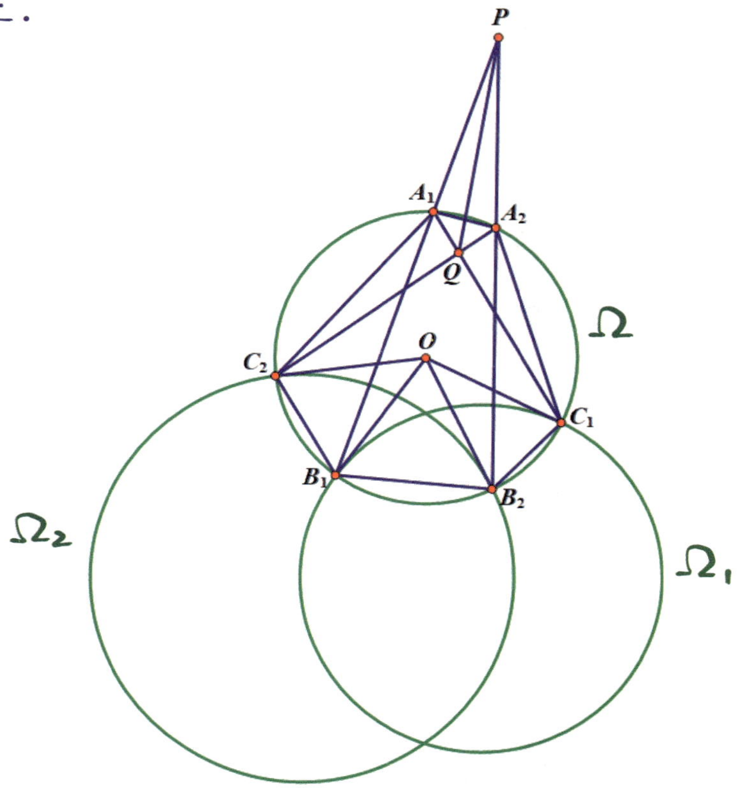

引理：$\odot O_1$与$\odot O_2$的内位似中心为X，$\odot O_2$与$\odot O_3$的内位似中心为Y，$\odot O_3$与$\odot O_1$的外位似中心为Z. 则X、Y、Z三点共线.

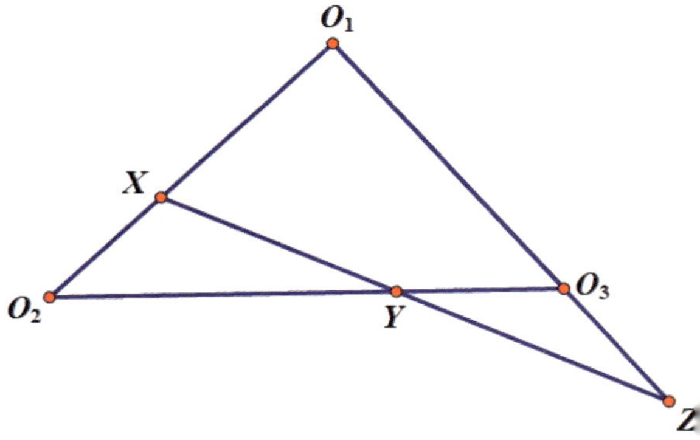

证明： 设$\odot O_1$，$\odot O_2$，$\odot O_3$的半径分别为r_1, r_2, r_3.

由位似变换可知$\dfrac{\overrightarrow{XO_1}}{\overrightarrow{XO_2}}=-\dfrac{r_1}{r_2}$，$\dfrac{\overrightarrow{YO_2}}{\overrightarrow{YO_3}}=-\dfrac{r_2}{r_3}$，$\dfrac{\overrightarrow{ZO_3}}{\overrightarrow{ZO_1}}=\dfrac{r_3}{r_1}$.

从而$\dfrac{O_2X}{XO_1}\cdot\dfrac{O_1Z}{ZO_3}\cdot\dfrac{O_3Y}{YO_2}=\dfrac{r_2}{r_1}\cdot\dfrac{r_1}{r_3}\cdot\dfrac{r_3}{r_2}=1$.

根据梅涅劳斯定理的逆定理可得X, Y, Z三点共线.

回到本题： 设直线B_1C_2交B_2C_1于点T.

在圆内接六边形$A_1B_1C_2A_2B_2C_1$中，

$\because A_1B_1\cap A_2B_2=P$，$B_1C_2\cap B_2C_1=T$，

$A_1C_1\cap C_2A_2=Q$.

$\therefore P, T, Q$三点共线.

下面证明点T是Ω_1与Ω_2的内位似中心.

作圆Ω_3与OC_1、OB_2相切于点C_1、B_2；作圆Ω_4与OC_2、OB_1相切于点C_2、B_1.

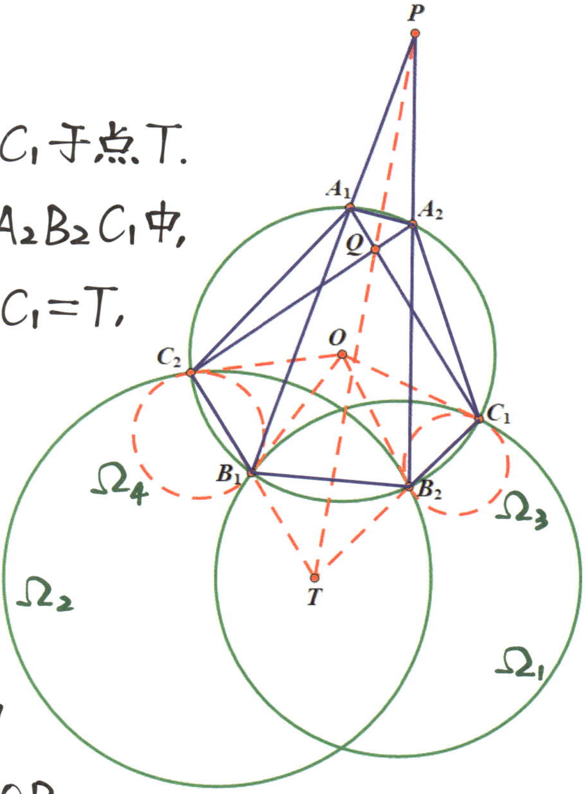

考虑$\Omega_1, \Omega_2, \Omega_3$，点$B_2$是$\Omega_2$与$\Omega_3$的内位似中心，点$C_1$是$\Omega_1$与$\Omega_3$的外位似中心.

由引理知，Ω_1与Ω_2的内位似中心在B_2C_1上.

同理考虑Ω_1，Ω_2，Ω_4，可得Ω_1与Ω_2的内位似中心在B_1C_2上.

故Ω_1与Ω_2的内位似中心是B_2C_1与B_1C_2的交点，即为T.

第六题 对正整数n，设S_n是由从$\{1,2,\cdots,n\}$映到自身的双射构成的集合. 对满足$1\leqslant a<b\leqslant n$的正整数对$(a,b)$，和置换$\sigma\in S_n$，若有$|\sigma(a)-\sigma(b)|\geqslant|a-b|$，就称数对$(a,b)$关于$\sigma$是扩张的.

(1) 是否对所有正整数n，都存在一个$\sigma\in S_n$，使得对置换σ，扩张的数对(a,b)的个数都小于$1000n\sqrt{n}$?

(2) 是否存在正整数$n>1$，和一个置换$\sigma\in S_n$，使得对置换σ，扩张的数对(a,b)的个数小于$\frac{n\sqrt{n}}{1000}$?

解：(1) 存在.

设m是正整数，且$m<n$. 记$k=\left[\frac{n}{m}\right]$，$r=n-km$，则$0\leqslant r<k$.

构造如下σ：

对任意 $i\in\{0,1,\cdots,m-1\}$，令 $\sigma(ik+1)=ik+1-i$，$\sigma(ik+2)=ik+2-i$，$\cdots$，$\sigma((i+1)k-1)=ik+k-1-i$.

$\sigma(mk+1)=mk+1-m$，$\sigma(mk+2)=mk+2-m$，$\cdots$，$\sigma(mk+r)=mk+r-m$.

对任意 $j\in\{1,2,\cdots,m\}$，令 $\sigma(jk)=mk+r-m+j$，则 $\sigma\in S_n$，扩张的数对 (a,b) 的个数是 $mC_{k-1}^2+C_r^2+m(n-m)<(m+1)C_{k-1}^2+mn<\frac{(m+1)k^2}{2}+mn$.

取 m 是不小于 $\sqrt{n}$ 的最小整数，则由 $\sqrt{n}\leqslant m<\sqrt{n}+1$，$k\leqslant\frac{mk+r}{m}=\frac{n}{m}\leqslant\sqrt{n}$，得

$$\frac{(m+1)k^2}{2}+mn<\frac{(\sqrt{n}+2)n}{2}+(\sqrt{n}+1)n<1000n\sqrt{n}.$$

对于上述的 σ，扩张的数对 (a,b) 的个数小于 $1000n\sqrt{n}$.

(2) 不存在.

假设：存在正整数 n 和一个置换 $\sigma\in S_n$，使得对置换 σ，扩张的数对 (a,b) 的个数小于 $\frac{n\sqrt{n}}{1000}$.

设 $M=\{(a,b)\mid a,b\in\{1,2,\cdots,n\}$ 且 $1\leqslant a<b\leqslant n\}$，$M$ 中的扩张数对构成集合 S，非扩张数对构成集合 T.

记 $|S|=s$，$|T|=t$. 则 $s+t=\frac{n(n-1)}{2}$，$s<\frac{n\sqrt{n}}{10^3}$.

对任意正整数 k，定义

$N_k=\{(a,b)\mid|\sigma(a)-\sigma(b)|-|a-b|=-k,(a,b)\in M\}$.

若 $|\sigma(a)-\sigma(b)|-|a-b|=-k$，则 $(\sigma(a)-a)-(\sigma(b)-b)=\pm k$ 或 $(\sigma(a)+a)-(\sigma(b)+b)=\pm k$.

考虑满足 $1\leqslant a<b\leqslant n$，且 $(\sigma(a)-a)-(\sigma(b)-b)=-k\ (*)$ 的数对 (a,b).

对 $i\in\{-n,-(n-1),\cdots,n\}$，设 $X_i=\{a\mid\sigma(a)-a=i,1\leqslant a\leqslant n\}$，$|X_i|=x_i$.

则 $(*)$ 中的数对至多有 $\sum\limits_{i=-n}^{n}x_ix_{i+k}$ 个.

而 $\sum\limits_{i=-n}^{n}x_ix_{i+k}\leqslant\sum\limits_{i=-n}^{n}\frac{1}{2}(x_i^2+x_{i+k}^2)=\sum\limits_{i=-n}^{n}x_i^2=2\sum\limits_{i=-n}^{n}C_{x_i}^2+\sum\limits_{i=-n}^{n}x_i\leqslant 2S+n$.（若 $(a,b)\in M$，$a,b\in X_i$，则 $\sigma(a)-\sigma(b)=(i+a)-(i+b)=a-b$，即 $(a,b)\in S$. 故 $\sum\limits_{i=-n}^{n}C_{x_i}^2\leqslant S$.）

因此 $(*)$ 中的数对至多有 $2S+n$ 个.

故 $|N_k|\leqslant 4(2S+n)$，$\forall k\in\mathbf{N}_+$.

注意到 $\sum\limits_{(a,b)\in M}(|\sigma(a)-\sigma(b)|-|a-b|)=0$.

故 $\sum\limits_{(a,b)\in S}(|\sigma(a)-\sigma(b)|-|a-b|)$

$$=-\sum_{(a,b)\in T}(|\sigma(a)-\sigma(b)|-|a-b|)\quad(**)$$

一方面，由 $|\sigma(a)-\sigma(b)|-|a-b|<n$，知 $(**)$ 左边小于 nS.

另一方面，$(**)$ 右边 $=\sum\limits_{k=1}^{n}|N_k|\cdot k$.

由 $\sum_{k=1}^{n}|N_k|=t=\frac{n(n-1)}{2}-S$，$|N_k|\leqslant 4(2S+n)$，知

$$\sum_{k=1}^{n}|N_k|\cdot k\geqslant 4(2S+n)\cdot\left(1+2+\cdots+\left[\frac{t}{4(2S+n)}\right]\right)$$

$$=2(2S+n)\left[\frac{t}{4(2S+n)}\right]\left(\left[\frac{t}{4(2S+n)}\right]+1\right)$$

$$>2(2S+n)\cdot\left(\frac{t}{4(2S+n)}-1\right)\cdot\frac{t}{4(2S+n)}$$

$$=\frac{n(n-1)-2S}{4}\left(\frac{n(n-1)-2S}{8(2S+n)}-1\right)$$

$$=\frac{36S^2-4n(5n-9)S+n^2(n-1)(n-9)}{32(2S+n)}$$

从而 $nS>\frac{36S^2-4n(5n-9)S+n^2(n-1)(n-9)}{32(2S+n)}$.

即 $(64n-36)S^2+4n(13n-9)S>n^2(n-1)(n-9)$.

而由 $S<\frac{n\sqrt{n}}{10^3}$，知上式不成立.

故假设不成立.

刘培杰数学工作室
已出版(即将出版)图书目录——初等数学

书　　名	出版时间	定　价	编号
新编中学数学解题方法全书(高中版)上卷(第2版)	2018－08	58.00	951
新编中学数学解题方法全书(高中版)中卷(第2版)	2018－08	68.00	952
新编中学数学解题方法全书(高中版)下卷(一)(第2版)	2018－08	58.00	953
新编中学数学解题方法全书(高中版)下卷(二)(第2版)	2018－08	58.00	954
新编中学数学解题方法全书(高中版)下卷(三)(第2版)	2018－08	68.00	955
新编中学数学解题方法全书(初中版)上卷	2008－01	28.00	29
新编中学数学解题方法全书(初中版)中卷	2010－07	38.00	75
新编中学数学解题方法全书(高考复习卷)	2010－01	48.00	67
新编中学数学解题方法全书(高考真题卷)	2010－01	38.00	62
新编中学数学解题方法全书(高考精华卷)	2011－03	68.00	118
新编平面解析几何解题方法全书(专题讲座卷)	2010－01	18.00	61
新编中学数学解题方法全书(自主招生卷)	2013－08	88.00	261

数学奥林匹克与数学文化(第一辑)	2006－05	48.00	4
数学奥林匹克与数学文化(第二辑)(竞赛卷)	2008－01	48.00	19
数学奥林匹克与数学文化(第二辑)(文化卷)	2008－07	58.00	36′
数学奥林匹克与数学文化(第三辑)(竞赛卷)	2010－01	48.00	59
数学奥林匹克与数学文化(第四辑)(竞赛卷)	2011－08	58.00	87
数学奥林匹克与数学文化(第五辑)	2015－06	98.00	370

世界著名平面几何经典著作钩沉——几何作图专题卷(共3卷)	2022－01	198.00	1460
世界著名平面几何经典著作钩沉——民国平面几何老课本	2011－03	38.00	113
世界著名平面几何经典著作钩沉——建国初期平面三角老课本	2015－08	38.00	507
世界著名解析几何经典著作钩沉——平面解析几何卷	2014－01	38.00	264
世界著名数论经典著作钩沉——算术卷	2012－01	28.00	125
世界著名数学经典著作钩沉——立体几何卷	2011－02	28.00	88
世界著名三角学经典著作钩沉——平面三角卷Ⅰ	2010－06	28.00	69
世界著名三角学经典著作钩沉——平面三角卷Ⅱ	2011－01	38.00	78
世界著名初等数论经典著作钩沉——理论和实用算术卷	2011－07	38.00	126
世界著名几何经典著作钩沉——解析几何卷	2022－10	68.00	1564

发展你的空间想象力(第3版)	2021－01	98.00	1464
空间想象力进阶	2019－05	68.00	1062
走向国际数学奥林匹克的平面几何试题诠释.第1卷	2019－07	88.00	1043
走向国际数学奥林匹克的平面几何试题诠释.第2卷	2019－09	78.00	1044
走向国际数学奥林匹克的平面几何试题诠释.第3卷	2019－03	78.00	1045
走向国际数学奥林匹克的平面几何试题诠释.第4卷	2019－09	98.00	1046
平面几何证明方法全书	2007－08	48.00	1
平面几何证明方法全书习题解答(第2版)	2006－12	18.00	10
平面几何天天练上卷·基础篇(直线型)	2013－01	58.00	208
平面几何天天练中卷·基础篇(涉及圆)	2013－01	28.00	234
平面几何天天练下卷·提高篇	2013－01	58.00	237
平面几何专题研究	2013－07	98.00	258
平面几何解题之道.第1卷	2022－05	38.00	1494
几何学习题集	2020－10	48.00	1217
通过解题学习代数几何	2021－04	88.00	1301
最新世界各国数学奥林匹克中的平面几何试题	2007－09	38.00	14

刘培杰数学工作室
已出版(即将出版)图书目录——初等数学

书　　名	出版时间	定　价	编号
数学竞赛平面几何典型题及新颖解	2010－07	48.00	74
初等数学复习及研究(平面几何)	2008－09	68.00	38
初等数学复习及研究(立体几何)	2010－06	38.00	71
初等数学复习及研究(平面几何)习题解答	2009－01	58.00	42
几何学教程(平面几何卷)	2011－03	68.00	90
几何学教程(立体几何卷)	2011－07	68.00	130
几何变换与几何证题	2010－06	88.00	70
计算方法与几何证题	2011－06	28.00	129
立体几何技巧与方法(第2版)	2022－10	168.00	1572
几何瑰宝——平面几何500名题暨1500条定理(上、下)	2021－07	168.00	1358
三角形的解法与应用	2012－07	18.00	183
近代的三角形几何学	2012－07	48.00	184
一般折线几何学	2015－08	48.00	503
三角形的五心	2009－06	28.00	51
三角形的六心及其应用	2015－10	68.00	542
三角形趣谈	2012－08	28.00	212
解三角形	2014－01	28.00	265
三角函数	2024－10	38.00	1744
探秘三角形:一次数学旅行	2021－10	68.00	1387
三角学专门教程	2014－09	28.00	387
图天下几何新题试卷.初中(第2版)	2017－11	58.00	855
圆锥曲线习题集(上册)	2013－06	68.00	255
圆锥曲线习题集(中册)	2015－01	78.00	434
圆锥曲线习题集(下册·第1卷)	2016－10	78.00	683
圆锥曲线习题集(下册·第2卷)	2018－01	98.00	853
圆锥曲线习题集(下册·第3卷)	2019－10	128.00	1113
圆锥曲线的思想方法	2021－08	48.00	1379
圆锥曲线的八个主要问题	2021－10	48.00	1415
圆锥曲线的奥秘	2022－06	88.00	1541
论九点圆	2015－05	88.00	645
论圆的几何学	2024－06	48.00	1736
近代欧氏几何学	2012－03	48.00	162
罗巴切夫斯基几何学及几何基础概要	2012－07	28.00	188
罗巴切夫斯基几何学初步	2015－06	28.00	474
用三角、解析几何、复数、向量计算解数学竞赛几何题	2015－03	48.00	455
用解析法研究圆锥曲线的几何理论	2022－05	48.00	1495
美国中学几何教程	2015－04	88.00	458
三线坐标与三角形特征点	2015－04	98.00	460
坐标几何学基础.第1卷,笛卡儿坐标	2021－08	48.00	1398
坐标几何学基础.第2卷,三线坐标	2021－09	28.00	1399
平面解析几何方法与研究(第1卷)	2015－05	28.00	471
平面解析几何方法与研究(第2卷)	2015－06	38.00	472
平面解析几何方法与研究(第3卷)	2015－07	28.00	473
解析几何研究	2015－01	38.00	425
解析几何学教程.上	2016－01	38.00	574
解析几何学教程.下	2016－01	38.00	575
几何学基础	2016－01	58.00	581
初等几何研究	2015－02	58.00	444
十九和二十世纪欧氏几何学中的片段	2017－01	58.00	696
平面几何中考.高考.奥数一本通	2017－07	28.00	820
几何学简史	2017－08	28.00	833
四面体	2018－01	48.00	880
平面几何证明方法思路	2018－12	68.00	913
折纸中的几何练习	2022－09	48.00	1559
中学新几何学(英文)	2022－10	98.00	1562
线性代数与几何	2023－04	68.00	1633
四面体几何学引论	2023－06	68.00	1648

刘培杰数学工作室
已出版(即将出版)图书目录——初等数学

书 名	出版时间	定 价	编号
平面几何图形特性新析. 上篇	2019—01	68.00	911
平面几何图形特性新析. 下篇	2018—06	88.00	912
平面几何范例多解探究. 上篇	2018—04	48.00	910
平面几何范例多解探究. 下篇	2018—12	68.00	914
从分析解题过程学解题:竞赛中的几何问题研究	2018—07	68.00	946
从分析解题过程学解题:竞赛中的向量几何与不等式研究(全2册)	2019—06	138.00	1090
从分析解题过程学解题:竞赛中的不等式问题	2021—01	48.00	1249
二维、三维欧氏几何的对偶原理	2018—12	38.00	990
星形大观及闭折线论	2019—03	68.00	1020
立体几何的问题和方法	2019—11	58.00	1127
三角代换论	2021—05	58.00	1313
俄罗斯平面几何问题集	2009—08	88.00	55
俄罗斯立体几何问题集	2014—03	58.00	283
俄罗斯几何大师——沙雷金论数学及其他	2014—01	48.00	271
来自俄罗斯的5000道几何习题及解答	2011—03	58.00	89
俄罗斯初等数学问题集	2012—05	38.00	177
俄罗斯函数问题集	2011—03	38.00	103
俄罗斯组合分析问题集	2011—01	48.00	79
俄罗斯初等数学万题选——三角卷	2012—11	38.00	222
俄罗斯初等数学万题选——代数卷	2013—08	68.00	225
俄罗斯初等数学万题选——几何卷	2014—01	68.00	226
俄罗斯《量子》杂志数学征解问题100题选	2018—08	48.00	969
俄罗斯《量子》杂志数学征解问题又100题选	2018—08	48.00	970
俄罗斯《量子》杂志数学征解问题	2020—05	48.00	1138
463个俄罗斯几何老问题	2012—01	28.00	152
《量子》数学短文精粹	2018—09	38.00	972
用三角、解析几何等计算解来自俄罗斯的几何题	2019—11	88.00	1119
基谢廖夫平面几何	2022—01	48.00	1461
基谢廖夫立体几何	2023—04	48.00	1599
数学:代数、数学分析和几何(10—11年级)	2021—01	48.00	1250
直观几何学:5—6年级	2022—04	58.00	1508
几何学:第2版.7—9年级	2023—08	68.00	1684
平面几何:9—11年级	2022—10	48.00	1571
立体几何.10—11年级	2022—01	58.00	1472
几何快递	2024—05	48.00	1697

谈谈素数	2011—03	18.00	91
平方和	2011—03	18.00	92
整数论	2011—05	38.00	120
从整数谈起	2015—10	28.00	538
数与多项式	2016—01	38.00	558
谈谈不定方程	2011—05	28.00	119
质数漫谈	2022—07	68.00	1529

解析不等式新论	2009—06	68.00	48
建立不等式的方法	2011—03	98.00	104
数学奥林匹克不等式研究(第2版)	2020—07	68.00	1181
不等式研究(第三辑)	2023—08	198.00	1673
不等式的秘密(第一卷)(第2版)	2014—02	38.00	286
不等式的秘密(第二卷)	2014—01	38.00	268
初等不等式的证明方法	2010—06	38.00	123
初等不等式的证明方法(第二版)	2014—11	38.00	407
不等式·理论·方法(基础卷)	2015—07	38.00	496
不等式·理论·方法(经典不等式卷)	2015—07	38.00	497
不等式·理论·方法(特殊类型不等式卷)	2015—07	48.00	498
不等式探究	2016—03	38.00	582
不等式探秘	2017—01	88.00	689

刘培杰数学工作室
已出版(即将出版)图书目录——初等数学

书　　名	出版时间	定　价	编号
四面体不等式	2017－01	68.00	715
数学奥林匹克中常见重要不等式	2017－09	38.00	845
三正弦不等式	2018－09	98.00	974
函数方程与不等式:解法与稳定性结果	2019－04	68.00	1058
数学不等式.第1卷,对称多项式不等式	2022－05	78.00	1455
数学不等式.第2卷,对称有理不等式与对称无理不等式	2022－05	88.00	1456
数学不等式.第3卷,循环不等式与非循环不等式	2022－05	88.00	1457
数学不等式.第4卷,Jensen不等式的扩展与加细	2022－05	88.00	1458
数学不等式.第5卷,创建不等式与解不等式的其他方法	2022－05	88.00	1459
不定方程及其应用.上	2018－12	58.00	992
不定方程及其应用.中	2019－01	78.00	993
不定方程及其应用.下	2019－02	98.00	994
Nesbitt不等式加强式的研究	2022－06	128.00	1527
最值定理与分析不等式	2023－02	78.00	1567
一类积分不等式	2023－02	88.00	1579
邦费罗尼不等式及概率应用	2023－05	58.00	1637
同余理论	2012－05	38.00	163
[x]与{x}	2015－04	48.00	476
极值与最值.上卷	2015－06	28.00	486
极值与最值.中卷	2015－06	38.00	487
极值与最值.下卷	2015－06	28.00	488
整数的性质	2012－11	38.00	192
完全平方数及其应用	2015－08	78.00	506
多项式理论	2015－10	88.00	541
奇数、偶数、奇偶分析法	2018－01	98.00	876
历届美国中学生数学竞赛试题及解答(第1卷)1950～1954	2014－07	18.00	277
历届美国中学生数学竞赛试题及解答(第2卷)1955～1959	2014－04	18.00	278
历届美国中学生数学竞赛试题及解答(第3卷)1960～1964	2014－06	18.00	279
历届美国中学生数学竞赛试题及解答(第4卷)1965～1969	2014－04	28.00	280
历届美国中学生数学竞赛试题及解答(第5卷)1970～1972	2014－06	18.00	281
历届美国中学生数学竞赛试题及解答(第6卷)1973～1980	2017－07	18.00	768
历届美国中学生数学竞赛试题及解答(第7卷)1981～1986	2015－01	18.00	424
历届美国中学生数学竞赛试题及解答(第8卷)1987～1990	2017－05	18.00	769
历届国际数学奥林匹克试题集	2023－09	158.00	1701
历届中国数学奥林匹克试题集(第3版)	2021－10	58.00	1440
历届加拿大数学奥林匹克试题集	2012－08	38.00	215
历届美国数学奥林匹克试题集	2023－08	98.00	1681
历届波兰数学竞赛试题集.第1卷,1949～1963	2015－03	18.00	453
历届波兰数学竞赛试题集.第2卷,1964～1976	2015－03	18.00	454
历届巴尔干数学奥林匹克试题集	2015－05	38.00	466
历届CGMO试题及解答	2024－03	48.00	1717
保加利亚数学奥林匹克	2014－10	38.00	393
圣彼得堡数学奥林匹克试题集	2015－01	38.00	429
匈牙利奥林匹克数学竞赛题解.第1卷	2016－05	28.00	593
匈牙利奥林匹克数学竞赛题解.第2卷	2016－05	28.00	594
历届美国数学邀请赛试题集(第2版)	2017－10	78.00	851
全美高中数学竞赛:纽约州数学竞赛(1989—1994)	2024－08	48.00	1740
普林斯顿大学数学竞赛	2016－06	38.00	669
亚太地区数学奥林匹克竞赛题	2015－07	18.00	492
日本历届(初级)广中杯数学竞赛试题及解答.第1卷(2000～2007)	2016－05	28.00	641
日本历届(初级)广中杯数学竞赛试题及解答.第2卷(2008～2015)	2016－05	38.00	642
越南数学奥林匹克题选:1962－2009	2021－07	48.00	1370
罗马尼亚大师杯数学竞赛试题及解答	2024－09	48.00	1746
欧洲女子数学奥林匹克	2024－04	48.00	1723
360个数学竞赛问题	2016－08	58.00	677

刘培杰数学工作室
已出版(即将出版)图书目录——初等数学

书　　名	出版时间	定　价	编号
奥数最佳实战题.上卷	2017－06	38.00	760
奥数最佳实战题.下卷	2017－05	58.00	761
解决问题的策略	2024－08	48.00	1742
哈尔滨市早期中学数学竞赛试题汇编	2016－07	28.00	672
全国高中数学联赛试题及解答:1981—2019(第4版)	2020－07	138.00	1176
2024年全国高中数学联合竞赛模拟题集	2024－01	38.00	1702
20世纪50年代全国部分城市数学竞赛试题汇编	2017－07	28.00	797
国内外数学竞赛题及精解:2018—2019	2020－08	45.00	1192
国内外数学竞赛题及精解:2019—2020	2021－11	58.00	1439
许康华竞赛优学精选集.第一辑	2018－08	68.00	949
天问叶班数学问题征解100题.Ⅰ,2016－2018	2019－05	88.00	1075
天问叶班数学问题征解100题.Ⅱ,2017－2019	2020－07	98.00	1177
美国初中数学竞赛:AMC8准备(共6卷)	2019－07	138.00	1089
美国高中数学竞赛:AMC10准备(共6卷)	2019－08	158.00	1105
中国数学奥林匹克国家集训队选拔试题背景研究	2015－01	78.00	1781

高考数学核心题型解题方法与技巧	2010－01	28.00	86
高考数学压轴题解题诀窍(上)(第2版)	2018－01	58.00	874
高考数学压轴题解题诀窍(下)(第2版)	2018－01	48.00	875
突破高考数学新定义创新压轴题	2024－08	88.00	1741
应当这样解答高考题:十年高考真题创新解法集萃	2025－03	98.00	1814
向量法巧解数学高考题	2009－08	28.00	54
高中数学课堂教学的实践与反思	2021－11	48.00	791
数学高考参考	2016－01	78.00	589
新课程标准高考数学解答题各种题型解法指导	2020－08	78.00	1196
全国及各省市高考数学试题审题要津与解法研究	2015－02	48.00	450
高中数学章节起始课的教学研究与案例设计	2019－05	28.00	1064
新课标高考数学——五年试题分章详解(2007～2011)(上、下)	2011－10	78.00	140,141
全国中考数学压轴题审题要津与解法研究	2013－04	78.00	248
新编全国及各省市中考数学压轴题审题要津与解法研究	2014－05	58.00	342
全国及各省市5年中考数学压轴题审题要津与解法研究(2015版)	2015－04	58.00	462
中考数学专题总复习	2007－04	28.00	6
中考数学较难题常考题型解题方法与技巧	2016－09	48.00	681
中考数学难题常考题型解题方法与技巧	2016－09	48.00	682
中考数学中档题常考题型解题方法与技巧	2017－08	68.00	835
中考数学选择填空压轴好题妙解365	2024－01	80.00	1698
中考数学:三类重点考题的解法例析与习题	2020－04	48.00	1140
中小学数学的历史文化	2019－11	48.00	1124
小升初衔接数学	2024－06	68.00	1734
赢在小升初——数学	2024－08	78.00	1739
初中平面几何百题多思创新解	2020－01	58.00	1125
初中数学中考备考	2020－01	58.00	1126
高考数学之九章演义	2019－08	68.00	1044
高考数学之难题谈笑间	2022－06	68.00	1519
化学可以这样学:高中化学知识方法智慧感悟疑难辨析	2019－07	58.00	1103
如何成为学习高手	2019－09	58.00	1107
高考数学:经典真题分类解析	2020－04	78.00	1134
高考数学解答题破解策略	2020－11	58.00	1221
从分析解题过程学解题:高考压轴题与竞赛题之关系探究	2020－08	88.00	1179
从分析解题过程学解题:数学高考与竞赛的互联互通探究	2024－06	88.00	1735
教学新思考:单元整体视角下的初中数学教学设计	2021－03	58.00	1278
思维再拓展:2020年经典几何题的多解探究与思考	即将出版		1279
十年高考数学试题创新与经典研究:基于高中数学大概念的视角	2024－10	58.00	1777
高中数学题型全解(全5册)	2024－10	298.00	1778
中考数学小压轴汇编初讲	2017－07	48.00	788
中考数学大压轴专题微言	2017－09	48.00	846

刘培杰数学工作室
已出版(即将出版)图书目录——初等数学

书　　名	出版时间	定　价	编号
怎么解中考平面几何探索题	2019—06	48.00	1093
北京中考数学压轴题解题方法突破(第10版)	2024—11	88.00	1780
高考数学奇思妙解	2016—04	38.00	610
高考数学解题策略	2016—05	48.00	670
数学解题泄天机(第2版)	2017—10	48.00	850
高中物理教学讲义	2018—01	48.00	871
高中物理教学讲义:全模块	2022—03	98.00	1492
高中物理答疑解惑65篇	2021—11	48.00	1462
中学物理基础问题解析	2020—08	48.00	1183
初中数学、高中数学脱节知识补缺教材	2017—06	48.00	766
高考数学客观题解题方法和技巧	2017—10	38.00	847
十年高考数学精品试题审题要津与解法研究	2021—10	98.00	1427
中国历届高考数学试题及解答.1949—1979	2018—01	38.00	877
历届中国高考数学试题及解答.第二卷,1980—1989	2018—10	28.00	975
历届中国高考数学试题及解答.第三卷,1990—1999	2018—10	48.00	976
跟我学解高中数学题	2018—07	58.00	926
中学数学研究的方法及案例	2018—05	58.00	869
高考数学抢分技能	2018—07	68.00	934
高一新生常用数学方法和重要数学思想提升教材	2018—06	38.00	921
高考数学全国卷六道解答题常考题型解题诀窍:理科(全2册)	2019—07	78.00	1101
高考数学全国卷16道选择、填空题常考题型解题诀窍.理科	2018—09	88.00	971
高考数学全国卷16道选择、填空题常考题型解题诀窍.文科	2020—01	88.00	1123
高中数学一题多解	2019—06	58.00	1087
历届中国高考数学试题及解答:1917—1999	2021—08	118.00	1371
2000～2003年全国及各省市高考数学试题及解答	2022—05	88.00	1499
2004年全国及各省市高考数学试题及解答	2023—08	78.00	1500
2005年全国及各省市高考数学试题及解答	2023—08	78.00	1501
2006年全国及各省市高考数学试题及解答	2023—08	88.00	1502
2007年全国及各省市高考数学试题及解答	2023—08	98.00	1503
2008年全国及各省市高考数学试题及解答	2023—08	88.00	1504
2009年全国及各省市高考数学试题及解答	2023—08	88.00	1505
2010年全国及各省市高考数学试题及解答	2023—08	98.00	1506
2011～2017年全国及各省市高考数学试题及解答	2024—01	78.00	1507
2018～2023年全国及各省市高考数学试题及解答	2024—03	78.00	1709
突破高原:高中数学解题思维探究	2021—08	48.00	1375
高考数学中的"取值范围"	2021—10	48.00	1429
新课程标准高中数学各种题型解法大全.必修一分册	2021—06	58.00	1315
新课程标准高中数学各种题型解法大全.必修二分册	2022—01	68.00	1471
高中数学各种题型解法大全.选择性必修一分册	2022—06	68.00	1525
高中数学各种题型解法大全.选择性必修二分册	2023—01	58.00	1600
高中数学各种题型解法大全.选择性必修三分册	2023—04	48.00	1643
高中数学专题研究	2024—05	88.00	1722
历届全国初中数学竞赛经典试题详解	2023—04	88.00	1624
孟祥礼高考数学精刷精解	2023—06	98.00	1663
新高考数学第二轮复习讲义	2025—01	88.00	1808

新编640个世界著名数学智力趣题	2014—01	88.00	242
500个最新世界著名数学智力趣题	2008—06	48.00	3
400个最新世界著名数学最值问题	2008—09	48.00	36
500个世界著名数学征解问题	2009—06	48.00	52
400个中国最佳初等数学征解老问题	2010—01	48.00	60
500个俄罗斯数学经典老题	2011—01	28.00	81
1000个国外中学物理好题	2012—04	48.00	174
300个日本高考数学题	2012—05	38.00	142
700个早期日本高考数学试题	2017—02	88.00	752

刘培杰数学工作室
已出版(即将出版)图书目录——初等数学

书名	出版时间	定价	编号
500 个前苏联早期高考数学试题及解答	2012—05	28.00	185
546 个早期俄罗斯大学生数学竞赛题	2014—03	38.00	285
548 个来自美苏的数学好问题	2014—11	28.00	396
20 所苏联著名大学早期入学试题	2015—02	18.00	452
161 道德国工科大学生必做的微分方程习题	2015—05	28.00	469
500 个德国工科大学生必做的高数习题	2015—06	28.00	478
360 个数学竞赛问题	2016—08	58.00	677
200 个趣味数学故事	2018—02	48.00	857
470 个数学奥林匹克中的最值问题	2018—10	88.00	985
德国讲义日本考题. 微积分卷	2015—04	48.00	456
德国讲义日本考题. 微分方程卷	2015—04	38.00	457
二十世纪中叶中、英、美、日、法、俄高考数学试题精选	2017—06	38.00	783
中国初等数学研究　2009 卷(第 1 辑)	2009—05	20.00	45
中国初等数学研究　2010 卷(第 2 辑)	2010—05	30.00	68
中国初等数学研究　2011 卷(第 3 辑)	2011—07	60.00	127
中国初等数学研究　2012 卷(第 4 辑)	2012—07	48.00	190
中国初等数学研究　2014 卷(第 5 辑)	2014—02	48.00	288
中国初等数学研究　2015 卷(第 6 辑)	2015—06	68.00	493
中国初等数学研究　2016 卷(第 7 辑)	2016—04	68.00	609
中国初等数学研究　2017 卷(第 8 辑)	2017—01	98.00	712
初等数学研究在中国. 第 1 辑	2019—03	158.00	1024
初等数学研究在中国. 第 2 辑	2019—10	158.00	1116
初等数学研究在中国. 第 3 辑	2021—05	158.00	1306
初等数学研究在中国. 第 4 辑	2022—06	158.00	1520
初等数学研究在中国. 第 5 辑	2023—07	158.00	1635
几何变换(Ⅰ)	2014—07	28.00	353
几何变换(Ⅱ)	2015—06	28.00	354
几何变换(Ⅲ)	2015—01	38.00	355
几何变换(Ⅳ)	2015—12	38.00	356
初等数论难题集(第一卷)	2009—05	68.00	44
初等数论难题集(第二卷)(上、下)	2011—02	128.00	82,83
数论概貌	2011—03	18.00	93
代数数论(第二版)	2013—08	58.00	94
代数多项式	2014—06	38.00	289
初等数论的知识与问题	2011—02	28.00	95
超越数论基础	2011—03	28.00	96
数论初等教程	2011—03	28.00	97
数论基础	2011—03	18.00	98
数论基础与维诺格拉多夫	2014—03	18.00	292
解析数论基础	2012—08	28.00	216
解析数论基础(第二版)	2014—01	48.00	287
解析数论问题集(第二版)(原版引进)	2014—05	88.00	343
解析数论问题集(第二版)(中译本)	2016—04	88.00	607
解析数论基础(潘承洞,潘承彪著)	2016—07	98.00	673
解析数论导引	2016—07	58.00	674
数论入门	2011—03	38.00	99
代数数论入门	2015—03	38.00	448

刘培杰数学工作室
已出版(即将出版)图书目录——初等数学

书　　名	出版时间	定　价	编号
数论开篇	2012－07	28.00	194
解析数论引论	2011－03	48.00	100
Barban Davenport Halberstam 均值和	2009－01	40.00	33
基础数论	2011－03	28.00	101
初等数论 100 例	2011－05	18.00	122
初等数论经典例题	2012－07	18.00	204
最新世界各国数学奥林匹克中的初等数论试题(上、下)	2012－01	138.00	144,145
初等数论(Ⅰ)	2012－01	18.00	156
初等数论(Ⅱ)	2012－01	18.00	157
初等数论(Ⅲ)	2012－01	28.00	158
平面几何与数论中未解决的新老问题	2013－01	68.00	229
代数数论简史	2014－11	28.00	408
代数数论	2015－09	88.00	532
代数、数论及分析习题集	2016－11	98.00	695
数论导引提要及习题解答	2016－01	48.00	559
素数定理的初等证明.第 2 版	2016－09	48.00	686
数论中的模函数与狄利克雷级数(第二版)	2017－11	78.00	837
数论:数学导引	2018－01	68.00	849
范氏大代数	2019－02	98.00	1016
解析数学讲义.第一卷,导来式及微分、积分、级数	2019－04	88.00	1021
解析数学讲义.第二卷,关于几何的应用	2019－04	68.00	1022
解析数学讲义.第三卷,解析函数论	2019－04	78.00	1023
分析·组合·数论纵横谈	2019－04	58.00	1039
Hall 代数:民国时期的中学数学课本:英文	2019－08	88.00	1106
基谢廖夫初等代数	2022－07	38.00	1531
基谢廖夫算术	2024－05	48.00	1725

数学精神巡礼	2019－01	58.00	731
数学眼光透视(第 2 版)	2017－06	78.00	732
数学思想领悟(第 2 版)	2018－01	68.00	733
数学方法溯源(第 2 版)	2018－08	68.00	734
数学解题引论	2017－05	58.00	735
数学史话览胜(第 2 版)	2017－01	48.00	736
数学应用展观(第 2 版)	2017－08	68.00	737
数学建模尝试	2018－04	48.00	738
数学竞赛采风	2018－01	68.00	739
数学测评探营	2019－05	58.00	740
数学技能操握	2018－03	48.00	741
数学欣赏拾趣	2018－02	48.00	742

从毕达哥拉斯到怀尔斯	2007－10	48.00	9
从迪利克雷到维斯卡尔迪	2008－01	48.00	21
从哥德巴赫到陈景润	2008－05	98.00	35
从庞加莱到佩雷尔曼	2011－08	138.00	136

博弈论精粹	2008－03	58.00	30
博弈论精粹.第二版(精装)	2015－01	88.00	461
数学 我爱你	2008－01	28.00	20
精神的圣徒　别样的人生——60 位中国数学家成长的历程	2008－09	48.00	39
数学史概论	2009－06	78.00	50

刘培杰数学工作室
已出版(即将出版)图书目录——初等数学

书　　名	出版时间	定　价	编号
数学史概论(精装)	2013—03	158.00	272
数学史选讲	2016—01	48.00	544
斐波那契数列	2010—02	28.00	65
数学拼盘和斐波那契魔方	2010—07	38.00	72
斐波那契数列欣赏(第2版)	2018—08	58.00	948
Fibonacci 数列中的明珠	2018—06	58.00	928
数学的创造	2011—02	48.00	85
数学美与创造力	2016—01	48.00	595
数海拾贝	2016—01	48.00	590
数学中的美(第2版)	2019—04	68.00	1057
数论中的美学	2014—12	38.00	351
数学王者　科学巨人——高斯	2015—01	28.00	428
振兴祖国数学的圆梦之旅:中国初等数学研究史话	2015—06	98.00	490
二十世纪中国数学史料研究	2015—10	48.00	536
《九章算法比类大全》校注	2024—06	198.00	1695
数字谜、数阵图与棋盘覆盖	2016—01	58.00	298
数学概念的进化:一个初步的研究	2023—07	68.00	1683
数学发现的艺术:数学探索中的合情推理	2016—07	58.00	671
活跃在数学中的参数	2016—07	48.00	675
数海趣史	2021—05	98.00	1314
玩转幻中之幻	2023—08	88.00	1682
数学艺术品	2023—09	98.00	1685
数学博弈与游戏	2023—10	68.00	1692
数学解题——靠数学思想给力(上)	2011—07	38.00	131
数学解题——靠数学思想给力(中)	2011—07	48.00	132
数学解题——靠数学思想给力(下)	2011—07	38.00	133
我怎样解题	2013—01	48.00	227
数学解题中的物理方法	2011—06	28.00	114
数学解题的特殊方法	2011—06	48.00	115
中学数学计算技巧(第2版)	2020—10	48.00	1220
中学数学证明方法	2012—01	58.00	117
数学趣题巧解	2012—03	28.00	128
高中数学教学通鉴	2015—05	58.00	479
和高中生漫谈:数学与哲学的故事	2014—08	28.00	369
算术问题集	2017—03	38.00	789
张教授讲数学	2018—07	38.00	933
陈永明实话实说数学教学	2020—04	68.00	1132
中学数学学科知识与教学能力	2020—06	58.00	1155
怎样把课讲好:大罕数学教学随笔	2022—03	58.00	1484
中国高考评价体系下高考数学探秘	2022—03	48.00	1487
数苑漫步	2024—01	58.00	1670
自主招生考试中的参数方程问题	2015—01	28.00	435
自主招生考试中的极坐标问题	2015—04	28.00	463
近年全国重点大学自主招生数学试题全解及研究.华约卷	2015—02	38.00	441
近年全国重点大学自主招生数学试题全解及研究.北约卷	2016—05	38.00	619
自主招生数学解证宝典	2015—09	48.00	535
中国科学技术大学创新班数学真题解析	2022—03	48.00	1488
中国科学技术大学创新班物理真题解析	2022—03	58.00	1489
格点和面积	2012—07	18.00	191
射影几何趣谈	2012—04	28.00	175
斯潘纳尔引理——从一道加拿大数学奥林匹克试题谈起	2014—01	28.00	228
李普希兹条件——从几道近年高考数学试题谈起	2012—10	18.00	221
拉格朗日中值定理——从一道北京高考试题的解法谈起	2015—10	18.00	197

刘培杰数学工作室
已出版(即将出版)图书目录——初等数学

书　　名	出版时间	定　价	编号
闵科夫斯基定理——从一道清华大学自主招生试题谈起	2014－01	28.00	198
哈尔测度——从一道冬令营试题的背景谈起	2012－08	28.00	202
切比雪夫逼近问题——从一道中国台北数学奥林匹克试题谈起	2013－04	38.00	238
伯恩斯坦多项式与贝齐尔曲面——从一道全国高中数学联赛试题谈起	2013－03	38.00	236
卡塔兰猜想——从一道普特南竞赛试题谈起	2013－06	18.00	256
麦卡锡函数和阿克曼函数——从一道前南斯拉夫数学奥林匹克试题谈起	2012－08	18.00	201
贝蒂定理与拉姆贝克莫斯尔定理——从一个拣石子游戏谈起	2012－08	18.00	217
皮亚诺曲线和豪斯道夫分球定理——从无限集谈起	2012－08	18.00	211
平面凸图形与凸多面体	2012－10	28.00	218
斯坦因豪斯问题——从一道二十五省市自治区中学数学竞赛试题谈起	2012－07	18.00	196
纽结理论中的亚历山大多项式与琼斯多项式——从一道北京市高一数学竞赛试题谈起	2012－07	28.00	195
原则与策略——从波利亚“解题表”谈起	2013－04	38.00	244
转化与化归——从三大尺规作图不能问题谈起	2012－08	28.00	214
代数几何中的贝祖定理(第一版)——从一道 IMO 试题的解法谈起	2013－08	18.00	193
成功连贯理论与约当块理论——从一道比利时数学竞赛试题谈起	2012－04	18.00	180
素数判定与大数分解	2014－08	18.00	199
置换多项式及其应用	2012－10	18.00	220
椭圆函数与模函数——从一道美国加州大学洛杉矶分校(UCLA)博士资格考题谈起	2012－10	28.00	219
差分方程的拉格朗日方法——从一道 2011 年全国高考理科试题的解法谈起	2012－08	28.00	200
力学在几何中的一些应用	2013－01	38.00	240
从根式解到伽罗华理论	2020－01	48.00	1121
康托洛维奇不等式——从一道全国高中联赛试题谈起	2013－03	28.00	337
拉克斯定理和阿廷定理——从一道 IMO 试题的解法谈起	2014－01	58.00	246
毕卡大定理——从一道美国大学数学竞赛试题谈起	2014－07	18.00	350
拉格朗日乘子定理——从一道 2005 年全国高中联赛试题的高等数学解法谈起	2015－05	28.00	480
雅可比定理——从一道日本数学奥林匹克试题谈起	2013－04	48.00	249
李天岩一约克定理——从一道波兰数学竞赛试题谈起	2014－06	28.00	349
受控理论与初等不等式:从一道 IMO 试题的解法谈起	2023－03	48.00	1601
布劳维不动点定理——从一道前苏联数学奥林匹克试题谈起	2014－01	38.00	273
莫德尔－韦伊定理——从一道日本数学奥林匹克试题谈起	2024－10	48.00	1602
斯蒂尔杰斯积分——从一道国际大学生数学竞赛试题的解法谈起	2024－10	68.00	1605
切博塔廖夫猜想——从一道 1978 年全国高中数学竞赛试题谈起	2024－10	38.00	1606
卡西尼卵形线:从一道高中数学期中考试试题谈起	2024－10	48.00	1607
格罗斯问题:亚纯函数的唯一性问题	2024－10	48.00	1608
布格尔问题——从一道第 6 届全国中学生物理竞赛预赛试题谈起	2024－09	68.00	1609
多项式逼近问题——从一道美国大学生数学竞赛试题谈起	2024－10	48.00	1748
中国剩余定理——总数法构建中国历史年表	2015－01	28.00	430
沙可夫斯基定理——从一道韩国数学奥林匹克竞赛试题的解法谈起	2025－01	68.00	1753
斯特林公式——从一道 2023 年高考数学(天津卷)试题的背景谈起	2025－01	28.00	1754
外索夫博弈:从一道瑞士国家队选拔考试试题谈起	2025－03	48.00	1755
分圆多项式——从一道美国国家队选拔考试试题的解法谈起	2025－01	48.00	1786
费马数与广义费马数——从一道 USAMO 试题的解法谈起	2025－01	48.00	1794

刘培杰数学工作室
已出版(即将出版)图书目录——初等数学

书　　名	出版时间	定　价	编号
贝克码与编码理论——从一道全国高中数学联赛二试试题的解法谈起	2025－03	48.00	1751
拉比诺维奇定理	即将出版		
刘维尔定理——从一道《美国数学月刊》征解问题的解法谈起	即将出版		
卡塔兰恒等式与级数求和——从一道 IMO 试题的解法谈起	即将出版		
勒让德猜想与素数分布——从一道爱尔兰竞赛试题谈起	即将出版		
天平称重与信息论——从一道基辅市数学奥林匹克试题谈起	即将出版		
哈密尔顿一凯莱定理:从一道高中数学联赛试题的解法谈起	2014－09	18.00	376
艾思特曼定理——从一道 CMO 试题的解法谈起	即将出版		
阿贝尔恒等式与经典不等式及应用	2018－06	98.00	923
迪利克雷除数问题	2018－07	48.00	930
幻方、幻立方与拉丁方	2019－08	48.00	1092
帕斯卡三角形	2014－03	18.00	294
蒲丰投针问题——从 2009 年清华大学的一道自主招生试题谈起	2014－01	38.00	295
斯图姆定理——从一道"华约"自主招生试题的解法谈起	2014－01	18.00	296
许瓦兹引理——从一道加利福尼亚大学伯克利分校数学系博士生试题谈起	2014－08	18.00	297
拉姆塞定理——从王诗宬院士的一个问题谈起	2016－04	48.00	299
坐标法	2013－12	28.00	332
数论三角形	2014－04	38.00	341
毕克定理	2014－07	18.00	352
数林掠影	2014－09	48.00	389
我们周围的概率	2014－10	38.00	390
凸函数最值定理:从一道华约自主招生题的解法谈起	2014－10	28.00	391
易学与数学奥林匹克	2014－10	38.00	392
生物数学趣谈	2015－01	18.00	409
反演	2015－01	28.00	420
因式分解与圆锥曲线	2015－01	18.00	426
轨迹	2015－01	28.00	427
面积原理:从常庚哲命的一道 CMO 试题的积分解法谈起	2015－01	48.00	431
形形色色的不动点定理:从一道 28 届 IMO 试题谈起	2015－01	38.00	439
柯西函数方程:从一道上海交大自主招生的试题谈起	2015－02	28.00	440
三角恒等式	2015－02	28.00	442
无理性判定:从一道 2014 年"北约"自主招生试题谈起	2015－01	38.00	443
数学归纳法	2015－03	18.00	451
极端原理与解题	2015－04	28.00	464
法雷级数	2014－08	18.00	367
摆线族	2015－01	38.00	438
函数方程及其解法	2015－05	38.00	470
含参数的方程和不等式	2012－09	28.00	213
希尔伯特第十问题	2016－01	38.00	543
无穷小量的求和	2016－01	28.00	545
切比雪夫多项式:从一道清华大学金秋营试题谈起	2016－01	38.00	583
泽肯多夫定理	2016－03	38.00	599
代数等式证题法	2016－01	28.00	600
三角等式证题法	2016－01	28.00	601
吴大任教授藏书中的一个因式分解公式:从一道美国数学邀请赛试题的解法谈起	2016－06	28.00	656
易卦——类万物的数学模型	2017－08	68.00	838
"不可思议"的数与数系可持续发展	2018－01	38.00	878
最短线	2018－01	38.00	879
数学在天文、地理、光学、机械力学中的一些应用	2023－03	88.00	1576
从阿基米德三角形谈起	2023－01	28.00	1578

刘培杰数学工作室
已出版(即将出版)图书目录——初等数学

书　　名	出版时间	定　价	编号
幻方和魔方(第一卷)	2012－05	68.00	173
尘封的经典——初等数学经典文献选读(第一卷)	2012－07	48.00	205
尘封的经典——初等数学经典文献选读(第二卷)	2012－07	38.00	206
初级方程式论	2011－03	28.00	106
初等数学研究(Ⅰ)	2008－09	68.00	37
初等数学研究(Ⅱ)(上、下)	2009－05	118.00	46,47
初等数学专题研究	2022－10	68.00	1568
趣味初等方程妙题集锦	2014－09	48.00	388
趣味初等数论选美与欣赏	2015－02	48.00	445
耕读笔记(上卷):一位农民数学爱好者的初数探索	2015－04	28.00	459
耕读笔记(中卷):一位农民数学爱好者的初数探索	2015－05	28.00	483
耕读笔记(下卷):一位农民数学爱好者的初数探索	2015－05	28.00	484
几何不等式研究与欣赏.上卷	2016－01	88.00	547
几何不等式研究与欣赏.下卷	2016－01	48.00	552
初等数列研究与欣赏・上	2016－01	48.00	570
初等数列研究与欣赏・下	2016－01	48.00	571
趣味初等函数研究与欣赏.上	2016－09	48.00	684
趣味初等函数研究与欣赏.下	2018－09	48.00	685
三角不等式研究与欣赏	2020－10	68.00	1197
新编平面解析几何解题方法研究与欣赏	2021－10	78.00	1426
火柴游戏(第2版)	2022－05	38.00	1493
智力解谜.第1卷	2017－07	38.00	613
智力解谜.第2卷	2017－07	38.00	614
故事智力	2016－07	48.00	615
名人们喜欢的智力问题	2020－01	48.00	616
数学大师的发现、创造与失误	2018－01	48.00	617
异曲同工	2018－09	48.00	618
数学的味道(第2版)	2023－10	68.00	1686
数学千字文	2018－10	68.00	977
数贝偶拾——高考数学题研究	2014－04	28.00	274
数贝偶拾——初等数学研究	2014－04	38.00	275
数贝偶拾——奥数题研究	2014－04	48.00	276
钱昌本教你快乐学数学(上)	2011－12	48.00	155
钱昌本教你快乐学数学(下)	2012－03	58.00	171
集合、函数与方程	2014－01	28.00	300
数列与不等式	2014－01	38.00	301
三角与平面向量	2014－01	28.00	302
平面解析几何	2014－01	38.00	303
立体几何与组合	2014－01	28.00	304
极限与导数、数学归纳法	2014－01	38.00	305
趣味数学	2014－03	28.00	306
教材教法	2014－04	68.00	307
自主招生	2014－05	58.00	308
高考压轴题(上)	2015－01	48.00	309
高考压轴题(下)	2014－10	68.00	310

刘培杰数学工作室
已出版(即将出版)图书目录——初等数学

书　　名	出版时间	定　价	编号
从费马到怀尔斯——费马大定理的历史	2013－10	198.00	Ⅰ
从庞加莱到佩雷尔曼——庞加莱猜想的历史	2013－10	298.00	Ⅱ
从切比雪夫到爱尔特希(上)——素数定理的初等证明	2013－07	48.00	Ⅲ
从切比雪夫到爱尔特希(下)——素数定理 100 年	2012－12	98.00	Ⅲ
从高斯到盖尔方特——二次域的高斯猜想	2013－10	198.00	Ⅳ
从库默尔到朗兰兹——朗兰兹猜想的历史	2014－01	98.00	Ⅴ
从比勃巴赫到德布朗斯——比勃巴赫猜想的历史	2014－02	298.00	Ⅵ
从麦比乌斯到陈省身——麦比乌斯变换与麦比乌斯带	2014－02	298.00	Ⅶ
从布尔到豪斯道夫——布尔方程与格论漫谈	2013－10	198.00	Ⅷ
从开普勒到阿诺德——三体问题的历史	2014－05	298.00	Ⅸ
从华林到华罗庚——华林问题的历史	2013－10	298.00	Ⅹ

美国高中数学竞赛五十讲. 第 1 卷(英文)	2014－08	28.00	357
美国高中数学竞赛五十讲. 第 2 卷(英文)	2014－08	28.00	358
美国高中数学竞赛五十讲. 第 3 卷(英文)	2014－09	28.00	359
美国高中数学竞赛五十讲. 第 4 卷(英文)	2014－09	28.00	360
美国高中数学竞赛五十讲. 第 5 卷(英文)	2014－10	28.00	361
美国高中数学竞赛五十讲. 第 6 卷(英文)	2014－11	28.00	362
美国高中数学竞赛五十讲. 第 7 卷(英文)	2014－12	28.00	363
美国高中数学竞赛五十讲. 第 8 卷(英文)	2015－01	28.00	364
美国高中数学竞赛五十讲. 第 9 卷(英文)	2015－01	28.00	365
美国高中数学竞赛五十讲. 第 10 卷(英文)	2015－02	38.00	366

三角函数(第 2 版)	2017－04	38.00	626
不等式	2014－01	38.00	312
数列	2014－01	38.00	313
方程(第 2 版)	2017－04	38.00	624
排列和组合	2014－01	28.00	315
极限与导数(第 2 版)	2016－04	38.00	635
向量(第 2 版)	2018－08	58.00	627
复数及其应用	2014－08	28.00	318
函数	2014－01	38.00	319
集合	2020－01	48.00	320
直线与平面	2014－01	28.00	321
立体几何(第 2 版)	2016－04	38.00	629
解三角形	即将出版		323
直线与圆(第 2 版)	2016－11	38.00	631
圆锥曲线(第 2 版)	2016－09	48.00	632
解题通法(一)	2014－07	38.00	326
解题通法(二)	2014－07	38.00	327
解题通法(三)	2014－05	38.00	328
概率与统计	2014－01	28.00	329
信息迁移与算法	即将出版		330

刘培杰数学工作室
已出版(即将出版)图书目录——初等数学

书　　名	出版时间	定　价	编号
IMO 50 年. 第 1 卷(1959—1963)	2014—11	28.00	377
IMO 50 年. 第 2 卷(1964—1968)	2014—11	28.00	378
IMO 50 年. 第 3 卷(1969—1973)	2014—09	28.00	379
IMO 50 年. 第 4 卷(1974—1978)	2016—04	38.00	380
IMO 50 年. 第 5 卷(1979—1984)	2015—04	38.00	381
IMO 50 年. 第 6 卷(1985—1989)	2015—04	58.00	382
IMO 50 年. 第 7 卷(1990—1994)	2016—01	48.00	383
IMO 50 年. 第 8 卷(1995—1999)	2016—06	38.00	384
IMO 50 年. 第 9 卷(2000—2004)	2015—04	58.00	385
IMO 50 年. 第 10 卷(2005—2009)	2016—01	48.00	386
IMO 50 年. 第 11 卷(2010—2015)	2017—03	48.00	646
数学反思(2006—2007)	2020—09	88.00	915
数学反思(2008—2009)	2019—01	68.00	917
数学反思(2010—2011)	2018—05	58.00	916
数学反思(2012—2013)	2019—01	58.00	918
数学反思(2014—2015)	2019—03	78.00	919
数学反思(2016—2017)	2021—03	58.00	1286
数学反思(2018—2019)	2023—01	88.00	1593
历届美国大学生数学竞赛试题集. 第一卷(1938—1949)	2015—01	28.00	397
历届美国大学生数学竞赛试题集. 第二卷(1950—1959)	2015—01	28.00	398
历届美国大学生数学竞赛试题集. 第三卷(1960—1969)	2015—01	28.00	399
历届美国大学生数学竞赛试题集. 第四卷(1970—1979)	2015—01	18.00	400
历届美国大学生数学竞赛试题集. 第五卷(1980—1989)	2015—01	28.00	401
历届美国大学生数学竞赛试题集. 第六卷(1990—1999)	2015—01	28.00	402
历届美国大学生数学竞赛试题集. 第七卷(2000—2009)	2015—08	18.00	403
历届美国大学生数学竞赛试题集. 第八卷(2010—2012)	2015—01	18.00	404
新课标高考数学创新题解题诀窍:总论	2014—09	28.00	372
新课标高考数学创新题解题诀窍:必修 1～5 分册	2014—08	38.00	373
新课标高考数学创新题解题诀窍:选修 2—1,2—2,1—1,1—2分册	2014—09	38.00	374
新课标高考数学创新题解题诀窍:选修 2—3,4—4,4—5 分册	2014—09	18.00	375
全国重点大学自主招生英文数学试题全攻略:词汇卷	2015—07	48.00	410
全国重点大学自主招生英文数学试题全攻略:概念卷	2015—01	28.00	411
全国重点大学自主招生英文数学试题全攻略:文章选读卷(上)	2016—09	38.00	412
全国重点大学自主招生英文数学试题全攻略:文章选读卷(下)	2017—01	58.00	413
全国重点大学自主招生英文数学试题全攻略:试题卷	2015—07	38.00	414
全国重点大学自主招生英文数学试题全攻略:名著欣赏卷	2017—03	48.00	415
劳埃德数学趣题大全. 题目卷. 1:英文	2016—01	18.00	516
劳埃德数学趣题大全. 题目卷. 2:英文	2016—01	18.00	517
劳埃德数学趣题大全. 题目卷. 3:英文	2016—01	18.00	518
劳埃德数学趣题大全. 题目卷. 4:英文	2016—01	18.00	519
劳埃德数学趣题大全. 题目卷. 5:英文	2016—01	18.00	520
劳埃德数学趣题大全. 答案卷:英文	2016—01	18.00	521

刘培杰数学工作室
已出版(即将出版)图书目录——初等数学

书　　名	出版时间	定　价	编号
李成章教练奥数笔记. 第 1 卷	2016－01	48.00	522
李成章教练奥数笔记. 第 2 卷	2016－01	48.00	523
李成章教练奥数笔记. 第 3 卷	2016－01	38.00	524
李成章教练奥数笔记. 第 4 卷	2016－01	38.00	525
李成章教练奥数笔记. 第 5 卷	2016－01	38.00	526
李成章教练奥数笔记. 第 6 卷	2016－01	38.00	527
李成章教练奥数笔记. 第 7 卷	2016－01	38.00	528
李成章教练奥数笔记. 第 8 卷	2016－01	48.00	529
李成章教练奥数笔记. 第 9 卷	2016－01	28.00	530
第 19～23 届"希望杯"全国数学邀请赛试题审题要津详细评注(初一版)	2014－03	28.00	333
第 19～23 届"希望杯"全国数学邀请赛试题审题要津详细评注(初二、初三版)	2014－03	38.00	334
第 19～23 届"希望杯"全国数学邀请赛试题审题要津详细评注(高一版)	2014－03	28.00	335
第 19～23 届"希望杯"全国数学邀请赛试题审题要津详细评注(高二版)	2014－03	38.00	336
第 19～25 届"希望杯"全国数学邀请赛试题审题要津详细评注(初一版)	2015－01	38.00	416
第 19～25 届"希望杯"全国数学邀请赛试题审题要津详细评注(初二、初三版)	2015－01	58.00	417
第 19～25 届"希望杯"全国数学邀请赛试题审题要津详细评注(高一版)	2015－01	48.00	418
第 19～25 届"希望杯"全国数学邀请赛试题审题要津详细评注(高二版)	2015－01	48.00	419
物理奥林匹克竞赛大题典——力学卷	2014－11	48.00	405
物理奥林匹克竞赛大题典——热学卷	2014－04	28.00	339
物理奥林匹克竞赛大题典——电磁学卷	2015－07	48.00	406
物理奥林匹克竞赛大题典——光学与近代物理卷	2014－06	28.00	345
历届中国东南地区数学奥林匹克试题及解答	2024－06	68.00	1724
历届中国西部地区数学奥林匹克试题集(2001～2012)	2014－07	18.00	347
历届中国女子数学奥林匹克试题集(2002～2012)	2014－08	18.00	348
数学奥林匹克在中国	2014－06	98.00	344
数学奥林匹克问题集	2014－01	38.00	267
数学奥林匹克不等式散论	2010－06	38.00	124
数学奥林匹克不等式欣赏	2011－09	38.00	138
数学奥林匹克超级题库(初中卷上)	2010－01	58.00	66
数学奥林匹克不等式证明方法和技巧(上、下)	2011－08	158.00	134,135
他们学什么:原民主德国中学数学课本	2016－09	38.00	658
他们学什么:英国中学数学课本	2016－09	38.00	659
他们学什么:法国中学数学课本.1	2016－09	38.00	660
他们学什么:法国中学数学课本.2	2016－09	28.00	661
他们学什么:法国中学数学课本.3	2016－09	38.00	662
他们学什么:苏联中学数学课本	2016－09	28.00	679

刘培杰数学工作室
已出版(即将出版)图书目录——初等数学

书　　名	出版时间	定　价	编号
高中数学题典——集合与简易逻辑·函数	2016－07	48.00	647
高中数学题典——导数	2016－07	48.00	648
高中数学题典——三角函数·平面向量	2016－07	48.00	649
高中数学题典——数列	2016－07	58.00	650
高中数学题典——不等式·推理与证明	2016－07	38.00	651
高中数学题典——立体几何	2016－07	48.00	652
高中数学题典——平面解析几何	2016－07	78.00	653
高中数学题典——计数原理·统计·概率·复数	2016－07	48.00	654
高中数学题典——算法·平面几何·初等数论·组合数学·其他	2016－07	68.00	655
台湾地区奥林匹克数学竞赛试题. 小学一年级	2017－03	38.00	722
台湾地区奥林匹克数学竞赛试题. 小学二年级	2017－03	38.00	723
台湾地区奥林匹克数学竞赛试题. 小学三年级	2017－03	38.00	724
台湾地区奥林匹克数学竞赛试题. 小学四年级	2017－03	38.00	725
台湾地区奥林匹克数学竞赛试题. 小学五年级	2017－03	38.00	726
台湾地区奥林匹克数学竞赛试题. 小学六年级	2017－03	38.00	727
台湾地区奥林匹克数学竞赛试题. 初中一年级	2017－03	38.00	728
台湾地区奥林匹克数学竞赛试题. 初中二年级	2017－03	38.00	729
台湾地区奥林匹克数学竞赛试题. 初中三年级	2017－03	28.00	730
不等式证题法	2017－04	28.00	747
平面几何培优教程	2019－08	88.00	748
奥数鼎级培优教程. 高一分册	2018－09	88.00	749
奥数鼎级培优教程. 高二分册. 上	2018－04	68.00	750
奥数鼎级培优教程. 高二分册. 下	2018－04	68.00	751
高中数学竞赛冲刺宝典	2019－04	68.00	883
初中尖子生数学超级题典. 实数	2017－07	58.00	792
初中尖子生数学超级题典. 式、方程与不等式	2017－08	58.00	793
初中尖子生数学超级题典. 圆、面积	2017－08	38.00	794
初中尖子生数学超级题典. 函数、逻辑推理	2017－08	48.00	795
初中尖子生数学超级题典. 角、线段、三角形与多边形	2017－07	58.00	796
数学王子——高斯	2018－01	48.00	858
坎坷奇星——阿贝尔	2018－01	48.00	859
闪烁奇星——伽罗瓦	2018－01	58.00	860
无穷统帅——康托尔	2018－01	48.00	861
科学公主——柯瓦列夫斯卡娅	2018－01	48.00	862
抽象代数之母——埃米·诺特	2018－01	48.00	863
电脑先驱——图灵	2018－01	58.00	864
昔日神童——维纳	2018－01	48.00	865
数坛怪侠——爱尔特希	2018－01	68.00	866
传奇数学家徐利治	2019－09	88.00	1110

刘培杰数学工作室
已出版(即将出版)图书目录——初等数学

书　　名	出版时间	定　价	编号
当代世界中的数学.数学思想与数学基础	2019－01	38.00	892
当代世界中的数学.数学问题	2019－01	38.00	893
当代世界中的数学.应用数学与数学应用	2019－01	38.00	894
当代世界中的数学.数学王国的新疆域(一)	2019－01	38.00	895
当代世界中的数学.数学王国的新疆域(二)	2019－01	38.00	896
当代世界中的数学.数林撷英(一)	2019－01	38.00	897
当代世界中的数学.数林撷英(二)	2019－01	48.00	898
当代世界中的数学.数学之路	2019－01	38.00	899

105 个代数问题:来自 AwesomeMath 夏季课程	2019－02	58.00	956
106 个几何问题:来自 AwesomeMath 夏季课程	2020－07	58.00	957
107 个几何问题:来自 AwesomeMath 全年课程	2020－07	58.00	958
108 个代数问题:来自 AwesomeMath 全年课程	2019－01	68.00	959
109 个不等式:来自 AwesomeMath 夏季课程	2019－04	58.00	960
110 个几何问题:选自各国数学奥林匹克竞赛	2024－04	58.00	961
111 个代数和数论问题	2019－05	58.00	962
112 个组合问题:来自 AwesomeMath 夏季课程	2019－05	58.00	963
113 个几何不等式:来自 AwesomeMath 夏季课程	2020－08	58.00	964
114 个指数和对数问题:来自 AwesomeMath 夏季课程	2019－09	48.00	965
115 个三角问题:来自 AwesomeMath 夏季课程	2019－09	58.00	966
116 个代数不等式:来自 AwesomeMath 全年课程	2019－04	58.00	967
117 个多项式问题:来自 AwesomeMath 夏季课程	2021－09	58.00	1409
118 个数学竞赛不等式	2022－08	78.00	1526
119 个三角问题	2024－05	58.00	1726
119 个三角问题	2024－05	58.00	1726

紫色彗星国际数学竞赛试题	2019－02	58.00	999
数学竞赛中的数学:为数学爱好者、父母、教师和教练准备的丰富资源.第一部	2020－04	58.00	1141
数学竞赛中的数学:为数学爱好者、父母、教师和教练准备的丰富资源.第二部	2020－07	48.00	1142
和与积	2020－10	38.00	1219
数论:概念和问题	2020－12	68.00	1257
初等数学问题研究	2021－03	48.00	1270
数学奥林匹克中的欧几里得几何	2021－10	68.00	1413
数学奥林匹克题解新编	2022－01	58.00	1430
图论入门	2022－09	58.00	1554
新的、更新的、最新的不等式	2023－07	58.00	1650
几何不等式相关问题	2024－04	58.00	1721
数学归纳法——一种高效而简捷的证明方法	2024－06	48.00	1738
数学竞赛中奇妙的多项式	2024－01	78.00	1646
120 个奇妙的代数问题及 20 个奖励问题	2024－04	48.00	1647
几何不等式相关问题	2024－04	58.00	1721
数学竞赛中的十个代数主题	2024－10	58.00	1745
AwesomeMath 入学测试题:前九年:2006—2014	2024－11	38.00	1644
AwesomeMath 入学测试题:接下来的七年:2015—2021	2024－12	48.00	1782
奥林匹克几何入门	2025－01	48.00	1796
数学太空漫游:21 世纪的立体几何	2025－01	68.00	1810
数学奥林匹克竞赛中的几何引理	2025－04	48.00	1815

刘培杰数学工作室
已出版(即将出版)图书目录——初等数学

书　　名	出版时间	定　价	编号
澳大利亚中学数学竞赛试题及解答(初级卷)1978～1984	2019－02	28.00	1002
澳大利亚中学数学竞赛试题及解答(初级卷)1985～1991	2019－02	28.00	1003
澳大利亚中学数学竞赛试题及解答(初级卷)1992～1998	2019－02	28.00	1004
澳大利亚中学数学竞赛试题及解答(初级卷)1999～2005	2019－02	28.00	1005
澳大利亚中学数学竞赛试题及解答(中级卷)1978～1984	2019－03	28.00	1006
澳大利亚中学数学竞赛试题及解答(中级卷)1985～1991	2019－03	28.00	1007
澳大利亚中学数学竞赛试题及解答(中级卷)1992～1998	2019－03	28.00	1008
澳大利亚中学数学竞赛试题及解答(中级卷)1999～2005	2019－03	28.00	1009
澳大利亚中学数学竞赛试题及解答(高级卷)1978～1984	2019－05	28.00	1010
澳大利亚中学数学竞赛试题及解答(高级卷)1985～1991	2019－05	28.00	1011
澳大利亚中学数学竞赛试题及解答(高级卷)1992～1998	2019－05	28.00	1012
澳大利亚中学数学竞赛试题及解答(高级卷)1999～2005	2019－05	28.00	1013

天才中小学生智力测验题.第一卷	2019－03	38.00	1026
天才中小学生智力测验题.第二卷	2019－03	38.00	1027
天才中小学生智力测验题.第三卷	2019－03	38.00	1028
天才中小学生智力测验题.第四卷	2019－03	38.00	1029
天才中小学生智力测验题.第五卷	2019－03	38.00	1030
天才中小学生智力测验题.第六卷	2019－03	38.00	1031
天才中小学生智力测验题.第七卷	2019－03	38.00	1032
天才中小学生智力测验题.第八卷	2019－03	38.00	1033
天才中小学生智力测验题.第九卷	2019－03	38.00	1034
天才中小学生智力测验题.第十卷	2019－03	38.00	1035
天才中小学生智力测验题.第十一卷	2019－03	38.00	1036
天才中小学生智力测验题.第十二卷	2019－03	38.00	1037
天才中小学生智力测验题.第十三卷	2019－03	38.00	1038

重点大学自主招生数学备考全书:函数	2020－05	48.00	1047
重点大学自主招生数学备考全书:导数	2020－08	48.00	1048
重点大学自主招生数学备考全书:数列与不等式	2019－10	78.00	1049
重点大学自主招生数学备考全书:三角函数与平面向量	2020－08	68.00	1050
重点大学自主招生数学备考全书:平面解析几何	2020－07	58.00	1051
重点大学自主招生数学备考全书:立体几何与平面几何	2019－08	48.00	1052
重点大学自主招生数学备考全书:排列组合·概率统计·复数	2019－09	48.00	1053
重点大学自主招生数学备考全书:初等数论与组合数学	2019－08	48.00	1054
重点大学自主招生数学备考全书:重点大学自主招生真题.上	2019－04	68.00	1055
重点大学自主招生数学备考全书:重点大学自主招生真题.下	2019－04	58.00	1056

高中数学竞赛培训教程:平面几何问题的求解方法与策略.上	2018－05	68.00	906
高中数学竞赛培训教程:平面几何问题的求解方法与策略.下	2018－06	78.00	907
高中数学竞赛培训教程:整除与同余以及不定方程	2018－01	88.00	908
高中数学竞赛培训教程:组合计数与组合极值	2018－04	48.00	909
高中数学竞赛培训教程:初等代数	2019－04	78.00	1042
高中数学讲座:数学竞赛基础教程(第一册)	2019－06	48.00	1094
高中数学讲座:数学竞赛基础教程(第二册)	即将出版		1095
高中数学讲座:数学竞赛基础教程(第三册)	即将出版		1096
高中数学讲座:数学竞赛基础教程(第四册)	即将出版		1097

刘培杰数学工作室
已出版(即将出版)图书目录——初等数学

书　名	出版时间	定　价	编号
新编中学数学解题方法1000招丛书.实数(初中版)	2022-05	58.00	1291
新编中学数学解题方法1000招丛书.式(初中版)	2022-05	48.00	1292
新编中学数学解题方法1000招丛书.方程与不等式(初中版)	2021-04	58.00	1293
新编中学数学解题方法1000招丛书.函数(初中版)	2022-05	38.00	1294
新编中学数学解题方法1000招丛书.角(初中版)	2022-05	48.00	1295
新编中学数学解题方法1000招丛书.线段(初中版)	2022-05	48.00	1296
新编中学数学解题方法1000招丛书.三角形与多边形(初中版)	2021-04	48.00	1297
新编中学数学解题方法1000招丛书.圆(初中版)	2022-05	48.00	1298
新编中学数学解题方法1000招丛书.面积(初中版)	2021-07	28.00	1299
新编中学数学解题方法1000招丛书.逻辑推理(初中版)	2022-06	48.00	1300
高中数学题典精编.第一辑.函数	2022-01	58.00	1444
高中数学题典精编.第一辑.导数	2022-01	68.00	1445
高中数学题典精编.第一辑.三角函数·平面向量	2022-01	68.00	1446
高中数学题典精编.第一辑.数列	2022-01	58.00	1447
高中数学题典精编.第一辑.不等式·推理与证明	2022-01	58.00	1448
高中数学题典精编.第一辑.立体几何	2022-01	58.00	1449
高中数学题典精编.第一辑.平面解析几何	2022-01	68.00	1450
高中数学题典精编.第一辑.统计·概率·平面几何	2022-01	58.00	1451
高中数学题典精编.第一辑.初等数论·组合数学·数学文化·解题方法	2022-01	58.00	1452
历届全国初中数学竞赛试题分类解析.初等代数	2022-09	98.00	1555
历届全国初中数学竞赛试题分类解析.初等数论	2022-09	48.00	1556
历届全国初中数学竞赛试题分类解析.平面几何	2022-09	38.00	1557
历届全国初中数学竞赛试题分类解析.组合	2022-09	38.00	1558
从三道高三数学模拟题的背景谈起:兼谈傅里叶三角级数	2023-03	48.00	1651
从一道日本东京大学的入学试题谈起:兼谈π的方方面面	2025-01	68.00	1652
从两道2021年福建高三数学测试题谈起:兼谈球面几何学与球面三角学	2025-01	58.00	1653
从一道湖南高考数学试题谈起:兼谈有界变差数列	2024-01	48.00	1654
从一道高校自主招生试题谈起:兼谈詹森函数方程	即将出版		1655
从一道上海高考数学试题谈起:兼谈有界变差函数	即将出版		1656
从一道北京大学金秋营数学试题的解法谈起:兼谈伽罗瓦理论	2024-10	38.00	1657
从一道北京高考数学试题的解法谈起:兼谈毕克定理	即将出版		1658
从一道北京大学金秋营数学试题的解法谈起:兼谈帕塞瓦尔恒等式	2024-10	68.00	1659
从一道高三数学模拟测试题的背景谈起:兼谈等周问题与等周不等式	即将出版		1660
从一道2020年全国高考数学试题的解法谈起:兼谈斐波那契数列和纳卡穆拉定理及奥斯图达定理	即将出版		1661
从一道高考数学附加题谈起:兼谈广义斐波那契数列	2025-01	68.00	1662

刘培杰数学工作室
已出版(即将出版)图书目录——初等数学

书　　名	出版时间	定　价	编号
从一道普通高中学业水平考试中数学卷的压轴题谈起——兼谈最佳逼近理论	2024—10	58.00	1759
从一道高考数学试题谈起——兼谈李普希兹条件	即将出版		1760
从一道北京市朝阳区高二期末数学考试题的解法谈起——兼谈希尔宾斯基垫片和分形几何	即将出版		1761
从一道高考数学试题谈起——兼谈巴拿赫压缩不动点定理	即将出版		1762
从一道中国台湾地区高考数学试题谈起——兼谈费马数与计算数论	即将出版		1763
从 2022 年全国高考数学压轴题的解法谈起——兼谈数值计算中的帕德逼近	2024—10	48.00	1764
从一道清华大学 2022 年强基计划数学测试题的解法谈起——兼谈拉马努金恒等式	即将出版		1765
从一篇有关数学建模的讲义谈起——兼谈信息熵与信息论	即将出版		1766
从一道清华大学自主招生的数学试题谈起——兼谈格点与闵可夫斯基定理	即将出版		1767
从一道 1979 年高考数学试题谈起——兼谈勾股定理和毕达哥拉斯定理	即将出版		1768
从一道 2020 年北京大学"强基计划"数学试题谈起——兼谈微分几何中的包络问题	即将出版		1769
从一道高考数学试题谈起——兼谈香农的信息理论	即将出版		1770

代数学教程.第一卷,集合论	2023—08	58.00	1664
代数学教程.第二卷,抽象代数基础	2023—08	68.00	1665
代数学教程.第三卷,数论原理	2023—08	58.00	1666
代数学教程.第四卷,代数方程式论	2023—08	48.00	1667
代数学教程.第五卷,多项式理论	2023—08	58.00	1668
代数学教程.第六卷,线性代数原理	2024—06	98.00	1669

中考数学培优教程——二次函数卷	2024—05	78.00	1718
中考数学培优教程——平面几何最值卷	2024—05	58.00	1719
中考数学培优教程——专题讲座卷	2024—05	58.00	1720

联系地址:哈尔滨市南岗区复华四道街 10 号　**哈尔滨工业大学出版社刘培杰数学工作室**
邮　　编:150006
联系电话:0451—86281378　　13904613167
E-mail:lpj1378@163.com